高等职业教育食品智能加工技术专业教材

食品质量与安全数字化控制技术

主　编
张　甦　范志军

中国轻工业出版社

U0825465

图书在版编目（CIP）数据

食品质量与安全数字化控制技术 / 张甦，范志军主编. -- 北京 : 中国轻工业出版社，2024. 12. -- ISBN 978-7-5184-5093-0

Ⅰ. TS201. 6-39

中国国家版本馆 CIP 数据核字第 2024T0Z928 号

责任编辑：罗晓航

策划编辑：伊双双　罗晓航　　责任终审：唐是雯　　封面设计：锋尚设计

版式设计：砚祥志远　　责任校对：吴大朋　　责任监印：张京华

出版发行：中国轻工业出版社（北京鲁谷东街 5 号，邮编：100040）

印　　刷：三河市国英印务有限公司

经　　销：各地新华书店

版　　次：2024 年 12 月第 1 版第 1 次印刷

开　　本：710×1000　1/16　印张：18. 5

字　　数：370 千字

书　　号：ISBN 978-7-5184-5093-0　定价：49. 00 元

邮购电话：010-85119873

发行电话：010-85119832　010-85119912

网　　址：http://www. chlip. com. cn

Email：club@ chlip. com. cn

版权所有　侵权必究

如发现图书残缺请与我社邮购联系调换

232273J2X101ZBW

本书编写人员

主　编： 张　甦（黑龙江农垦职业学院）

范志军（黑龙江省北大荒绿色健康食品有限责任公司/
制造业领军人才）

副主编： 李　伟（黑龙江农业工程职业学院）

袁　超（黑龙江农垦职业学院）

参　编： 刘娜丽（山西药科职业学院）

吴　槟（黑龙江农垦职业学院）

范淑玲（黑龙江民族职业学院）

张　甄（黑龙江交通职业技术学院）

孙庆春（中国检验认证集团黑龙江有限公司）

前 言 PREFACE

根据《国务院关于加快发展现代职业教育的决定》（国发〔2014〕19号）提出的目标任务，结合食品及相关行业发展需求、产教深度融合的思路，以职业能力为主线，以工作岗位为实际导向，按照国家高等职业教育食品智能加工技术专业核心课程设置要求，编写了这本适应高等职业教育的《食品质量与安全数字化控制技术》。

打造具有国际竞争力的制造业，是我国提升综合国力、保障国家安全、建设世界强国的必由之路。面对新一轮的工业革命来袭，在德国工业4.0时代和美国工业互联网等国家战略相继推出的时代背景下，中国的制造业也再次迎来了历史性的机遇与挑战。2015年，我国制定了实施制造强国战略的第一个十年行动纲领——《中国制造2025》，旨在应对新技术革命的洗礼，推动传统制造业转型升级，实现高端制造业跨越式发展，促进由工业大国向工业强国的转变。现在，我国食品制造业正在迈向智能制造。随着食品加工的产业升级，信息化与与智能制造领域的深度融合，信息技术渗透到了食品制造产业链的各个环节，而针对食品智能加工行业的质量与安全控制也正在向数字化转型与升级，因此编制了《食品质量与安全数字化控制》，满足转型升级后的食品类专业教学需求。

《食品质量与安全数字化控制技术》是基于食品智能加工制造过程，以确保食品的质量与安全为目标驱动，以食品生产的质量管理过程和安全控制流程为导向，以实际工作岗位为载体，着重提高学生职业岗位能力和职业素质，将“工匠精神”和“科学态度”作为课程思政点融入，同时关注学生可持续性发展潜力的培养。

本教材的创新性体现在以下几方面：内容选取上与企业岗位实际需求更贴切，更加体现食品质量与安全控制的系统性，增加了思政融合内容，同时结合了1+X食品合规管理（中级）内容，使岗、课、证融合；以任务训练带动理论教学，学生通过任务训练完成对任务的理解，每个任务完全依托企业实际，以企业实际案例为载体进行仿真性训练；任务内容具有独创性，本教材的实训任务内容全部为原创，是教师根据多年教学经验并与多家食品企业品控部联合编写，任务内容完全符合食品企业对质量管理的需求；进行了数字化资源建设，确保每一个任务都有相应的数字化资源。

在教材编写过程中，结合党的二十大报告中“深入实施人才强国战略”中提出的“加快建设国家战略人才力量，努力培养造就更多大师、战略科学家、一流科技领军人才和创新团队、青年科技人才、卓越工程师、大国工匠、高技能人才”要求，构建教材的思政育人体系，以培养学生“科学态度”为思政育人主线，同时将工匠精神、爱国情怀和爱岗敬业的理念进行融合。

本教材由黑龙江农垦职业学院食品智能加工技术专业带头人张甦与黑龙江省北大荒绿色健康食品有限责任公司总经理、制造业领军人才范志军联合主编。具体编写分工如下：黑龙江农垦职业学院张甦负责模块二项目 2-1 的编写；北大荒绿色健康食品有限责任公司范志军负责模块一项目 1-3 的编写；黑龙江农业工程职业学院李伟负责模块二项目 2-3 的编写；黑龙江农垦职业学院袁超负责模块一项目 1-2 的编写；山西药科职业学院刘娜丽负责模块一项目 1-1 的编写；黑龙江农垦职业学院吴槟负责模块一项目 1-4 的编写；黑龙江民族职业学院范淑玲负责模块一项目 1-5 任务一的编写；黑龙江交通职业技术学院张甄责模块一项目 1-5 任务二的编写；中国检验认证集团黑龙江有限公司孙庆春负责模块二项目 2-2 的编写。本教材由张甦统稿，数字化资源由袁超统筹，黑龙江省北大荒绿色健康食品有限责任公司总经理范志军对教材进行了审定。本教材可作为高等职业教育院校食品智能加工技术专业核心课程教材，同时可作为食品生产企业、食品科研机构相关人员的参考书。

由于编者的知识和能力有限，教材中难免存在一些疏漏和不足之处，敬请同行专家及广大读者批评指正。

编者

2024 年 6 月

目 录 CONTENTS

模块一 食品质量数字化控制技术

模块二　食品安全数字化控制技术

模块一
食品质量数字化控制技术

项目1-1

食品质量管理概述

项目导学

食品质量管理是食品工业生产中的一个重要内容，它涉及食品的原料、生产、检测、包装、运输等整个食品链的各个环节，是一个全方面的质量管理。随着食品工业的发展，人们对食品安全越来越重视。因此，加强食品质量管理，培养食品质量技术技能型人才，对食品工业企业有着非常重要的意义。

学习目标

【素质目标】

1. 树立科学态度，能对食品的质量给予正确评价。
2. 承认客观依据与客观事实，养成客观严谨的职业意识。

【知识目标】

1. 描述质量和质量管理的基本概念。
2. 描述质量管理发展的历史。
3. 指明我国质量管理研究的主要内容以及质量管理工作的展望。
4. 解释质量特性和食品质量特性。
5. 指明食品质量管理的特点及其在食品加工中的地位和重要性。

【能力目标】

1. 能区分质量管理的几个基本内容。
2. 解析食品的质量特性。
3. 适应食品质量管理的发展变化。

思政融合

课程思政点：科学态度——好奇心

案例引入：企业重视产品质量的重要性不言而喻，企业必须做好产品质量管理工作，才能保证企业持续、稳定、健康地发展。但是在现实生活中，我们会发现，经常会出现以下讨论：

针对某一款熟悉的食品，请同学们讨论：你认为这款食品的质量好吗？为什么？

案例分析：经过讨论会发现不同的人会出现不同的答案，每个人对产品质量的评价是不一样的，为什么会出现这种情况呢，我们通过学习质量和质量特性就可以寻找答案。

任务一 认识质量和质量管理

情境导入

小王是食品专业的大二学生，利用假期时间进入某食品生产企业实习，被领导分配到品控部进行实习。品控部的主要工作是进行质量管理工作，而小李对质量和质量管理的概念比较陌生，因此小王通过阅读和学习认识了质量以及质量管理的内容，并为下一步的学习和工作打下良好的基础。

任务要求

1. 描述质量的概念，指明质量的内涵。
2. 熟悉质量管理的内容。
3. 根据对质量的理解，判断某一类食品的质量情况。

知识准备

1.1.1.1 质量

一、质量

1. 定义

质量是一组固有特性满足要求的程度。

（1）固有特性　是事物本来就有的，它是通过产品、过程或体系设计和开发及其实现过程形成的属性。在形式上表现为技术指标，在本质上反映实体的属性特征。如牛乳中本身就含有蛋白质、脂肪，那么蛋白质和脂肪就是牛乳的固有特性。

小贴士

有些固有特性是可以被赋予的。如“加锌牛乳”，锌含量高是后被赋予的，但需要注意的是，当这种特性被赋予并明确指出时，“锌”就变成了牛乳的固有特性。

（2）要求　要求可分为“明示的要求”“通常隐含的要求”和“必须履行的要求”。

①明示的要求：可以理解为规定的要求。包括以合同契约形式规定的顾客对实体提出的明确要求以及标准化、环保和安全卫生等法规规定的明确要求。

②通常隐含的要求：是不言自明、心照不宣的意思。“隐含需要”是指顾客或社会对实体的期望，虽然没有通过一定形式给以明确的要求，但却是人们普遍认同的无须事先申明的需要。

③必须履行的要求：指法律法规的要求和强制性标准的要求。在食品上“食品安全”是第一要求，也是必须履行的要求。

课堂讨论：

某同学去超市买牛乳，他要买一盒250mL利乐包装的脱脂牛乳，请同学们讨论一下：哪些是明示要求？哪些是隐含要求？哪些又是必须履行的要求？

（3）程度　根据质量的定义，可以看出，所谓质量的好坏，只是满足要求的程度不同。即满足要求的程度高，我们就认为质量好；而满足要求的程度低，则认为质量不好。

因此评价质量的优劣，主要是依据符合要求的程度来判断。如果满足了要求，质量就被评价为比较好，如果不满足要求，则称质量比较差。

2. 质量观

质量观随着社会的进步和生产力的发展而演变，可分为符合型质量观和适用型质量观两种观念。

（1）符合型质量观　符合型质量指产品或服务是否符合既定的标准、规范或要求。在质量管理中，符合型质量关注的是产品或服务是否符合预先设定的规格、标准和要求，即是否按照设计要求进行制造或提供。符合型质量是一个检验过程，用于确认产品或服务是否达到了预期的质量水平。如果产品或服务符合规范，即满足了既定的标准和要求，就被认为具有符合型质量。符合型质量观以产品是否符合设计要求来衡量产品的质量，认为符合设计标准，就应该视为优质。但符合型质量观是流水线工业生产的产物。流水线工业生产制定了各工序的质量规范、标准和技术参数，并以此控制整个生产过程，实现了连续性和高速度，降低了生产成本，适应了社会生产力快速发展和商品经济初级阶段消费者对质量的低层次需要。符合型质量关主要站在供方的立场上考虑问题，较少顾及生产者和用户之间对产品质量在认识上的差异。

（2）适用型质量观　适用型质量指产品或服务是否能够满足客户的实际需求和期望。在质量管理中，适用型质量关注的是产品或服务是否适用于特定的使用场景和目标，是否能够满足客户的实际需求。适用型质量强调产品或服务的实用性和功能性，即产品或服务是否能够在实际使用中达到预期效果，解决客户的问题或满足其需求。如果产品或服务能够满足客户的实际需求，并为客户带来价值，就被认为具有适用型质量。

二者的区别在于：符合型质量强调产品或服务是否符合既定的规格、标准和要求，即是否按照设计要求进行制造或提供。适用型质量强调产品或服务是否能够满足客户的实际需求和期望，是否能够在实际使用中达到预期效果，解决客户的问题或满足其需求。与符合型质量观相比，适用型质量观更多地站在顾客的立场上去反应用户对质量的感觉、期望和利益，恰当地揭示了质量最终体现在使用过程的价值观，对于重视顾客、明确组织存在的根本目的和使命具有极为深远的意义。

小贴士

朱兰质量观

美国著名的质量管理专家朱兰（J. M. Juran）博士认为，质量就是用户对产品的使用要求的满意程度，反应在对产品的性能、经济特性、服务特性、环境特性和心理特性等方面。因此，质量是一个综合的概念。它并不要求技术特性越高越好，而是追求如性能、成本、数量、交货期、服务等因素的最佳组合，即所谓的最适当。

3. 对质量的理解

（1）“质量”表述的是某事或某物中的固有特性满足要求的程度，其定义本身没有“好”或“不好”的含义。如果其固有特性满足要求的程度越高，其“质量”越好，反之则“质量”越差。因此，“质量”可使用形容词来修饰质量，以表明满足要求的程度。

（2）“质量”具有广义性、时效性和相对性的特点。

①质量的广义性：在质量管理体系所涉及的范畴内，组织的相关方对组织的

产品、过程或质量管理体系都可能提出要求，而产品、过程和质量管理体系又都有各自的固有特性，因此，“质量”不仅指产品质量，也可指过程质量和质量管理体系的质量。

②质量的时效性：一方面由于组织的顾客和其他相关方对组织和产品、过程和质量管理体系的需求和期望不是一成不变，而是会不断变化和提高的；另一方面随着科学技术的发展，对产品、过程和质量管理体系的要求也是在不断变化和提高，以前被认为质量好的产品、过程和质量管理体系，对于这些不断变化和提高的需求和期望而言，也可能会被认为不再接受。因此，组织为了保持其满足要求的能力，应不断地调整对质量的要求。

③质量的相对性：不同的顾客和其他相关方可能对同一产品提出不同的需求，也可能对同一产品的同一功能提出不同的需求。由此可见，不同的需求，对质量的要求也就不同。

课堂讨论：

20 世纪 50~60 年代，老百姓购买猪肉喜欢买肥肉，而现在老百姓购买猪肉喜欢买瘦肉，说明质量具有__________性。

小王喜欢 A 品牌奶茶，是因为 A 品牌奶茶口感好；小李喜欢 B 品牌的奶茶，是因为 B 品牌奶茶包装设计得好，这说明质量具有__________性。

过去人们喜欢甜食，而现在很多人喜欢无糖食品，说明质量具有__________性。

二、质量管理

质量管理（QM）即指在质量方面指挥和控制组织的协调的活动。

质量管理通常包括确定质量方针、目标和职责，并在质量体系中通过质量策划、质量控制、质量保证和质量改进等措施实施全部管理职能的所有活动。

质量管理是一个企业所有管理职能的一部分，其职能是负责确定并实施质量方针、目标和职责。质量管理是为了保证产品质量所进行的调查、计划、实施、协调、控制、检查和处理及信息反馈等各项活动的总称。其职责由企业的最高管理者承担，企业内各级管理者及员工的积极参与是质量管理的保障。

质量管理的目的是满足市场和用户的质量要求，提供适用性产品。从整个社会看可分为宏观和微观两个方面。微观的企业质量管理是整个社会宏观质量管理工作的基础，包括质量保证、质量控制、质量策划和质量改进等内容。质量管理是企业管理的重要组成部分，自 20 世纪中期以来获得长足发展，在全世界广泛传播。

ISO 9000 标准对质量管理的定义：“在质量方面指挥和控制组织的协调的活

动。”这里的活动通常包括制定质量方针和质量目标以及质量策划、质量控制、质量保证和质量改进。

（1）质量方针　有组织的最高管理者正式颁布的该组织总体质量宗旨和质量方向。质量方针是企业经营总方针的组成部分，是企业管理者对质量的指导思想和承诺。

例如，某食品有限公司的质量方针：“品质为本，培训为基，系统管理，精益求精，满足顾客。”这个质量方针体现了该食品公司是以质量为根本，通过员工培训，系统的管理，使产品精益求精，最终目的是满足顾客要求和期望。

（2）质量目标　组织在质量方面所追求的目的，是组织质量方针的具体体现，目标既要现实，又要可行，便于实施和检查。

（3）质量策划　质量管理的一部分，致力于制定质量目标并规定必要的运行过程和相关资源以实现质量目标。质量策划幕后关键是制定质量目标并设法使其实现。质量目标在质量方面所追求的目的，其通常依据组织的质量方针制定，并且通常对组织的相关职能和层次分别规定质量目标。

（4）质量控制　是为达到质量要求所采取的作业技术的活动。质量控制的目的在于监视过程，使之处于受控状态，并排除质量环节所有手段中导致不满意的原因，以取得经济效益。质量控制贯穿于产品和服务质量形成的全过程。

（5）质量保证　质量保证致力于提供质量要求会得到满足的信任，即组织为了提供足够的信任，表明体系、过程或产品能够满足质量的要求，质量保证是在有两方的情况下才存在，由一方向另一方提供信任。由于两方的具体情况不同，质量保证分为内部和外部两大类，内部质量保证是组织向自己的管理者提供信任；外部质量保证是组织向顾客或其他方提供信任。

（6）质量改进　是质量管理的一部分，致力于增强满足质量要求的能力。其目的在于增强组织满足质量要求的能力。质量改进的程序是计划、组织、分析诊断、实施改进、即在组织内制订计划，发现潜在的或现存的质量问题，寻找改进机会，提出改进措施，提高活动的效益和效率。质量改进的必要性：来自市场竞争的压力；来自顾客要求的变化；来自组织内部的变化；来自社会政府的要求。

三、质量管理的发展历程

在过去的一个世纪中，全球质量管理的发展，按照质量管理所依据的手段和方式，可将质量管理的发展经历了四个阶段：

1. 质量检验阶段

（1）操作者的质量管理阶段　这是20世纪以前的阶段，市场经济处于低级发展时期，当时生产分工粗糙，质量检验主要由工人自己完成。

（2）质量检验管理阶段　到了20世纪，资本主义生产组织日臻完善，生产分工逐渐细化，这是从技术到管理的全面革命时期。美国管理学家泰勒首先提出了用计划、标准化和统一管理三项原则来管理生产，并提出了计划与执行分工、检验与生产分工，建立了终端专职检验。但这都属于“事后检验”，即使全数检验也不能确保质量。因为从本质上来说，质量是生产出来的，而不是检验出来的。

质量检验阶段采用的是“检验法”，即指定专门人负责产品检验，其管理方式属于事后把关。在生产量不断增加的情况下，其弊端就日渐显露出来：解决质量问题缺乏系统的观念；只注重结果，缺乏预防；对成品进行100%的全数检验，检验成本较高。

2. 统计质量管理阶段

这一阶段从第二次世界大战以后至20世纪50年代，其特征是数理统计方法与质量管理的结合，以1924年美国贝尔实验室的休哈特研制的第一张质量控制图为标志。

其主要特点：事先控制，预防为主，防检结合，为显著提高工业产品的质量做出了历史性的贡献。把数理统计方法应用于质量管理，建立抽样检验法，改变全数检验为抽样检验。但也存在缺陷：影响产品的质量因素非常多，单纯依靠统计方法不可能得到全面解决。它只关注生产过程和产品的质量控制，没有考虑影响质量的全部因素。

小贴士

统计质量管理阶段把质量管理的重点由生产线的终端前移至生产过程的工序，把全数检验改为抽样检验，用抽样数据的统计分析制作控制图，再用控制图对工序进行加工质量监控，从而杜绝生产过程中大量不合格产品产生。

3. 全面质量管理阶段

20世纪60年代以后生产力迅速发展，科学技术迅猛发展，高新技术不断涌现，市场对品种、质量、服务的要求越来越高，促进了全面质量管理的理论的形成与发展。1961年美国通用电气公司质量经理费根堡姆出版了《全面质量管理》，标志着这一阶段的到来。全面质量管理（TQM）具有“三全一多”的特点，即：全过程的质量管理、全企业的质量管理、全员的质量管理和多方法的质量管理。

4. 质量管理体系标准化阶段

全面质量管理在全球推广近30年，国际标准化组织（ISO）及时总结并使之规范化形成了一套质量保证标准，这是20世纪70年代末由欧洲兴起的质量体系标准化阶段，它逐步发展成为质量管理与质量保证标准，现称质量管理体系标准。

任务实施

认识产品质量

目的：

通过任务实施训练掌握质量的含义以及全面的质量观。

要求：

每4~6人一组，每组选出1名组长。组长负责本小组的工作分配，以组为单位进行研究讨论，组员之间互相配合，最终完成任务总结表。

任务内容：

1. 选取市面上常见的三个品牌的250mL利乐包装的纯牛乳，填写本小组认为需要关注的特性（提示：如味道、售后服务、价格等）讨论其质量，并得出小组最终对这三个品牌牛乳的质量结论（表1-1）。

表1-1 不同品牌牛乳的质量比较

特性	A品牌	B品牌	C品牌
味道			
售后服务			
价格			
其他			
结论			

2. 根据以上讨论结果，分析影响质量好坏的因素有哪些，对你今后从事质量管理工作有哪些启示。

巩固与提高

一、单选题

1. 质量检验阶段采用的是检验法，即指定专门人负责产品检验，其管理方式属于（　　）。

A. 事后把关　　B. 事先预防

C. “零缺陷”管理　　D. 统计判断

2. 下列哪个不属于质量中的要求（　　）。

A. 明示的要求　　B. 通常隐含的要求

C. 必须履行的要求　　D. 强制的要求

二、多选题

1. 质量管理包括（　　）。

A. 质量方针　　　　B. 质量目标

C. 质量控制　　　　D. 质量改进

2. 全面质量管理的观点包括（　　）。

A. 全过程的质量管理　　　　B. 全企业的质量管理

C. 全员的质量管理　　　　D. 多方法的质量管理

三、判断题

1. 在食品上“食品安全”是第一要求，也是必须履行的要求。(　　)

2. 质量控制是为达到质量要求所采取的作业技术的活动。质量控制的目的在于监视过程，使之处于受控状态，也就是通常所说的“维稳”。(　　)

任务二　明确食品质量与食品质量管理的特性与内容

情境导入

小王在企业一段时间后，发现食品质量管理针对的对象是食品，而食品作为产品又有其特殊性，要想提高食品的质量必须从食品的特性入手，那么什么是食品质量？食品质量又有哪些特性？食品质量管理主要进行哪些内容？小王带着这一系列问题又展开了学习。

任务要求

1. 了解食品质量和食品质量管理的内容与关系。
2. 熟知食品及其质量特性。
3. 能够明确食品质量管理的特性和食品质量管理的内容。
4. 根据具体食品，能区分食品的质量特性。

知识准备

一、食品质量和食品质量管理

1. 食品质量

食品是具有一定营养价值的、经过一定加工制作、可供食用的、对人体无害的食物。由于食品的使用价值主要体现在食用性上，因此，食品质量可定义为在食用方面能满足消费者明确的或者隐含的需要的优劣程度。

食品与其他产品的区别：食品的使用性转化为食用性；食用性只能体现一次；在生产运输过程都要保证食品的安全性。

食品质量的重要性：食品质量有问题，给消费者带来的不仅是经济上的损失，而且还会带来生命危险。

2. 食品质量管理

食品质量管理是质量管理的理论、技术和方法在食品加工和贮藏过程中的应用。食品是一种与人类健康有着密切关系的特殊有形产品，它既符合一般有形产品质量特性和质量管理的特征，又具有其独有的特殊性和重要性。因此食品质量管理具有一定的特殊性。

食品质量是设计、制造出来的，也是管理出来的。没有质量管理，产品质量就没有保障，企业没有市场竞争力，消费者的生命安全就无法保证。

二、食品及其质量特性

1.1.2.1 食品及其质量特性

1. 食品与其他产品的差异

日常生活中接触到的食品，可以看出它们共同的特点：首先，它们都具有一定的色、香、味、质地和外形；其次，含有人体需要的各种蛋白质、脂肪、碳水化合物、维生素等营养素；最后也是最重要的，必须是无毒无害。也就是说，食品须在洁净卫生的环境下种植、养殖、生产加工、包装、贮藏、运输和销售，由此我们可以得出食品与其他产品的不同点如下：

①其他产品的使用价值都体现在能满足用户需要的某种使用性上，而食品的使用性表现为食用性。

②其他产品的使用性往往可以多次重复体现出来，而食品的食用性只能体现一次。

③其他产品相对来说在生产、运输、销售过程中对卫生条件的要求不是很严格，但食品由于关系到用户身体健康，在整个生产、运输和销售过程中都要重视卫生问题，以保证食品的安全性。

2. 食品的质量特性

食品质量特性有内在特性、外在特性、经济特性、商业特性和其他特性成分。内在特性如食品的化学成分、硬度、组织结构等；外在特征如外观、形状、色泽、气味、包装等；经济性包括食品的价格、生产、运输和贮藏费用、服务费用等；商业特性如交货期、保质期、食用方法等；安全特性如无毒无害、卫生等；环境特性包括社会、文化、宗教信仰、法律等；美学特性如包装美观等。

（1）在食品的有形产品质量特性中安全放在首位　安全性是食品质量特性中

始终需要放在首位要考虑的属性。食品产品的安全性如果不过关，那么即使其他质量特性再好，也丧失了作为产品和商品的存在价值。

（2）食品的产品功能性和适用性有特殊性　食品质量管理上要严格尊重和遵循有关法律、道德规范、风俗习惯的规定，不得擅自更改。例如，清真食品在加工时有一些特殊的程序和规定，也应列入相应的食品质量管理的范围。针对适用于特殊人群的食品，如婴儿食品、老年食品、保健食品等，政府及主管部门制定了相应的法规和政策，因此特殊食品质量管理一般都比普通食品有更严格的要求和更高的监管水平。

（3）食品的综合质量　食品质量除了有形产品的质量之外，还包括过程质量、服务质量、工作质量等内容。在食品生产中，原材料、生产方法、生产环境等因素对食品质量有很大的影响。例如，许多地方名特优食品如果换用其他地方的原料或改变生产工艺，都很难生产出同样质量的产品。此外，由于食品是消耗性产品，其服务质量更多体现在消费者购买和食用的方便性上。

三、食品质量管理的特性

食品质量管理是质量管理的理论、技术和方法在食品加工和贮藏中的应用，是为保证和提高食品生产的产品质量或过程质量所进行的调查、计划、组织、协调、控制、检查、处理及信息反馈等各项活动的总称，它是食品工业企业管理的中心环节。由于食品产品的特殊性，食品质量管理也有其特殊性。

食品质量管理具有以下特性：

（1）在时间和空间上具有广泛性，如食品质量管理必须包括食品的三个主要时间段：原料生产阶段、加工阶段、消费阶段。

（2）食品质量管理的对象具有复杂性。

（3）在有形产品质量特性中把食品安全放在首位，一个食品产品即使其他质量特性再好，但只要安全特性不过关，就丧失作为产品和商品存在的价值。

（4）在监测控制方面存在相当的难度。

（5）对产品功能性和适应性有特殊要求。

四、食品质量与安全管理的主要研究内容

1. 基本理论与基本方法

食品质量管理是质量管理在食品工程中的应用。因此质量管理学科在理论和方法上的突破必将深刻影响食品质量管理的发展方向。相反，食品质量管理在理论和方法上的进展也会促进质量管理学科的发展，因为食品工业是制造业中占据重要份额且发展最快的行业。

质量管理基本理论和基本方法主要研究质量管理的普遍规律、基本任务和基本性质，如质量战略、质量意识、质量文化、质量形成规律、企业质量管理的职能和方法、数学方法和工具、质量成本管理的规律和方法等。质量战略和质量意识研究的任务是探索适应经济全球化和知识时代的现在质量管理理念，推动质量管理上一个新的台阶。企业质量管理重点研究的是综合世界各国先进的管理模式，提出适合各主要行业的行之有效的规范化管理模式。数学方法和工具的研究正集中于超严质量管理控制图的设计方面。质量成本管理研究的发展趋势是把顾客满意度理论和质量成本理论结合起来，推行综合的质量经济管理新概念。

2. 食品质量和安全法规与标准

食品质量和安全法规与标准是保障人民健康的生命线，是各行各业生产和贸易的生命线，是企业行为的依据和准绳，因而食品质量和安全法规与标准的研究受到特别的重视。世界各国政府已经认识到，在经济全球化时代，食品质量和安全管理必须走标准化、法治化、规范化管理的道路。国际组织和各国政府制定了各种法规和标准，旨在保障消费者的安全和合法权益，规范企业的生产行为，防止出现疯牛病、三聚氰胺等恶性事件，促进企业的有序公平竞争，推动世界各国的正常贸易，避免不合理的贸易壁垒。对于我国政府、企业和人民来说，食品质量和安全法规与标准更有着重要的现实意义。我国社会主义市场经济正处于建立、逐步完善和发展阶段，法治建设也处于完善发展阶段，企业在完成原始积累以后正朝着现代企业目标前进，生活水平得到提高的广大人民群众十分强烈地关注食品质量问题，特别是食品的安全质量问题。

3. 食品安全的质量控制

食品安全管理是一个系统工程，可分为食品安全监管体系、食品安全支持体系和食品安全过程控制体系。食品安全监管体系包括机构设置、明确责任等。食品安全支持体系包括食品安全法律法规体系、安全标准体系、认证体系、检验检测体系、信息交流和服务体系、科技支持体系及突发事件应急反应机制等。食品安全过程控制体系包括良好农业规范（GAP）、良好操作规范（GMP）、危害分析与关键控制点（HACCP）等。食品 GMP 是食品企业自主性的质量保证制度，是构筑 HACCP 系统和 ISO 22000 标准的基础。HACCP 系统是在严格执行 GMP 的基础上通过危害风险分析，在关键点实行严格控制，从而避免生物的、化学的和物理的危害因素对食品的污染。ISO 22000 标准是更高一级的管理阶段，包含了 GMP 和 HACCP 的主要内容，体现了系统性和法规性，已成为国际通用的标准和进入欧美市场的通行证。

4. 食品质量和安全检验的制度方法

食品质量和安全检验是食品质量控制的必要的基础工作和重要的组成部分，是保证食品卫生与安全和营养风味品质的重要手段，也是食品生产过程质量控制的重要手段。食品质量和安全检验主要研究确定必要的质量检验机构和制度，根据法律法规标准建立必要的检验项目，选择规范化的切合实际需要的采样和检验方法，根据检验结果提出科学合理的判定。

任务实施

食品质量与质量特性调查

目的：

通过所学知识的应用，掌握食品特性。

要求：

每4~6人一组，每组选出1名组长。组长负责本小组的工作分配，以组为单位进行调查并研究讨论，组员之间互相配合，最终完成食品质量与质量特性调查。

任务内容：

以小组为单位，进入超市，每人至少调查1种食品，重点调查其食品特性，并完成表1-2“食品质量特性调查表”。

表1-2 食品质量特性调查表

食品名称	食品特性				调查人
	内在特性	外在特性	文化特性	其他特性	

巩固与提高

一、单选题

1. 有的食品标签上有“清真”食品的标识，这是食品的（　　）。

A. 安全性能　　B. 内在性能　　C. 外在性能　　D. 文化性能

2. 食品质量管理必须包括食品链的各个时间段，对玉米种植的质量管理属于（　　）时间段。

A. 原料生产阶段　　B. 加工阶段　　C. 消费阶段　　D. 运输阶段

二、多选题

食品质量的特性有（　　）。

A. 经济特性　　B. 商业特性　　C. 安全特性　　D. 美学特性

项目1-2

食品质量检验控制技术

项目导学

食品质量检验是食品质量管理的重要组成部分，食品检验是采用一定的检验手段和检验方法，对原材料、辅助材料、半成品和成品质量特性进行检验，然后把测定结果同规定的质量标准进行比较，从而对产品质量作出合格或不合格的判定。很多同学认为食品质量检验就是食品生产出来后对最终产品进行各项指标（如水分、蛋白质含量、菌落总数等）检验，这是对食品质量检验的片面理解。事实上，食品质量检验的范畴是从食品生产原辅材料直至终产品全过程的检验，其中包括如何建立食品质量检验计划、如何去抽样、抽取样品并检验后怎样去合格判定、如果出现不合格怎么处置的一系列质量检验的生产实际问题，本项目通过系统的学习将解决这些问题。

学习目标

【素质目标】

1. 培养精益求精的工匠精神。
2. 承认客观依据与客观事实，养成客观严谨的职业意识。

【知识目标】

1. 辨认食品质量检验的范畴。
2. 为质量检验计划、抽样检验、不合格品和不合格品分级下准确的定义。
3. 指出质量检验的功能和步骤。
4. 描述抽样方案的判定过程。
5. 运用不合格品的判定与处置。

【能力目标】

1. 能看懂食品质量检验计划，会设计食品质量检验计划。

2. 能应用《计数抽样检验程序 第1部分：按接收质量限（*AQL*）检索的逐批检验抽样计划》（GB/T 2828.1—2012/ISO 2859-1：1999）对产品进行抽样检验，并进行批接收或批拒收判定。

思政融合

课程思政点：工匠精神——标准、精准

案例引入：在我国农业经济的发展中，农产品质量安全是各级农业主管部门工作开展的首要任务，且农业农村部已明确提出努力保证不发生重大农产品质量安全事件的工作目标，并且做出重要努力，这也确保我国农产品质量安全向着稳定方向发展。但是，在多方面因素的影响下，农产品药物残留超标、滥用添加剂以及重金属超标等质量安全事件仍然时有发生。例如，北京市食品安全委员会办公室2006年通过全面排查，北京市场发现6个红心鸭蛋样本检出苏丹红Ⅳ。全市共查扣涉嫌含有苏丹红的鸭蛋1158.7kg。

请思考针对食品安全问题，如何结合大数据进行分析检测，未来的食品安全检测如何实现智能化？

案例分析：食品安全检测工作关乎人们的身体健康以及国家形象，因此我国食品安全管理部门对食品安全检测工作尤为重视。如今，食品市场的规模不断扩大，食品安全检测的工作量变得十分巨大，现有的人工食品安全检测技术已经不能够满足食品行业安全检测工作的相关要求。因此，随着快速检测技术的诞生和飞速发展，结合信息化技术、物联网技术、大数据分析技术下的食品安全在线智能化检测技术将成为食品安全行业未来发展的必然趋势，相关工作者需要深入研究基于快速检测的食品安全在线智能化检测技术建设工作，为食品安全检测的智能化、高效化和科学化发展找到正确的方向。

任务一 食品质量智能检测

情境导入

小王是刚毕业的食品专业的大学生，进入某食品智能加工企业工作，小王发现，随着工业4.0时代的到来，新数字工业技术的兴起，带来制造业的巨大转变，通过机器来收集和分析数据，以更低的成本，通过更快速、更灵活、更高效的流程，生产出更高质量的食品。这在工业4.0时代都成为可能。按照食品质量检验计划，通过智能检测的运用为食品质量检验提供了更加便捷的方法。什么是智能检测，如何将其更好地应用到食品质量检验中去呢，带着这些问题小王开始进入了具体的学习。

任务要求

1. 认识智能检测，并理解其在食品智能加工中的应用。
2. 说出质量检测的步骤，从具体实例中可以感受质量检验的分类。
3. 根据某一具体的食品生产过程设计食品质量检验计划。

知识准备

一、智能检测概述

信息是事物和现象属性的反映，它可通过一定形式的信号表现出来。人们要了解、研究、掌握事物和现象的属性，只要把信号检测出来，然后进行各种处理和分析，就可以达到定性、定量的认识和改造世界的目的。

检测就是检验和测量。在科学实验和工业生产制造过程中，为了及时了解工艺过程和生产过程的情况，需要对描述被控对象特征的某些参数进行监测，其目的是准确获得表征他们的有关信息，以便对被测对象进行定性了解和定性掌握。检测工作可以在一个物理变化过程中进行，也可以在此过程之外或过程结束以后对提取的样本进行操作。前者称“在线”检测，后者称“离线”检测。

智能检测是利用计算机及相关仪器实现检测过程智能化和自动化。智能检测包括测量处理、性能测试、故障诊断和决策输出等内容。由于智能检测能充分的开发和利用计算机资源，在人工最少参与的条件下可获得最佳和最满意的结果，并具有测量速度快、处理能力强、工作可靠、使用方便灵活和能实现监测、诊断、管理一体化等优点，所以得到了人们的普遍关注。

智能检测能够自动获得信息，并利用有关知识和策略，采用实时动态建模、在线识别、人工智能、专家系统等技术，对被测对象（过程）实现监测、诊断、自诊断和自修复。智能检测能有效的提高被测对象（过程）的安全性和获得最佳性能，并使系统具有高可靠性和可维护性。高抗干扰能力和对环境的适应能力，以及优良的通用性和可扩展性。传感技术、微电子技术、自动控制技术、计算机技术、信号分析与处理技术、数据通信技术、模式识别技术、可靠性技术、抗干扰技术、人工智能等的综合应用就构成了智能检测。

二、食品智能检测技术应用

在各种各样食品快速检测技术的支撑下，在现代信息技术的深度应用条件下，食品安全监管的模式发生了根本性转变，物联网技术结合快速检测技术，实现了物物联通和信息传递感知，诞生了新型的食品安全在线智能化检测模式。

（一）食品安全在线智能化检测整体平台架构

在物联网技术的支撑下，食品安全正在向在线智能化发展。检测平台通过红外感应器、激光扫描器、射频识别装置以及全球定位系统（GPS）等实现了信息传感的互联互通，这种智能化的识别、定位、跟踪、监控以及管理体系结合快速检测技术形成了全新的食品安全在线智能化检测感知网络。食品安全监管部门定期或不定期地进行食品安全项目检测，以物联网技术和食品身份识别技术为手段实现快速检测结果的上传、分析、预警，并结合 GPS 定位实现产品质量的持续追溯，同时搭建一个基于物联网的食品安全检测设备和检测试剂的服务云平台，为政府、食品生产和销售企业以及公众提供食品安全检测资源。以胶体金在线检测系统为例，食品安全在线智能化检测整体平台架构如图 1-1 所示。

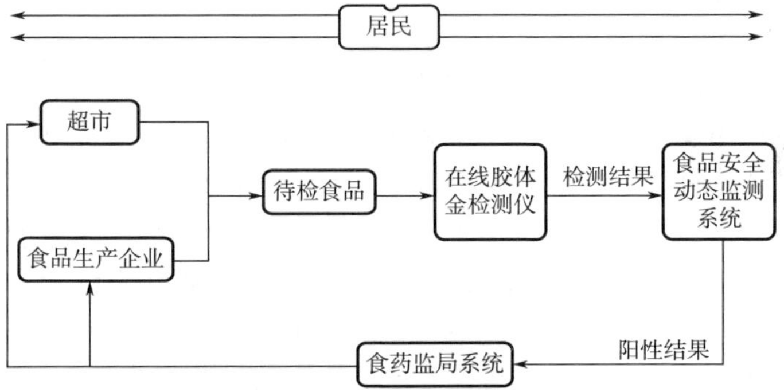

图 1-1　食品安全在线智能化检测整体平台架构

（二）食品安全在线智能化检测平台的主要功能

有机整合食品安全检测资源，实现食品安全监管部门、食品生产企业、食品销售企业以及消费者之间的信息公开与交流，通过在线智能化检测平台实现食品安全信息的实时动态管理，进而提升食品安全监管部门的响应速度和监管能力。

结合各类快速检测技术与智能化设备判读，利用生物传感器、移动通信网络以及大数据实现食品的快速实施检测及信息传递，实现实时预警和实时监控一站式服务。

（三）食品安全在线智能化检测的基本流程

1. 食品采样

食品采样是指食品安全检测人员从食品市场中随机抽取目标检测食物作为样本，进行安全检测工作。传统人工采样工作具有易失误和效率低的不足，不能够确保食品安全检测的高效性和可靠性。新型的食品安全在线智能化检测技术能够实现实时的智能化任务管理、电子化采样、智能化检测以及不合格样品的处置等，基于物联网技术、智能移动设备、地理信息系统以及云平台的在线智能化检测技术能够准确记录样品特性，且能够在发生食品安全事故时，做出迅速而准确的识别、预警以及送检反应。

2. 智慧快速检测流程

基于快速检测的食品安全在线智能化监测技术的智慧快检流程主要分成3个模块，即任务管理模块、智能化采样模块以及智能化检测与分析模块。任务管理模块是智慧快检平台下达食品检测任务的功能模块，能够通过信息化管理平台实现任务类型、任务内容、任务时间以及派检人员的一键式驱动，实时动态地管理食品安全检测整体工作；智能化采样模块是对目标食品进行自动编码采集样本，结合地理信息系统进行自动定位采集地址信息，现场拍照，结合移动通信技术实现信息的实时同步传输，实现采样过程的实时追踪；智能化检测与分析模块主要是借助人工智能和大数据分析技术对采集到的样本信息进行全面的计算、分析以及数据挖掘，与系统数据库中提前预设的食品数据规则进行比对，最终实现食品安全预警功能。

3. 生成并发布食品检测报告

基于快速检测的食品安全在线智能化监测技术平台在完成自动取样、样本检测、检测结果输出后，需经过系统分析模块处理并生成食品检测报告，将自动采样、检测以及数据分析后的不合格食品样本上传至在线智能化检测技术云平台中，管理者、生产者、消费者均可依照生成的二维码进行样本来源追溯，对不合格的食品进行无害化销毁，进而形成管理者、生产者以及消费者对食品安全检测的三向监督。食品检测报告以特定报表的形式发布在平台上，具有统一的格式、时间与类型要求，同时在线智能化监测技术平台的食品检测报告还需要支持报表拓展，能够支持不同地区或不同组织对食品检测报告类型的不同需求，满足用户定制检测报告的个性化要求。

（四）大数据智能分析系统

1. 数据源分析系统

基于快速检测的食品安全在线智能化检测技术必须克服食品检测数据中含有的大量不一致或不完整的噪声数据，因此必须设计和应用高效的数据分析和数据挖掘算法来提升筛查效果。食品安全的常态化检查不会测试所有批次食品，且同一批次的食品检测也会采取抽样的方式，因此在线智能化检测技术系统的数据源分析必须选取合理的数据，主键为报检编号，每条数据记录都包含待检验货物的信息，且将这些数据源的分析检测结果形成数据库视图，进而更加直观地筛选出有价值的检测信息。同时，数据源分析系统还要做到数据清晰，必须能够自动化地对不规范的食品安全检测数据进行错误清理，剔除掉错误的检测记录结果。

2. 检测流程自动化系统

食品安全在线智能化检测技术的实现必须依赖于检测流程自动化系统，结合计算机系统和信息化软件的批次化处理任务能力，对复杂的食品安全检测流程各节点任务实现自动化执行，该系统需要使用食品检测行业通用的计算机程序表达方式，进而便于行业形成统一、可规范使用的管理模式。检测流程自动化系统需要设计科学的逻辑分析算法，高效灵活地实现食品安全检测自动化应用，且在具体流程的设计上要融入个性化修改模式，以提升系统应用终端的层次性和针对性。

3. 大数据智能分析系统

基于快速检测的食品安全在线智能化检测技术需要构建大数据智能分析系统来对自动化检测后加载的食品检测数据信息进行预处理，基于对象编程思想的核心算法创建搜索数据库和数据存储结构，为食品安全检测所有项目创建数据表。基于上述原则，大数据智能分析系统能够得到指定时间范围、食品类别及相关检测项目分析结果，依靠算法模型对食品安全检测结果进行智能化评估，分析和评价目标食品在指定时间范围内的基本安全情况，确定安全风险等级。若目标食品的检测数据存在安全危害特征，则大数据智能分析系统的关联规则会自动提取出目标食品的原产地、生产商、生产原料、生产批次和销售区域等关键性信息，进而为智能检测与预警系统发出警告信息。

4. 智能监测与预警系统

智能检测与预警系统是食品安全在线智能化检测技术系统的最后一项环节，也是整个系统实现食品安全预警和管理的重要环节。在接收到大数据智能分析系统发出的目标食品安全异常信号后，智能检测与预警系统会通过常规的辨别和筛选方式获取检测数据的异常位置，进行重新筛选。如果在系统中存在致命异常，或捕捉到所存在异常对于食品安全无任何益处，则可通过筛出和处理异常的方式来恢复并正确地使用数据，将数据处理的过程转移到食品检测流程中。

三、食品质量检验制度与质量检验

（一）食品质量制度

食品质量检验制度是我国食品生产许可管理的重要组成部分，包括核发食品生产许可证前的发证检验、企业对每批产品的出厂检验和行政机关日常的监督检验。

小贴士

1. 食品企业必须建立质量检验机构（化验室）。
2. 配备合格的检验人员（化验员）。
3. 食品企业对食品生产的全过程进行检验，保证食品的质量与安全。

（二）质量检验的定义和作用

1. 检验

检验，为确定产品或服务的各特性是否合格，测量、检查、测试或量测产品或服务的一种或多种特性，并且与规定要求进行比较的活动（GB/T 2828.1—2012/ISO 2859-1：1999）。对产品而言，是指根据产品标准或检验规程对原材料、中间产品、成品进行观察，适当进行测量或试验，把所得到的特性值和规定值比较，并判断出各个物品或成批产品合格与不合格的技术性检验活动。

2. 质量检验

质量检验是采用一定的检验测试手段和检验方法测定产品的质量特性，然后把测定的结果同规定的质量标准相比较，从而对产品作出合格或不合格的判断。在不合格的情况下作出适用或不适用的判断。

3. 质量检验的作用

（1）鉴别职能　企业的质量检验机构根据技术标准、合同、法规等依据，对产品质量形成的各阶段进行检验，并将检验结果与标准比较，作出符合或不符合标准的判断，或对产品质量水平进行评价。鉴别是把关的前提，通过鉴别才能判断产品质量是否合格，不进行鉴别就不能确定产品的质量状况，也就难以实现质量把关。鉴别主要由专职检验人员完成。

（2）把关职能　质量把关是质量检验最重要、最基本的功能。通过严格的检验，剔除不合格品并予以“隔离”，做到“三不准”。即不合格的原材料不准投产；不合格的半成品不准转序（工序）；不合格的成品不准出厂。

（3）预防职能　检验的预防作用表现在通过抽样检验，进行过程能力分析和运用控制图判断过程状态，从而预防不合格品的出现。

此外，检验人员通过进货检验、首件检验、巡回检验等，及早发现不合格品，防止不合格品进入工序加工和大批量的产品不合格，避免造成更大的损失。

检验工作发展的主要特征：由单纯把关检验转向积极预防检验。检验的预防作用体现在以下几个方面：

①通过过程（工序）能力的测定和控制图的使用起预防作用。

②通过过程（工序）作业的首检和巡检起预防作用。

③广义的预防作用：对原材料和外购件的进货检验，对中间产品转序或入库前的检验，既起把关作用，又起预防作用。对前过程（工序）的把关，是对后过程（工序）的预防。

（4）报告职能　通过各阶段的检验和试验，记录和汇集了产品质量的各种数据，这些质量记录是证实产品符合性及质量管理体系有效运行的重要证据。

此外，当产品质量发生变异时，这些检验记录能及时向有关部门及领导报告，起到信息反馈作用。

质量报告的主要内容：

①原材料的质量情况和合格率。

②过程检验、成品检验的合格率以及相应废品损失金额。

③按产品组成部分或作业单位划分统计的合格率及相应废品损失金额。

④产品报废原因分析。

⑤重大质量问题的调查、分析和处理意见。

⑥提高产品质量的建议。

课堂讨论：

请判断以下是质量检验的哪些职能？

①经检验乳粉中的脂肪含量符合国家标准。

②原料乳中抗生素超标不能用于生产。

③生产过程中发现杀菌温度过低，不能进入下一工序。

④对不合格的食品作出销毁的处理意见。

⑤食品原料合格率较低，原料被拒收。

⑥对包装工序进行统计，发现包装封口破损率高，要求停止使用该包装机并对其维修。

四、质量检验的步骤

质量检验的流程：

检验的准备 → 检测、测量或试验 → 记录 → 比较和判定 → 确认和处置

1. 检验的准备

检验准备包括熟悉规定要求、选择检验方法、制订检验规范。

首先要熟悉检验标准和技术文件规定的质量特性和具体内容，确定测量的项目和量值。要确定检验方法，选择精密度、准确度适合检验要求的计量器具和测试、试验及理化分析用的仪器设备。确定测量、试验的条件，确定检验实物的数量，对批量产品还需确定批的抽样方案。将确定的检验方法和方案用技术文件形式作出书面规定，制订规范化的检验规程（细则）、检验指导书，或绘成图表形式的检验流程卡、工序检验卡等。检验的准备可通过编制检验计划的形式来实现。

2. 检测、测量或试验

按已确定的检验方法和方案，对产品的一项或多项质量特性进行定量或定性的观察、测量、试验（检测），得到需要的量值和结果。测量首先应保证所用的测量装置或理化分析仪器处于受控状态。

3. 记录

把所测量的有关数据，按记录和格式和要求认真做好记录。质量检验记录是证实产品质量的证据，因此数据要客观、真实，字迹要清晰、整齐，不能随意涂改，需要更改的要按规定程序和要求办理。不仅要记录检验数据，还要记录检验日期、班次，由检验人员签名，便于质量追溯，明确质量责任。

4. 比较和判定

由专职人员将检验的结果与规定要求进行对照比较，确定每一项质量特性是否符合规定要求，从而判定被检验的产品是否合格。

5. 确认和处置

检验有关人员对检验的记录和判定的结果进行签字确认，对产品做出处置：①对单件产品，合格的转入下道工序或入库。不合格的做适用性判断或经返工、返修、降等级、报废等方式处理。②对批量产品，根据检验结果，分别做出接收、拒收或复检处理。

五、质量检验的形式和分类

1.2.1.1　食品质量检验的形式和分类

（一）质量检验的形式

1. 查验原始质量凭证

在供方质量稳定、有充分信誉的条件下，质量检验往往采取查验原始质量凭证，如质量证明书、合格证、检验或试验报告等，以认定其质量状况。

2. 实物检验

对产品最终性能、食品安全性有决定性影响的物料和质量特性，必须进行实物质量检验。由本单位专职检验人员或委托外部检验单位按规定的程序和要求进行检验。

3. 派员进厂（驻厂）验收

采购方派员到供货方，对其产品、产品的形成过程和质量控制进行现场查验。认定供货方产品生产过程质量受控，产品合格，给予认可接受。

（二）质量检验的分类

质量检验方式可按不同的方法进行分类，具体可见表 1-3。

表 1-3　食品质量检验室内的分类

分类方法	检验方式	
一、按生产过程顺序分类	1. 进货检验	首检（批）样品进货检验
		成批进货检验
	2. 过程检验	首件检验
		巡回检验
		在线检验
		完工检验
一、按生产过程顺序分类	3. 最终检验	成品检验
		型式检验
		出厂检验
二、按检验地点分类	1. 固定场所检验	
	2. 流动检验	
三、按检验方法分类	1. 感官检验	
	2. 理化检验	
	3. 微生物检验	

续表

分类方法	检验方式	分类方法	检验方式
四、按被检验产品的数量分类	1. 全数检验	八、按供需关系分类	1. 第一方检验
	2. 抽样检验		2. 第二方检验
	3. 免检		3. 第三方检验
五、按质量特性的数据性质分类	1. 计量值检验	九、按检验人员分类	1. 自检
			2. 互检
	2. 计数值检验		3. 专检
六、按检验后样品的状况分类	1. 破坏性检验	十、按检验周期分类	1. 逐批检验
	2. 非破坏性检验		2. 周期检验
七、按检验目的分类	1. 生产检验	十一、按检验的效果分类	1. 判定性检验
	2. 验收检验		2. 信息性检验
	3. 监督检验		3. 寻因性检验
	4. 验证检验	十二、按检验项目性质分类	1. 常规检验
	5. 仲裁检验		2. 非常规检验

课堂讨论：

1. 按生产过程顺序分类，请判断以下情形是哪类质量检验方式？

①对进厂的每车牛乳进行检验。

②刚生产出来的最初两包牛乳检查其理化指标。

③每隔 1h 取 2 包牛乳留样。

④每个季度对成品乳粉检测重金属含量。

⑤流水线中设置金属探测仪，对过来的产品中是否含有金属进行检测。

⑥品控员每隔一段时间对重点工序的参数进行检查并记录。

⑦产品生产出来后在入库前进行的检验。

2. 免检就是产品从生产到出厂全部免于检查吗？

3. 微生物检验只是针对原料、半成品、成品吗？

六、质量检验计划

（一）质量检验计划概念

质量检验计划指对检验涉及的活动、过程和资源作出规范化的书面文件规定，用以指导检验活动正确、有序、协调地进行。

质量检验计划是生产企业对整个检验工作进行的系统策划和总体安排。一般以文字或图表形式明确地规定检验点（组）的设置；资源配备（包括人员、设备、仪器、量具和检具）；检验方式和工作量，它是指导检验人员工作的依据，是企业质量工作计划的一个重要组成部分。

（二）制订质量检验计划的目的

产品形成的各个阶段，从原材料投入到产品实现，有各种不同的复杂生产作业活动，同时伴随着各种不同的检验活动。这些检验活动是由分散在各生产组织的检验人员完成的。检验人员需要熟悉和掌握产品及其检验和试验工作的基本知识和要求，掌握如何正确进行检验操作，如产品和组成部分的用途、质量特性、各质量特性对产品功能的影响，以及检验和试验的技术标准、检验和试验项目、方式和方法、检验和试验场地及测量误差等。为此，需要有若干文件做载体来阐述这些信息和资料，这就需要制订检验计划来给予阐明，以指导检验人员完成检验工作，保证检验工作的质量。

现代工业的生产活动从原材料等物资投入到产品实现最后交付是一个有序、复杂的过程，它涉及不同部门、不同作业工种、不同人员、不同过程（工序）以及不同的材料、物资、设备。这些部门、人员和过程都需要协同有机配合、有序衔接，同时也要求检验活动和生产作业过程密切协调和紧密衔接。为此，就需要制订检验计划来予以保证。

（三）质量检验计划的作用

检验计划是对检验和试验活动带有规划性的总体安排，它的重要作用有以下几方面。

①按照产品加工及物流的流程，充分利用企业现有资源，统筹安排检验站、点（组），可以降低质量成本中的鉴别费用，降低产品成本。

②根据产品和过程作业（工艺）要求，合理的选择检验、试验项目和方式、方法，合理配备和使用人员、设备、仪器仪表和量具、检具，有利于调动每个检验和试验人员的积极性，提高检验和试验的工作质量和效率，降低物质和劳动消耗。

③对产品不合格严重性分级，并实施管理，能够充分发挥检验职能的有效性，在保证产品质量的前提下，降低产品制造成本。

④使检验和试验工作逐步实现规范化、科学化和标准化，使产品质量能够更好的处于受控状态。

（四）质量检验计划的内容

质量检验部门根据生产作业组织的技术、生产、计划等部门的有关计划及产品的不同情况来制订检验计划，其基本内容：

①编制检验流程图，确定适合作业特点的检验程序。

②合理设置检验站、点（组）。

③编制产品及组成部分的质量特性分析表，制作产品不合格严重性分级表。

④对关键的和重要的产品组成部分编制检验规程（检验指导书、细则或检验

卡片）。

⑤编制检验手册。

⑥选择适宜的检验方式、方法。

⑦编制测量工具、仪器设备明细表，提出补充仪器设备及测量工具的计划。

⑧确定检验人员的组织形式、培训计划和资格认定方式，明确检验人员的岗位工作任务和职责等。

（五）质量检验计划的编制

1. 编制检验流程图及其说明

检验流程图是对企业检验活动的总体安排，是表明从原料或半成品投入到最终生产出成品的整个过程中，安排各项检验工作的一种图表。质量检验流程图是正确指导检验活动的重要依据。检验流程图和其他检验指导书等在一起，构成完整的检验技术文件。

较为简单的产品可以直接采用作业流程（工艺路线）图，并在需要进行质量控制和检验的部位、处所，标注表示检验的图形和文字，必要时标明检验的具体内容、方法，同样起到检验流程图的作用和效果。

对于比较复杂的产品，单靠作业流程（工艺路线）图往往还不够，还需要在作业流程（工艺路线）图的基础上编制检验流程图，以明确检验的要求和内容及其与各过程之间的清晰、准确的衔接关系。

检验流程图一般包括检验点的设置、检验项目和检验方法等内容。可结合产品工艺流程图进行绘制，确定检验流程（过程、路线），体现检验的相互的顺序，在需要控制和检验的部位、处所，添加检验点（站、组）和检验的具体内容、方法。

小贴士

较为简单的流程图可以直接采用作业流程（工艺路线）图，并在需要质量控制和检验的部位、处所，连接表示检验的图形和文字，必要时标明检验的具体内容、方法，同样起到检验流程图的作用和效果。

对于比较复杂的产品，单靠作业流程图往往还不够，还需要在作业流程图基础上编制检验流程图，以明确检验的要求和内容及其与各过程之间的清晰、准确的衔接关系。

2. 检验站（点）的设置

（1）检验站（点）的概念　检验站是根据生产作业分布、工艺布置及检验流程设计确定的作业过程中最小的检验实体。其作用是通过对产品的检测，履行产品检验和监督的职能，防止所辖区域不合格品流入下一作业过程或交付（销售、使用）。

检验站（点）需要由专职检验人员进行检验的环节或工序。确定在哪些工序或环节设置检验点是企业检验计划工作的重要内容。

检验站（点）的设置应根据技术上的必要性、经济上的合理性和管理上的可行性来安排。一般设置在原料进货处、半成品入库处和成品入库处。也应设置在质量控制的关键部位（工序）、出现问题较多处、消费者反馈意见较多处。

按照工艺流程顺序设置常见的检验站（点）：

①进货检验站：负责对外购原材料、辅助材料、产品组成部分及其他物料等的进场检验和试验。

②过程检验站：在作业组织各生产过程（工序）设置。

③完工检验站：在作业组织对各作业（工序）已全部完成的产品组成部分进行检验，其中包括零件库检验站。

④成品检验站：专门负责成品落成质量和防护包装质量的检验工作。

（2）检验项目　根据产品要求、产品技术标准、质量特性的重要程度确定所需要检验的项目。企业所执行的标准有验收标准和内控标准。按重要程度质量特性可分为关键质量特性、重要质量特性和一般质量特性。

（3）检验方法　根据工序能力和质量特性的重要程度，明确各检验点及各检验项目所采取的检验方法。如采用感官检验还是某种理化检验，采用全数检验还是按某种方式进行抽样检验，采用自检还是专检等。

（4）编制相关资源需求计划　确定所需的检验人员及其资格要求、培训计划，所需的测量试验及其精密度要求等。

3. 明确职责和权限

（1）有关质量检验策划与检验计划修改的职责及权限。

（2）有关检验实施的职责与权限，如抽样、测量、分析、判断、报告等。可以编制××工序检验流程图，明确从采样到出具检验报告全过程的职责、分工、程序等。

（3）有关不合格品处置的职责与权限。

（4）有关出现争议时仲裁和协调的职责与权限。

（六）编制检验手册和检验指导书

1. 检验手册

检验手册是质量检验活动的管理规定和技术规范的文件集合，它是专职检验部门质量检验工作的详细描述，是检验工作的指导性文件，是质量检验人员和管理人员的工作指南，也是质量管理体系文件的组成部分，对加强产品形成全过程的检验工作，对质量检验的业务活动标准化、规范化、科学化具有重要意义。

（1）检验手册的内容　检验手册基本上由程序性和技术性两方面内容组成。它的具体内容：

①质量检验体系和机构：包括机构框图、机构职能（职责、权限）的规定。

②质量检验的管理制度和工作制度。

③进货检验程序。

④过程（工序）检验程序。

⑤成品检验程序。

⑥计量控制程序：包括通用仪器设备及计量器具的检定，校验周期表。

⑦检验有关的原始记录表格格式、样章及必要的文字说明。

⑧不合格产品审核和鉴别程序。

⑨检验标志的发放和控制程序。

⑩检验结果和质量状况反馈及纠正程序。

⑪经检验确认不符合规定质量要求的物料、产品组成部分、成品的处理程序。

（2）产品和过程（工序）检验手册的内容　产品和过程（工序）检验手册技术性文件，可因不同产品和过程（工序）而异。主要内容：

①不合格严重性分级的原则和规定及分级表。

②抽样检验的原则和抽样方案的规定。

③材料部分：有各种材料规格及其主要性能及标准。

④过程（工序）部分：有作业（工序）规程、质量控制标准。

⑤产品部分：有产品规格、性能及有关技术资料、产品样品、产品图片等。

⑥检验、试验部分，有检验规程及细则、试验规程及标准。

⑦索引、术语等。

2. 检验指导书

（1）检验指导书的概念　检验指导书是具体规定检验操作要求的技术文件，又称检验规程或检验卡片。它是产品形成过程中用以指导检验人员规范、正确的实施产品和过程完成的检查、测量、试验的技术文件。它是产品检验计划的一个重要部分，其目的是为重要产品及组成部分和关键作业过程的检验活动提供具体操作指导。它是质量管理体系文件中的一种技术作业指导性文件，又可作为检验手册中的技术性文件。其特点是技术性、专业性、可操作性很强，要求文字表述明确、准确，操作方法说明清楚、易于理解，过程简便易行，其作用是使检验操作达到统一、规范。

由于产品形成过程中具体作业特点、性质的不同，检验指导书的形式、内容也不相同，有进货检验用检验指导书（如原料肉进货检验指导书），过程（工序）检验用检验指导书、半成品检验指导书、成品检验指导书等。

（2）编制检验指导书的要求　在食品加工工作中，一般对重要的工序，如原料验收、半成品和成品以及出厂的检验，都应编制检验指导书。在检验指导书上应明确规定需要检验的质量特性及其技术要求，规定检验方法、检验基准、检测量具、纸样大小以及检验示意图等内容。为此，编制检验指导书的主要要求如下：

①对于质量特性的要求：对该过程（工序）所有质量特性技术要求应全部逐一列出，不可遗漏。对质量特性的技术要求要表述语言明确、内容具体，语言规范，使操作和检验人员容易掌握和理解。此外，还可能包括不合格的严重性分级、检测顺序、检测频率、样本大小等相关内容。

②对测量工具和仪表的要求：必须针对质量特性和不同精度等级的要求，合理选择适用的测量工具或仪表，并在指导书中标明它们的型号、规格和编号，甚至说明其使用方法。

③对抽样检查的要求：当采用抽样检验时，应正确选择并说明抽样方案。根据具体情况及不合格严重性分级确定可接受质量水平——接收质量限（*AQL*），正确选择检查水平，根据产品抽样检验的目的、性质、特点选用适合的抽样方案。

检验指导书的主要作用是使检验人员按检验指导书规定的内容、方法、要求和程序进行检验，保证检验工作的规范性，有效的防止错检、漏检等现象发生。

（3）检验指导书的内容

①检测对象：受检产品名称、种类、规格、工序（流程）名称及编号。

②质量特性值：按产品质量要求转化的技术要求，规定检验的项目。

③检验方法：规定检测的基准，检验的程序和方法，有关计算（换算）方法、检测频次、抽样检验时有关规定和数据。

④检测手段：检测使用的计量器具、仪器仪表及设备、工装卡具的名称和编号。

⑤检验判定：规定数据处理、判定比较的方法，判定的准则。

⑥记录和报告：规定记录的事项、方法和表格，规定报告的内容与方式、程序与时间。

⑦其他说明。

检验指导书的格式应根据生产组织的不同生产类型、不同作业、不同工种等具体情况进行设计。

【例题】某食品企业月饼成品检验指导书见表 1–4。

表 1–4　某食品企业月饼成品检验指导书

<table>
<tr><td colspan="2">产品名称</td><td>月饼成品</td><td>检验点名称</td><td colspan="2">成品出厂检验</td></tr>
<tr><td colspan="2">检验项目</td><td colspan="2">要求</td><td>抽样方案</td><td>检验方法</td></tr>
<tr><td rowspan="6">感官</td><td>形态</td><td colspan="2">外形完整、四周饱满呈微鼓形，花纹图案清晰，无裂纹，无露馅</td><td rowspan="6">正常检验一次抽样；一般检验水平Ⅱ，$AQL=2.5$，$N=5000$，$n=200$，$A_c=10$，$R_e=11$</td><td>视觉</td></tr>
<tr><td>色泽</td><td colspan="2">饼面浅黄色或金黄色、色泽均匀、有光泽</td><td>视觉</td></tr>
<tr><td>组织</td><td colspan="2">皮薄馅厚，饼皮厚薄均匀，致密无空隙</td><td>视觉</td></tr>
<tr><td>口味</td><td colspan="2">符合该产品的特有风味、无异味</td><td>味觉、视觉</td></tr>
<tr><td>杂质</td><td colspan="2">皮及馅内无肉眼可见杂质</td><td>视觉</td></tr>
<tr><td>质量</td><td colspan="2">每块月饼实际质量不低于标称质量</td><td>天平称量</td></tr>
<tr><td>理化</td><td>水分</td><td colspan="2">11.0%~19.0%</td><td>随机抽样</td><td>《食品安全国家标准　食品中水分的测定》（GB/T 5009.3—2016）</td></tr>
</table>

续表

产品名称		月饼成品	检验点名称	成品出厂检验	
检验项目		要求		抽样方案	检验方法
微生物	细菌总数	≤1000 个/g		随机抽样	《食品安全国家标准 食品微生物学检验 菌落总数测定》（GB 4789.2—2016）
	大肠菌群	≤30CFU/g		随机抽样	《食品安全国家标准 食品微生物学检验 大肠菌群计数》（GB 4789.3—2016）
说明： 1. 感官和质量检验：由检验员按照《计数抽样检验程序 第 1 部分：按接收质量限（*AQL*）检索的逐批检验抽样计划》（GB/T 2828.1—2012/ISO 2859-1：1999）的正常检验一次抽样方案进行统计抽样检验。 2. 水分检验：由检验员从每批产品中随机抽取 12 个月饼制成混合样进行检验，样品水分符合规定要求则判批产品合格，否则判批产品不合格。 3. 微生物检验：由检验员从每批次产品中随机抽取约 200g 月饼制成混合样进行检验，样品微生物数量小于或等于规定要求则判批产品合格，否则判批产品不合格。 4. 检验报告：检验员出具检验报告并签字，经化验主管审核、签字后通知仓库主管。					
编制：	审核：	批准：	日期：		

七、食品质量检验组织

（一）组织结构

按照食品生产许可管理制度（SC）的要求，食品企业必须建立质量检验机构，配有合格的专职检验人员、检验仪器设备和检验室等。

质量检验部门的组织机构大小和形式因食品企业的规模、产品结构等具体情况的不同而不同，通常质量检验部门由一名主管（总检验师）领导，各检验员按职责要求完成各自的检验工作。

小贴士

首席质量官制度

原国家质检总局《关于开展企业首席质量官制度试点工作的通知》（质检办质〔2012〕749号）。首席质量官（chief quality officer，CQO），又称质量总监。企业首席质量官对本企业质量工作全面负责，不仅是质量专家，更是质量领域的领军人物。

（二）检验部门的职责

（1）制订检验计划，编制检验人员所用的全部手册和检验程序。

（2）制订产品及工序的检验标准。

（3）制订人员、设备和供应等方面的部门预算。

（4）参与设计检验场地，选择设备和仪器，设计工作方法。

（5）分配检验人员的工作，监督和评定他们的工作成绩。

（6）在调查和解决质量问题上，以及在其他跨部门工作中同其他部门协调。

（7）复核不合格产品的情况，参与处置方法。

（8）负责原材料、过程和产品的质量检验，并提出检验报告。

（9）参与制订有关质量方面必需的文件。

（10）负责组织检验人员的培训工作。

（11）负责建立和管理质量档案。

（三）检验人员应该具备的条件

检验人员必须取得由劳动和社会保障部门核发的食品检验工初级以上工种资格证书，并具备较高的检验水平和较强的分析问题能力。检验水平指检验人员对产品质量作出正确判断的程度，主要表现在错检率、漏检率和分析能力上。

为保证一定的检验水平，检验人员应该具备条件如下：

（1）具有较高的文化程度，掌握全面质量管理的基本知识，有较强的分析、判断能力。

（2）必须基本掌握与所承担的检验任务相适应的生产技能，责任心强，办事公正，敢于碰硬；应了解受检产品质量特性的形成与变化等专业知识，要明确自己的职责和权限。

（3）能正确使用量具仪表，熟练掌握相应的测试技术。

（4）受过专门训练，已取得资格认证。

（5）无色盲、高度近视等眼疾。

检验员较强的分析问题的能力表现在：是否善于“用数据讲话”、是否能通过数据的变化预示质量的趋势、如果产生了质量问题能够找到成因等。

课堂讨论：

1. 查看检验指导书案例，你发现检验指导书中要包括哪些内容？
2. 食品质量检验计划和检验指导书是一样的吗？二者有什么关系？
3. 你具备检验员的资格吗？
4. 如果你的职位提升为质量检验部门的主管，你需要负责哪些工作？

任务实施

根据巴氏牛乳生产加工过程编制质量检验计划书

目的：

通过任务实施训练掌握食品质量检验计划的步骤和方法以及注意事项。

要求：

每4~6人一组，每组选出1名组长。组长负责本小组的工作分配，以组为单位进行研究讨论，组员之间互相配合，最终完成任务计划书。

任务内容：

1. 请根据以下提供的企业资料情况编制一份巴氏牛乳生产的质量检验计划。

某公司生产巴氏牛乳，其工艺流程如下：

原料乳验收→冷藏→预热→均质→巴氏杀菌→冷却→灌装→成品

公司在原料乳验收环节设有专职化验员，具体检测项目包括理化指标、微生物指标、抗生素、掺假检验等，所有检测项目的方法均依据国家标准。公司由操作工品控员对冷藏的温度与时间、巴氏杀菌的温度（90℃）与时间（3min）进行控制，其中化验员对冷藏、巴氏杀菌的牛乳进行微生物总数检测，化验员对灌装后的成品按国标项目进行检测。

2. 针对原料乳验收工序编制一份检验指导书［参考资料：《食品安全国家标准　生乳》（GB 19301—2010）、《食品安全国家标准　巴氏杀菌乳》（GB 19645—2010）］。

巩固与提高

一、单选题

1. 自我把关、自我监督的检验称为（　　）。

A. 自检　　B. 互检　　C. 专检　　D. 免检

2. 破坏性检验不宜采用（　　）。

A. 免检　　B. 全检　　C. 抽检　　D. 部分检验

3. 过程检验也称工序检验，是在产品形成过程中对各加工工序之间进行的检验。其目的在于保证各工序的不合格（　　）不得流入下一工序。

A. 成品　　B. 原料　　C. 辅料　　D. 半成品

4. 液态乳的生产自动化程度很高，生产批量大，产品质量比较稳定，适用于（　　）。

A. 全数检验　B. 抽样检验　C. 免检　D. 以上答案都不对

5. 根据检验数量，对所有产品进行逐个检验称为（　　）。

A. 抽样检验　B. 逐批检验　C. 全数检验　D. 巡检

6. 检验的目的是按（　　）验证产品质量特性是否符合要求。

A. 工艺　B. 图纸　C. 标准　D. 计量

7. 最终检验（出厂检验）的目的是保证不合格的（　　）不入库、不出厂。

A. 成品　B. 半成品　C. 部件　D. 零件

二、多选题

1. 以下属于按被检产品的数量分类的有（　　）。

A. 全数检验　B. 抽样检验　C. 免检　D. 破坏性检验

2. 第三方检验包括（　　）。

A. 供方检验　B. 监督检验　C. 验证检验　D. 仲裁检验

3. 质量检验的步骤有（　　）。

A. 检验的准备　B. 测量或试验

C. 记录　D. 比较和判定　E. 追查责任

4. 检验按检验方式可分为（　　）。

A. 自检　B. 班组长检验

C. 互检　D. 下道工序检验　E. 专检

三、判断题

1. 型式检验属于常规检验，需要每个批次都进行检验。（　　）

2. 免检就是产品在整个生产和销售过程中免于检查。（　　）

3. 检验指导书是指导检验人员开展检验工作的文件。（　　）

4. 食品企业是否设置检验部门是自愿的。（　　）

5. 寻因性检验具有很强的预防功能。（　　）

6. 按照食品质量市场准入制度的要求，食品企业必须建立质量检验机构，配有合格的专职检验人员、检验仪器设备和检验室等。（　　）

四、单项实训

1. 请说出质量检验计划在你今后学习工作中的作用。

2. 请根据你以往的食品专业课实习或在食品企业实习的经历，思考一下你都碰到过哪些检验形式。

任务二 应用抽样方案

情境导入

小王进入工厂发现，企业生产有淡旺季之分，冬季为生产旺季，每天生产3万~6万箱产品，夏季为淡季，每天生产1万~2万箱产品，且每天的生产量也是不同的。但是小王发现，每天生产结束后对终产品取样的数量不同，即使生产量很大，也没见多抽取多少样品进行检验。而且有的时候，在某一段时间还会减少样本的抽取量。小王一直以为，抽样是按百分比抽样进行的，但显然企业并不是按照百分比抽样，小王带着疑惑去问品控经理，经理告诉小王，企业是按照《计数抽样检验程序　第1部分：按接收质量限（*AQL*）检索的逐批检验抽样计划》（GB/T 2828.1—2012/ISO 2859-1：1999）抽样方案进行的。小王听后马上去查找资料并学习抽样方案，很快明白了所在企业所采用的抽样方案。

任务要求

1. 接受食品的出厂检验如果是破坏性检验都是采用的抽样检验，熟悉抽样检验中的常用参数。

2. 说出抽样检验的样品采集原则，感受不同的样品采集。

3. 能辨认抽样的不同严格度，并能根据生产的实际情况调节抽样严格度的转移。

4. 在具体的实际生产情况下，会运用抽样方案对产品进行抽样以及合格判定。

知识准备

一、抽样检验概述

《食品抽样检验通用导则》（GB/T 30642—2014）中规定了抽样检验的基本概念和分类。

1. 概念

抽样检验是相对于100%检验而言的，它是从所考虑的产品集合（如批或过程）中抽取若干单位产品（如分立产品）或一定数量的物质和材料（如散料）进行检验，以此来判定所考虑的产品集合的接收与否，即作出接收或不接收的判定。

简单而言，抽样检验就是从交验的一批产品（批量为 N）中，随机抽取一个样本（由 n 个单位产品组成）进行检验，从而对批产品质量作出判断的过程。抽样检验是一种既经济而又科学的方法，它既能节约检验费用，节省人力物力，又保证产品质量和加强质量管理。

2. 分类

抽样检验可分成许多不同的类型。按照统计抽样检验的目的，可分为预防性抽样检验、验收抽样检验和监督抽样检验。预防性抽样检验用于生产过程质量控制，验收抽样检验用于产品的出厂验收和交付验收，监督抽样检验用于第三方监督核查。

按照检验判别中质量特性的使用方式，可划分为计数抽样检验和计量抽样检验。计数抽样检验判别依据是不合格品数和不合格数，计量抽样检验判别依据的是质量特性的平均值。

按照抽样检验时抽取样本的次数可分为一次抽样检验、二次抽样检验、多次抽样检验以及序贯抽样检验；按照连续批抽样检验过程中方案是否可调整，又可将抽样检验分为调整型抽样检验和非调整型抽样检验等。

二、抽样检验的样品采集

（一）抽检样品采集的原则

样品采集的原则是随机抽样，即保证在抽取样本的过程中，排除一切主观意向，使批中的每个单位产品都有同等被抽取的机会，也就是被抽取的概率相同。

（二）抽检样品采集的方法

1.2.2.1 抽检样品的采集

1. 简单随机抽样法

简单随机抽样又称单纯随机抽样，总体中的每个个体被抽到的机会是相同的。简单随机抽样可采用抓阄、掷骰、抽签或随机数值表（乱数表）等方法。优点是抽样误差小，缺点是抽样手续比较繁杂。

2. 系统随机抽样法

系统随机抽样又称等距抽样法或机械随机抽样，每隔一定时间或一定编号（产品数量）进行一次，而每一次又是从一定时间间隔内生产出的产品或一段编号的产品中任意抽取一个。例如，在流水线上定时抽 1 件产品进行检验就是系统随机抽样。优点是操作简便，实施起来不易出差错；缺点是在总体发生周期性变化的场合，不宜使用这种抽样的方法。

【例题】一批待检食品为 20000 个，现需抽取 100 个样品，组成样本，进行检验，如何采取机械随机抽样（按相同数量间隔抽取）。

【解析】将 20000 个样品分为 100 份，每份 200 个。

在最初200个产品中，简单随机抽取一个号，若取到的为 X 号（如 $X=95$），则被取到的样本为每200个跳一号。

如下列序号：95，295，495，…，19895，直到取足样本为止。

3. 分层抽样法

分层抽样又称类型抽样，是从一个可以分成不同层（即小批）的总体中，按规定的比例从不同层中随机抽取样品的方法。将总体按产品的某些特征把整批产品划分为若干层，即分为层，同一层内的产品质量尽可能均匀一致，在各层内分别用简单随机抽样法抽取一定数量的个体组成一个样本的方法。即：先样品归类分层，再按比例从各层中分别抽取样品。层别可以按设备分、按操作人员分、按操作方法分。分层抽样法常用于产品质量验收。分层抽样法的优点是样本代表性比较好，抽样误差比较小。缺点是抽样手续较简单随机抽样还要烦琐。这种抽样方法主要用于产品的质量验收。

【例题】 批量 $N=1600$ 的产品，由A、B、C三条生产线生产的，其中A线产品为800，B线产品为640，C线产品为160。采用分层抽样法，抽取一个 $n=20$ 的样本。计算：各层抽取的单位产品数量。

【解析】 ①各层抽取的单位产品数

$$\text{A 生产线抽取单位产品数} = 20 \times \frac{800}{1600} = 10$$

$$\text{B 生产线抽取单位产品数} = 20 \times \frac{640}{1600} = 8$$

$$\text{C 生产线抽取单位产品数} = 20 \times \frac{160}{1600} = 2$$

②采用单纯随机抽样法，分别在各层中抽取单位产品，并组成 $n=20$ 的样本。

4. 整群抽样法

整群抽样又称集团抽样，是将总体分成许多群（组），每个群（组）由个体按一定方式结合而成，然后随机地抽取若干群（组），并由这些群（组）中的所有个体组成样本。例如，针对某种产品，每隔20h抽出其中1h的产量组成样本；或者每次取一箱、一堆、1h的产品，这些方法都属于整群抽样法。整群抽样法的优点是抽样实施方便，缺点是由于样本取自个别几个群体，而不能均匀地分布在总体中，因而代表性差，抽样误差大。这种抽样方法常用于工序控制中。

课堂训练

1. 某食品企业有A、B两条生产线，其中A生产线生产56件产品，B生产线生产42件产品，现在用分层抽样的方法，抽选出28件产品，则A生产线和B生产线的抽取的件数分别是__________。

2. 假设有某种成品分装在20个箱中，每箱各装50个，总共是1000个。如果想从中取100个成品作为样本进行测试研究。如何运用上述4种抽样方法呢？

三、抽样中常用的参数

1. 批和批量

为实施抽样检验而汇集起来的单位产品，称为检验批，简称为批；批中所包含的单位产品数量，称为批量。批量 N 的大小，原则上由供货方与订货方协商确定，它与生产批、运输批可以相同也可以不同。

批量是指批中包含单位产品的个数，常用 N 来表示。检验批必须由质量均匀的产品所构成。例如，3000 包乳粉为一批，其批量 $N=3000$。

批量 N 的大小要适宜。对构成交验批的批量大小无特殊规定，但应注意：批量 N 过于小时，相对于批量的抽样比例要加大；批量 N 过于大时，一旦发生误判所造成的损失亦大；从交验批的批量 N 中抽取用于检验的样本 n，一定要做到随机抽样。

小贴士

批的组成

产品应汇集成可识别的批、子批或可交付的其他形式。就实用而言，每个批应由同型号、同等级、同类型、同尺寸、同成分，在基本相同的时段和一致条件下制造的产品组成。

2. 接收质量限（*AQL*）

接收质量限也称可接受质量水平，是指当一个连续系列批被提交验收抽样时，可容忍的最差过程平均质量水平。它是对生产方的过程质量提出的要求，如 $AQL=6.5\%$ 是允许的生产方过程平均不合格品率的最大值（上限）。

AQL 的数值表征为：①每百件产品中的不合格品数；②每百件产品中的不合格数。GB/T 2828.1—2012/ISO 2859-1：1999 标准中规定的 *AQL* 值取值范围为 0.01%~1000%。当 $AQL\leqslant10\%$时，既可表征每百件产品中的不合格品数又可表征每百件产品中的不合格数。但当 $AQL>10\%$时，则只能表征每百件产品中的不合格数。

AQL 值一般在质量标准或供需双方签订的订货合同或协议中应明确规定。应根据需求的必要性和生产的可能性由供需双方协商确定。接收质量限 *AQL* 值是质量目标；不同的产品可制定不同的 *AQL*，相同的产品对不同的用户，产品可制定不同的 *AQL* 值。

小贴士

1. *AQL* 值是抽样计划中的一个参数，不应与反映制造过程操作水平的过程平均相混淆。

2. 指定 *AQL* 并不意味着供方有权故意供应任何不合格品。

3. 检验水平（*IL*）

检验水平为确定判断能力而规定的批量 *N* 与样本大小 *n* 之间关系的等级划分。一般说来，批量 *N* 越大，样本 *n* 也越大，但不是正比关系，大批量样本占的比例比小批量样本占的比例小。

在抽样检验过程中，检验水平用于表征抽样检验方案的判断能力，检验水平高，判断能力强。

GB/T 2828. 1—2012/ISO 2859-1：1999 标准规定了 7 个检验水平。其中 3 个一般检验水平，分别是Ⅰ、Ⅱ、Ⅲ。还有 4 个特殊检验水平，分别是 S-1、S-2、S-3、S-4。字码越大，等级越高，判断能力越强。一般检验水平高于特殊检验水平。水平Ⅰ的样本量不到水平Ⅱ的样本量的一半，水平Ⅲ的样本量大约是水平Ⅱ的 1.5 倍。检验水平的判断能力：S-1<S-2<S-3<S-4<Ⅰ<Ⅱ<Ⅲ，没有特别规定时，常选用一般检查水平Ⅱ。

S-1、S-2、S-3、S-4、Ⅰ、Ⅱ、Ⅲ →

样本小 ——→ 样本大

1.2.2.2 检验严格度

4. 抽样检验的严格度

GB/T 30642—2014 规定了 3 种不同严格程度的检验，包括：正常检验、放宽检验和加严检验。检验应由正常检验开始，如果产品质量满意，符合从正常到放宽检验的转移，经负责部门同意，可从正常转移至放宽。不同检验严格度的具体转移规则参见 GB/T 2828. 1—2012/ISO 2859-1：1999 的相关部分，如图 1-2 所示。

小贴士

转移得分

一次抽样方案：

（1）当接收数等于或大于 2 时，如果当 *AQL* 加严一级后该批接收，则给转移得分加 3,；否则将转移得分重新设定为 0。

（2）当接收数为 0 或 1 时，如果该批接收，则给转移得分加 2，否则将转移得分重新设定为 0。

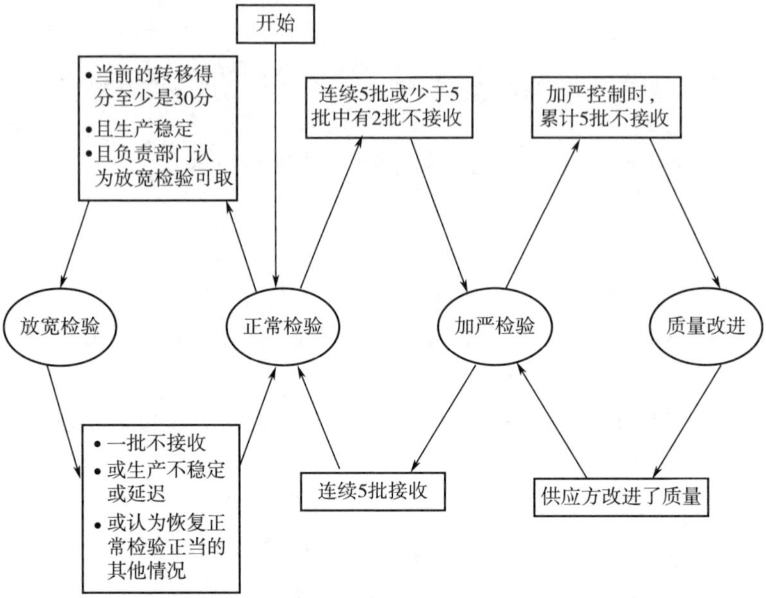

图 1-2　不同检验严格度的转移规则

课堂讨论：

1. 抽样检验为什么要设置不同的严格度，与食品企业有什么关系？
2. 有的企业为确保食品质量，一直进行加严检验，这样做好吗？为什么？
3. 有的企业为了降低检验成本，一直采取放宽检验，这样可行吗？

四、抽样方案

抽样方案指样本量和接收准则的组合。包括如何抽取样本、样本大小以及为了判定批合格与否的判别标准等。

抽样方案的类型：计数抽样检验方案和计量抽样检验方案，本节介绍的内容是在食品企业广泛应用的计数抽样检验方案。

（一）批质量判断过程

1. 一次抽样检验方案

（1）一次抽样方案的构成　[N，n，A_c] 或 [N，n，A_c，R_e] 或 [n，A_c，R_e]。其中：N 为交验批的批量；n 为样本大小；A_c 为合格判定数；R_e为不合格判定数。

方案中还应包括不合格判定数 R_e，在一次抽样检验方案中总有 $R_e=A_c+1$，所以往往在方案中不标出。

（2）一次抽样的判定程序　从交验批 N 件产品中随机抽取 n 件产品组成样本，按标准预先设定一个合格判定数 A_c，对样本中的 n 件产品进行检验，若发现样本 n 中的不合格品数为 d，则用 d 与 A_c 做比较后进行判定。若 $d \leqslant A_c$ 时，判批（N 件产品）为合格，对整批产品接收；若 $d>A_c$ 时，判批（N 件产品）为不合格，对整批产品拒收。具体判定过程如图 1-3 所示。

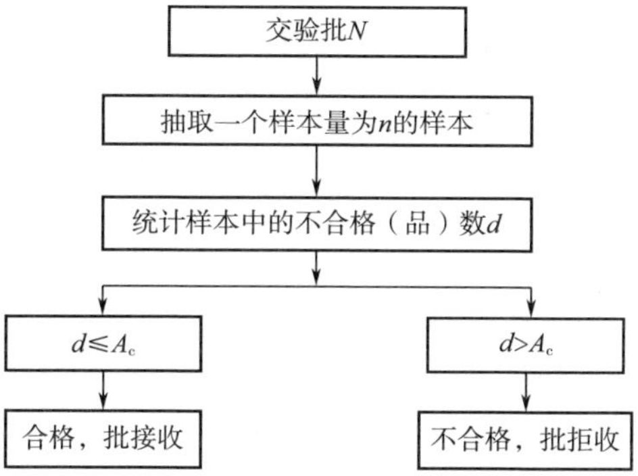

图 1-3　一次抽样方案

【例题】 简述一次抽样方案［3000，125，7，8］的判定程序。

【解析】 从 $N=3000$ 的检验批中，随机抽取 125 个产品组成样组进行测试。

若其中不合格品数 $d \leqslant 7$ 时，就判定该批产品为合格批予以接受；若 $d \geqslant 8$，则判定该批产品为不合格批而予以拒收。

2. 二次抽样检验方案

（1）二次抽样方案的构成［n_1，A_{c1}，R_{e1}］，［n_2，A_{c2}，R_{e2}］。其中：n_1 为所抽取的第 1 个样本的大小；n_2 为所抽取的第 2 个样本的大小；A_{c1} 为第 1 个样本的合格判定数；A_{c2} 为第 2 个样本与第 1 个样本的累计合格判定数；R_{e1} 为第 1 个样本的不合格判定数；R_{e2} 为第 2 个样本与第 1 个样本的累计不合格判定数。$R_{e2}=A_{c2}+1$。

（2）二次抽样检验方案的判定程序　首先从交验批 N 件产品中随机抽取第 1 个样本 n_1 件产品。检验第 1 个样本的 n_1 件产品，发现其中有 d_1 件不合格品。若 $d_1 \leqslant A_{c1}$，则判批为合格，予以接收。若 $d_1 \geqslant R_{e1}$，则判批为不合格，予以拒收。由于 R_{e1} 与 A_{c1} 之间没有加 1 的关系，因此，当 $A_{c1}<d_1<R_{e1}$ 时，则暂时不做决定，需再抽取第 2 个样本 n_2 件产品。检验第 2 个样本，发现其中有 d_2 件不合格品，继续做如下判断及处理：若 $d_1+d_2 \leqslant A_{c2}$，则判批合格，予以接收。若 $d_1+d_2 \geqslant R_{e2}$，则判批不合格，予以拒收。

二次抽样方案可能要进行两次，对第 1 个样本检验后，可能有 3 种结果：接收、拒收、继续抽样。若得出继续抽样的结论，抽取第 2 个样本进行检验，最终作出接收还是拒收的判定，如图 1-4 所示。

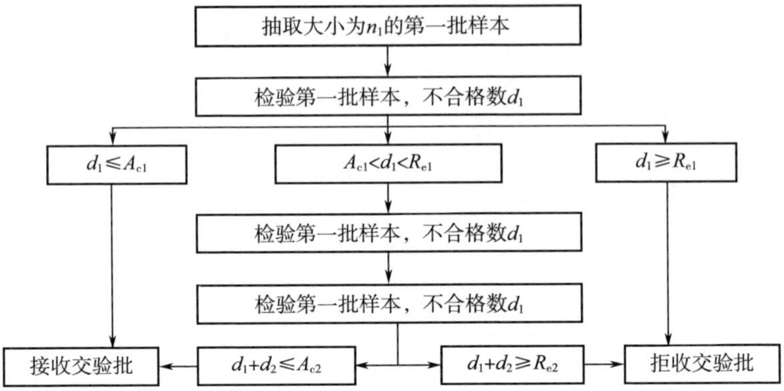

图 1-4　二次抽样方案

3. 多次抽样方案

多次抽样方案可能需要抽取两个以上具有同等大小样本，最终才能对批作出接收与否判定。是否需要第 i 次抽样需要根据前次（i-1 次）抽样结果而。多次抽样操作复杂，需要进行专门训练。但只要设定的 *AQL* 值和检验水平 *IL* 相同，一次、二次、五次或七次抽样方案对产品的质量保证能力（检验的判断能力）基本上是相同的。因此，通常采用一次抽样或二次抽样方案。

（二）抽样方案的应用

1.2.2.3　一次抽样方案的应用

GB/T 2828.1—2012/ISO 2859-1：1999 是计数抽样检验系统，主要适用于连续系列批的检验，连续系列批的系列长度足以允许使用转移规则。

【例题】 加压于瓶内在 0.55MPa 经 1min 做通过试验，需通过批量 99.85%方为合格。根据此标准，依 GB/T 2828.1—2012/ISO 2859-1：1999，试拟订一次抽样方案（批量 N=22000）。

【解析】

步骤一：确定检验水平。在本案例中检验水平没有作出具体说明，因此默认检验水平Ⅱ。

步骤二：确定 *AQL*、抽样方案（一次、二次、多次）、检验严格度和检验批组成。

本案例中确定 *AQL*，*AQL*=0.15%，N=22000，为一次抽样方案。因未对严格度作出要求，因此默认为正常检验。

步骤三：样本量通过样本量字码确定。对给对的批量和规定的检验水平使用表 1-5 检索适用的字码。根据 N=22000，*IL*=Ⅱ，查样本量字码表（表 1-5）得出样本量字码，知批量 22000 在［10001，35000］中与Ⅱ级检验水平相交之处，其样本代码为 M。

表 1-5　样本量字码

批量	特殊检验水平				一般检验水平		
	S-1	S-2	S-3	S-4	Ⅰ	Ⅱ	Ⅲ
2~8	A	A	A	A	A	A	B
9~15	A	A	A	A	A	B	C
16~25	A	A	B	B	B	C	D
26~50	A	B	B	C	C	D	E
51~90	B	B	C	C	C	E	F
91~150	B	B	C	D	D	F	G
151~280	B	C	D	E	E	G	H
281~500	B	C	D	E	F	H	J
501~1200	C	C	E	F	G	J	K
1201~3200	C	D	E	G	H	K	L
3201~10000	C	D	F	G	J	L	M
10001~35000	C	D	F	H	K	M	N
35001~150000	D	E	G	J	L	N	P
150001~500000	D	E	G	J	M	P	Q
500001 及以上	D	E	H	K	N	Q	R

步骤四：抽样方案的检索。根据批量 N 和规定的检验水平 IL，查样本量字码表得出样本量字码 CL；再根据以前的检验信息及检验严格度转移规则，判断采用正常、加严或放宽检验；最后使用抽检表检索抽样方案，具体检索见本教材的附录一“正常检验一次抽样方案（主表）”、附录二“加严检验一次抽样方案（主表）”、附录三“放宽检验加严方案（主表）”。

本案例中根据样本代码 M 查附录一，得样本数 $n=315$，再查样本数 $n=315$ 和 $AQL=0.15\%$相交得 $A_c=1$，$R_e=2$，即抽样方案为［315，1，2］。

步骤五：样本的抽取与检测，根据随机方法进行抽取，并按照规定的方法进行测量或检测。

步骤六：批接收或不接受的判定。

如果在含有 315 个样本中不合格数小于或等于 1 时，接收该批；

如果在含有 315 个样本中不合格数大于或等于 2 时，不接收该批。

课堂训练

1. 某产品出厂试验，采用 GB/T 2828.1—2012/ISO 2859-1：1999，规定不合格品 $AQL=1.5\%$，检验水品 $IL=$ Ⅱ，求 $N=2500$ 正常检验、加严检验、放宽检验一次抽样方案。

2. 某产品交收试验中，采用 GB/T 2828.1—2012/ISO 2859-1：1999，规定不合格品 $AQL=0.40\%$，检验水品 $IL=$ Ⅰ，求 $N=1000$ 加严检验一次抽样方案。

课堂讨论：

抽样检验中的百分比抽样是一种非统计抽样，根据学过的统计抽样，把二者进行比较，并讨论一下百分比抽样合理吗？

1. 根据批量 N 不同，需通过 99.85%合格率，填写表 1-6，试比较百分比抽样与 GB/T 2828.1—2012/ISO 2859-1：1999 统计抽样方案的区别。

表 1-6　百分比抽样与抽样方案的比较

大批量 N	百分比抽样抽取样本量 n	GB/T 2828.1—2012/ISO 2859-1：1999 抽样方案抽取样本量 n		
		放宽检验	正常检验	加严检验
200				
2000				
20000				
200000				

2. 根据上面的数据，可以得出什么结论？百分比抽样合理吗？为什么？

任务实施

抽样方案在食品加工企业中的应用

目的：

通过实训掌握抽样方案的应用，以及批产品的放行标准。

要求：

学生根据 GB/T 2828.1—2012/ISO 2859-1：1999 的内容，独立完成任务。

任务内容：

某食品企业生产水果罐头，按 GB/T 2828.1—2012/ISO 2859-1：1999 进行一

次抽样检验，已连续15批达到合格放行标准，且生产稳定。在接下来的连续生产中，某个班次生产罐头的数量为 $N=260000$，按合同要求，只要产品质量达到合格率99.85%，本批产品就可放行。依据GB/T 2828.1—2012/ISO 2859-1：1999，检验水平为 $IL=$ Ⅱ，请问：

1. 应采用哪种检验严格度，其依据是什么？
2. 依据一次抽样方案，拟定此批产品的单次抽样方案。
3. 如果抽取的样本中进过检验后有3个样本不合格，此批产品是否能够放行？并说明判定的依据。

巩固与提高

一、单选题

1. 抽检样品的检验方法很多，其中抽签、抓阄属于（　　）。

A. 简单随机抽样方法　　B. 系统随机抽样方法

C. 分层抽样法　　D. 整群抽样法

2. 生产开始时，企业通常应从（　　）开始。

A. 正常检验　　B. 放宽检验　　C. 加严检验　　D. 二次抽样

3. 关于 A_c 和 R_e 描述正确的是（　　）。

A. A_c 是接收底线，R_e 是拒绝顶线　　B. A_c 是拒绝底线，R_e 是接收顶线

C. A_c 是接收顶线，R_e 是拒绝底线　　D. A_c 是接收底线，R_e 是拒绝底线

4. 从加严检验到正常检验，描述正确的是（　　）。

A. 如果连续2批初次检验接收，则从下批起恢复正常检验

B. 如果连续3批初次检验接收，则从下批起恢复正常检验

C. 如果连续4批初次检验接收，则从下批起恢复正常检验

D. 如果连续5批初次检验接收，则从下批起恢复正常检验

二、多选题

1. 检验指导书包括（　　）。

A. 检验对象　　B. 检验方法

C. 抽样方案　　D. 接收准则

2. GB/T 2828.1—2012/ISO 2859-1：1999中规定的检验严格程度有（　　）。

A. 正常检验　　B. 放宽检验

C. 加严检验　　D. 二次抽样

3. 一次抽样方案中，要想确定样本代码字母，需要先确定以下已知条件（　　）。

A. 检验严格度　　B. 检验水平（IL）

C. 接收质量限（AQL）　　D. 批量 N

三、判断题

1. 根据概率统计学，按百分比抽样是合理的。(　　)
2. 加严检验意味着要多取很多样品进行检验。(　　)
3. 统计抽样检验的优势在于尽可能降低检验的费用。(　　)
4. 在抽样检验过程中，检验水平用于表征抽样检验方案的判断能力。(　　)
5. 质量检验越严越好，因此企业都应采取加严检验。(　　)
6. 产品抽样应按有关标准的规定执行，确保样品具有代表性。(　　)
7. 抽样检验的目的主要是挑选每个产品是否合格。(　　)
8. 百分之百的全数检验就是百分之百的可靠检验方法。(　　)
9. 检验水平 S-1、S-2、S-3、S-4、Ⅰ、Ⅱ、Ⅲ，其鉴别能力依次增强。(　　)
10. 百分比抽样检验存在小批宽、大批严的现象。(　　)
11. 合格判定数又称接收判定数，指作出批合格判断样本中所允许的最大不合格品数。(　　)

四、单项实训

1. 请讨论全数检验和抽样检验各有什么局限性？
2. 请讨论一下，是否在生产的任何情况下都适合使用抽样检验方法，抽样检验具有哪些优越性？

任务三　不合格的分级与不合格品控制

情境导入

小王进入食品企业实习后，在实际工作过程中发现，当企业出现不合格品时，会采取不同的处置方式进行控制。小王想知道，企业对不合格品的处置程序是如何进行的，一旦出现不合格品，如何采取措施并预防不合格品的出现。带着这些问题，小王对不合格的分级与不合格品控制进行了学习，并很快掌握了不合格品的控制程序。

任务要求

1. 接受并能区分不合格与不合格品。
2. 说出不合格分级的作用，感受不合格和不合格品的分类。
3. 编制不合格品的控制程序。

知识准备

1.2.3.1 不合格品的控制

一、不合格和不合格严重性分级

（1）不合格 不符合规定的要求。不合格包括产品、过程和体系没有满足要求，所以不合格包括不合格品和不合格项。

（2）通常根据单位产品质量特性的重要性或质量特性不符合的严重程度，可将不合格分为：

①A类不合格：最被关注的一种不合格。如产品的极重要的质量特性不符合规定，或产品的质量特性极严重不符合规定；

②B类不合格：关注程度比A类稍低的一种类型的不合格。如产品的重要质量特性不符合规定，或产品的质量特性严重不符合规定；

③C类不合格：关注程度低于A类和B类的一类不合格。如产品的一般质量特性不符合规定，或产品的质量特性轻微不符合规定。

不合格等级的划分，对不同行业、不同产品将有所不同，应根据具体情况确定。不合格严重性分级，就是将产品质量可能出现的不合格按其对产品适用性影响的不同分级，列出具体的分级表，并据此实施管理。

二、不合格品及其分类

（1）不合格品 有一项或多项不合格的单位产品。凡成品、半成品、原材料、外购件和协作件对照产品图样、工艺文件、技术标准进行检验和试验，被判定为一个或多个质量特性不符合（未满足）规定要求，统称为不合格品。

质量检验工作的重要任务之一，就是在整个产品生产或形成过程中剔除和隔离不合格品。不合格品的及时剔除与隔离，可确保防止误用或误装，防止食品安全与质量问题的发生。

（2）不合格品分类 通常按不合格的严重程度分类，例如：

①A类：包含一个或一个以上A类不合格，同时还可能包含B类和（或）C类不合格的产品。

②B类：包含一个或一个以上B类不合格，同时还可能包含C类不合格，但不包含A类不合格的产品。

掌握产品不合格严重性分级表就可以掌握某项产品检验工作的关键，确定采取的检验方式，如哪些质量特性项目需要专检，哪些可以自检、互检；确定检验的频次和检验的数量；确定哪些项目需要编制检验指导书或检验规程。因此，产品合格严重性分级对检验工作的策划及编制有关检验文件有直接的指导意义。

课堂训练

1. 连线题

牛肉中检查出沙门氏菌	A类不合格
食品标签帖歪	
月饼的净含量少2g	B类不合格
饮料中含有肉眼可见杂质	
水果罐头密封不严	C类不合格
罐头玻璃瓶身有气泡	

2. 某批（2000件）食品被拒收，我们说这批产品是批__________（填不合格或不合格品），经全数检验，这批产品中共检出36件__________（填不合格或不合格品），这批产品的总体不合格百分数是__________。

课堂讨论：

1. 讨论不合格与不合格品的关系。

2. 在食品生产中，凡是涉及食品安全（如致病菌、寄生虫、农残药残等）的不合格属于哪类不合格？

三、不合格品的控制

不合格品管理不仅是质量检验也是整个质量管理工作中一个十分重要的问题。为了区别不合格品和废品是完全不同的两个概念，人们常把不合格品管理称为不良品管理。不合格品管理的目的是对不合格品做出及时的处置，如返工、返修、降级或报废，但更重要的是为了及时了解生产制造过程中产生不合格品的系统因素，对症下药，使制造过程恢复受控状态。因此，不合格品管理工作要做到三个“不放过”，即没找到责任和原因“不放过”；没找到防患措施“不放过”；当事人没受到教育“不放过”。

（一）不合格品控制程序

在整个食品生产过程中，存在不合格品（不合格原料、不合格半成品、不合格成品）是可能的，重要的是食品生产者建立并实施对不合格产品的控制程序。

不合格品控制程序是对不符合质量特性要求的产品进行识别和控制，并规定不合格品控制措施以及不合格品处置的有关职责和权限，以防止其非预期的使用或交付。

产品生产者的质量检验工作的基本任务之一，是建立并实施对不合格品控制的程序，通过对不合格品的控制，实现不合格的原材料、外构配套件、外协件不接收、不投产；不合格的在制品不转序；不合格的零件不配装；不合格的产品不交付的目的，以确保防止误用或安装不合格的产品。

不合格品控制程序应包括以下内容：

（1）规定对不合格品的判定和处置的职责和权限。

（2）对不合格品要及时做出标识，以便识别；标识的形式可采用色标、标签、文字、印记等。

（3）做好不合格的记录，确定不合格的范围。

（4）评定不合格品，提出对不合格品的处置方式，决定返工、返修、让步、降级、报废等处置，并做好记录。

（5）对不合格品要及时隔离存放（可行时），严防误用或误装。

（6）根据不合格品的处置方式，对不合格品做出处理并监督实施。

（7）通报与不合格品有关的职能部门，必要时也应通知顾客。

不合格品控制程序范例如下：

1. 目的

对不合格品进行控制，防止非预期的使用和安装，确保交付合格品。

2. 范围

适用于原料进货到产品交付的全过程的不合格品的控制。

3. 职责

（1）质管部负责不合格品的控制和管理。

（2）生产部负责不合格品的返工、返修、处理。

4. 工作程序

（1）不合格品被发现后，必须经过记录、标识、隔离、评审和处置过程，未经过上述程序不得投入使用、加工和交付。

（2）不合格品评审

①轻微不合格品由检验员直接评审，并将结论记录在《检验记录表》上。

②重大不合格品（指批量不合格或严重影响产品外观和功能的不合格品）由质管部组织生产部、技术部进行会议评审，并将评审结论记录在《不合格品评审记录表》上，评审结论由质管部经理审核，报总裁审批。

（3）不合格品处置

①处置方式分：拒收或退货（指材料）、返工、返修或不经返修作让步接收、降级或改作他用、报废等五种。

②进货产品的不合格处置

a. 进货产品经检验或验证判定为不合格，由检验员做好标识，通知采购部退换，质管部跟踪处理结果。

b. 根据需要对不合格品进行全部检验挑选合格品入库，不合格品交采购部处理，按 a 执行。

③生产过程的产品处置

a. 评审中判定为返工的产品，由检验员直接送给车间主任，安排返工。

b. 评审中判定为返修和让步接收的不合格品，由车间主任填写《让步接收申请单》经质管部确认后报总裁批准作让步接收，合同要求定制产品时，使用返修和让步接收的产品应经顾客同意。

c. 评审中判定为降级或改作他用的不合格品，由车间主任填写《降级和改用申请单》，经质管部确认后处理，并由车间主任交一份生产部重新下单补料。

d. 评审中判定为报废的不合格品，由车间主任填写《报废申请单》经质管部确认后报废。并由车间主任交一份生产部重新下单补料。

④最终产品不合格处置：评审中判为不合格的产品直接交给检验工段，接下来按本规程“4. 工作程序”中“（3）不合格品处置”操作。

⑤产品交付后，顾客投诉的不合格品按《退货处理流程》操作。

（4）所有返工、返修产品，在返工或返修后由检验员重新检验。

（5）所有返工、返修产品记录按《记录控制程序》保存。

（6）各检验员每天将不合格情况进行统计，交检验工段或车间主任汇总、分析。

5. 相关文件

参见《记录控制程序》《标识过程管理程序》《纠正措施控制程序》《预防措施控制程序》《退货处理流程》。

6. 质量记录

参见《不合格品评审表》《返工返修表》《让步接收单》《报废申请单》《信息反馈单》。

课堂讨论：

1. 人们习惯上一出现不合格品就认为是品控部的事情，根据上面的案例，可以看出，不合格品的控制涉及哪些部门，各部门都担负了哪些责任？

2. 在案例程序文件中，是否对不合格品进行了标识，对不合格品的标识体现在哪里？

（二）不合格品的判定

产品质量有两种判定方法，一种是符合性判定，判定产品是否符合技术标准，作出合格或不合格的结论；另一种是“处置方法”的判定，是判定产品是否还具有某种使用价值，对不合格品做出返工、返修、让步、降级改作他用、拒收报废的处置过程，也就是对不合格品的处置过程。

一般不合格品的处置由技术（品控）部门决定或由专门不合格品评审机构评定后决定处置方式，大多数由生产部门来执行。

（三）不合格品的隔离

在产品的形成过程中，一旦出现不合格品，除了及时做出标识和决定处置外，对不合格品还要及时隔离存放，以防误用或误装不合格的产品，给生产造成混乱，还会影响人身的安全和社会的稳定，给产品的生产者的声誉造成不良影响。因此，产品生产者应根据生产规模和产品特点，在检验系统内设置不合格品隔离区（室）或隔离箱，对不合格品进行隔离存放，这也是质量检验工作的主要内容。

（四）不合格品的处置

1. 不合格品处置程序

一般食品生产组织对不合格品的处置程序主要是：

（1）生产作业人员在自检过程中发现不合格品或检验人员在检验过程中发现不合格品经鉴别确认后均应按不合格品处置程序进行处置。

（2）对已做出标识的不合格品或隔离的不合格品由检验人员开出不合格品通知单（或直接使用检验报告单），并附不合格品数据记录交供应部门或生产作业部门。

（3）供应部门或生产作业部门在分析不合格品的原因和责任及采取必要的控制措施的同时，提出书面申请，经研发、生产、品控等相关部门研究后对不合格品进行评审与处置。

（4）责任部门提出对不合格品的评审和处置申请，根据不合格严重程度决定相关部门审批、会签后按规定处置程序分别做出返工、降级、让步接收或报废的决定。

（5）当合同或法规有规定时，让步接收应向顾客提出申请，得到书面认可才能接收。

2. 不合格品的处置方式

根据《质量管理体系　基础和术语》（GB/T 19000—2016）的规定，对不合格品的处置有三种方式：

（1）纠正　指为消除已发现的不合格所采取的措施。其中主要包括返工、降级和返修。

①返工：指为使不合格产品符合要求而对其所采取的措施。返工是一个程序，它可以完全消除不合格，并使质量特性完全符合要求，通常返工决定是相当简单的，检验人员就可以决定，而不必提交“不合格品审理委员会”审查。

例如，牛乳在巴氏杀菌时杀菌温度不够，品控员现场决定对牛乳进行重新巴氏杀菌，这就是返工。

②返修：指为使不合格产品满足预期用途而对其所采取的措施。返修与返工的区别在于返修不能完全消除不合格品，而只能减轻不合格品的程度，使不合格品尚能达到基本满足使用要求而被接收的目的。

例如，饮料的生产日期打印模糊，工人用手工的方法又对生产日期进行打印一次。

③降级：指为使不合格产品符合不同于原有的要求而对其等级的改变。如果涉及食品安全问题的不合格品是不能降级的。

例如，八宝粥的铁听瓶身磕瘪了，降级处理，降价销售。

（2）报废　指为避免不合格产品原有的预期用途而对其采取的措施。不合格品经确认无法返工和让步接收，或虽可返工但返工费用过大、不经济的均按废品处理。

例如，乳粉中含有三聚氰胺，则乳粉做报废处理。

（3）让步　指对使用或放行不符合规定要求的产品的许可。让步接收是指产品不合格，但其不符合的项目和指标对产品的性能、寿命、安全性、可靠性、互换性及产品正常使用均无实质性的影响，也不会引起顾客提出申诉、索赔而准予放行的不合格品。让步接收实际上就是对一定数量不符合规定要求的材料、产品准予放行的书面认可。

例如，食品包装箱的合格率从98%让步到95%接受，可以通过降低收购价格进行让步接收。

不合格品无论被确定何种处置方式，检验人员都应立即做出标识并及时、分别进行隔离存放，以免发生混淆、误用错装。确定进行返工（或返修）的产品，返工（或返修）后需重新办理交检手续，经检验合格方可转序或入库，经检验确认仍不合格的按不合格品处置程序重新处置。生产工序出现的过程/最终不合格品控制流程见图1-5。

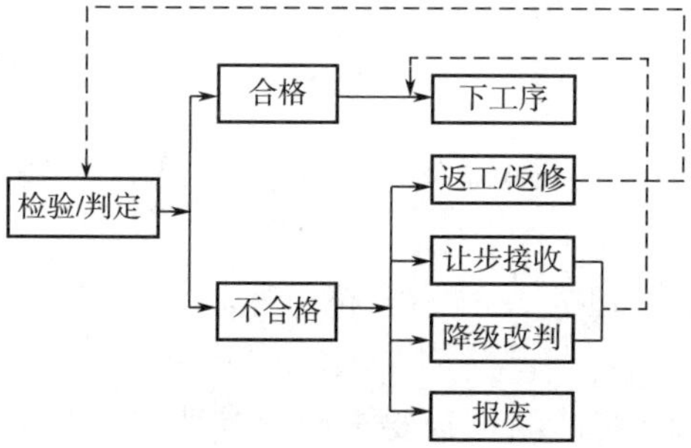

图1-5　生产工序出现的过程/最终不合格品控制流程

小贴士

降级和让步的区别

降级是“为使不合格产品符合不同于原有要求而对其等级的改变”，关键是要降低其等级；而让步则不包含“等级的改变”，直接予以使用或放行。

（五）不合格品的管理与纠正措施

1. 不合格品的现场管理

不合格品的现场管理主要做好以下两项工作：

（1）不合格品的标记　凡经检验为不合格品的产品、半成品或零部件，应当根据不合格品的类别，分别涂以不同的颜色或做出特殊的标识。例如，有的企业在废品的致废部位涂上红漆，在返修品上涂以黄漆，在回用品上打上“回用”的印章等办法，以示区别。

（2）不合格品的隔离　对各种不合格品在涂上（或打上）标记后应立即分区进行隔离存放，避免在生产中发生混乱。废品在填写废品单后，应及时放于废品箱或废品库，严加保管和监视，任何人不准乱拿和错用。一旦发现动用废品，以假充真，检验人员有权制止、追查或上报。隔离区的废品应及时清除和处理，在检验人员参与下及时送废品库，由专人负责保管，定期处理销毁。

总之，对不合格品要严加管理和控制，关键在于：对已完工的产品，严格检查，严格把关，防止漏检和错检；对查出的不合格品，严加管理，及时处理，以防乱用和错用；对不合格的原因，应及时分析和查清，防止重复发生。

2. 不合格品的控制措施

在质量检验活动中，一旦发现原辅料、半成品、成品未能满足规定要求或可能出现不能满足规定要求时，就应采取一系列措施加以控制。

（1）应制订处置不合格品的工作程序，并在管理标准中明确规定在产品形成过程中出现不合格品时，应立即采取标识、鉴别、隔离、处置、评定和防止再发生等各项措施。

（2）对产品形成过程中发现可能会出现不合格品或不合格批时，应立即进行鉴别和记录，在允许的条件下，对以前生产的批进行复检。对确认不合格品或不合格批按规定做出标识、隔离，确保防止误用或误装。

（3）应指定有关部门人员对不合格品进行评定，以确定能否让步接收、返工、返修、降级使用或报废，并按规定立即进行处置。

（4）出现（数量较多或较严重）不合格后，应立即进行质量分析，采取纠正措施防止再发生。

（5）建立健全不合格档案，定期进行统计分析，掌握产生不合格的原因以及规律，以便采取预防措施加以控制。

（6）对产生不合格品的责任部门及个人进行问责。

3. 不合格品的纠正措施

纠正：是为消除已发现的产品不合格所采取的措施。但仅仅“纠正”是不够的，它不能防止已出现的不合格在产品形成过程中再次发生。

纠正措施是生产组织为消除产品不合格发生的原因所采取的措施，防止不合格品再次发生。只要措施正确、有效，就可以防止不合格再次发生。

小贴士

区分“纠正”和“纠正措施”

纠正是指对不合格品的一种处置方式，它的对象是“不合格品”；而纠正措施是指为消除已发现的不合格品的原因所采取的措施，它的处置对象是“不合格的原因”。所以，“纠正可连同纠正措施一起实施”。

采取纠正措施的目的是防止已经出现的不合格再次发生，纠正措施的对象是针对产生不合格的原因并消除这一原因，而不是对不合格的处置。纠正措施的制订和实施是一个过程，一般应包括以下步骤：

（1）确定纠正措施　首先是要对不合格进行评审，其中特别要关注顾客对不合格的抱怨。评审的人员应是有经验的专家，他们熟悉产品的主要质量特性和产品的形成过程，并有能力分析不合格的影响程度和产生不合格原因及应采取的对策。

（2）通过调查分析确定产品不合格的原因。

（3）研究为防止不合格再发生应采取的措施，必要时对拟采取的措施进行验证。

（4）通过评审确认采取的纠正措施效果，必要时修改程序及改进体系并在过程中实施这些措施，跟踪并记录纠正措施的结果。这种措施可以包括程序和体系等的更改，以实现质量环中任一阶段的质量改进。纠正措施涉及消除产生不合格的原因。

课堂讨论：

1. 牛乳在生产过程中达不到杀菌温度，把这批牛乳扣留这种处置方式是__________（填“纠正”或“纠正措施”）。

2. 经分析牛乳杀菌温度达不到是由于蒸汽阀发生了故障，维修工及时更换了蒸汽阀，确保了杀菌温度在正常范围内，这种针对原因的处置方式是__________（填“纠正”或“纠正措施”）。

3. 当出现不合格品时，我们的处置方式通常是先采取__________（填纠正或纠正措施），然后再采取__________（填“纠正”或“纠正措施”）。

4. 根据上三题，讨论一下纠正与纠正措施的关系。作为企业是否针对不合格品必须采取纠正措施呢？

任务实施

制订乳粉不合格品控制程序

目的：

通过实训掌握不合格品控制程序的编制要点。

要求：

学生根据制订不合格品控制程序的内容要求，分组学习并讨论，以小组为单位完成任务。

任务内容：

某乳品企业生产婴幼儿配方乳粉，乳粉有时会出现不合格，不合格的原因主要是成品乳粉中检出大肠菌群超标、重金属超标、水分过高等。请根据上述出现的原因进行不合格分级并制订出具体的不合格控制程序。

巩固与提高

一、单选题

1. “亡羊补牢”属于以下哪种处置方式（　　）。

A. 预防措施　　B. 纠正　　C. 纠正措施　　D. 以上答案都不对

2. 企业进一批玉米作为生产原料，进厂验收时，经检验发现玉米棒的长度达不到标准，经协商后，玉米的采购价格由每棒 0.40 元降至 0.33 元，这种处置方式是（　　）。

A. 返工　　B. 返修　　C. 降级　　D. 让步

3. 不合格是指产品的（　　）特性不符合规定要求。

A. 多个　　B. 两个　　C. 三个　　D. 任一

4. 我国国家标准推荐，将不合格分为（　　）等级。

A. 两个　　B. 三个　　C. 四个　　D. 五个

5. 产品质量判定方法中，符合性判定（　　）。

A. 判断产品是否还具有某种使用的要求

B. 对不合格品的处置过程

C. 拒收报废判定过程

D. 判定产品是否符合技术标准，作出合格或不合格的结论

6. 一般不合格可由（　　）按规定程序处置。

A. 不合格品评审机构　　B. 组织相关部门专家

C. 检验部门、技术部门　　D. 质量监督部门

7. 如何对待不合格品返工返修后检验问题，正确的做法是（　　）。

A. 不合格品返工后仍不合格，所以不需重新进行检验

B. 不合格品返工后成了合格品，所以不需要再进行检验

C. 返修后还是不合格品，所以不需要再进行检验

D. 返工后不管是否合格都需要重新进行检验

二、多选题

1. 不合格记录应包括（　　）。

A. 生产时间　　B. 产品批次　C. 生产地点　　D. 生产班次（人）

2. 不合格品可以是（　　）。

A. 原料　　B. 工序　　C. 半成品　　D. 成品

3. 对产生的不合格品进行原因分析时，通常是由以下（　　）等部门共同完成的。

A. 生产部门　　B. 采购部门　　C. 品控部门　　D. 财务部门

4. 不合格品的控制措施有（　　）。

A. 标识　　B. 隔离　　C. 评审　　D. 处置

E. 预防措施

三、判断题

1. 不合格包含不合格品。（　　）

2. 检验人员需承担处置不合格品的职责和拥有相应的权限。（　　）

3. 一般食品企业的对不合格品的处置由技术部门决定。（　　）

四、单项实训

1. 某乳品企业生产巴氏牛乳，牛乳的巴氏杀菌温度要求是（85±3）℃，但某天由于杀菌温度不稳定，12：00—12：21 这一时段杀菌温度只有 81℃，现场品控员把这个时间段生产的产品扣留下来，并直接将其放到不合格品区。根据你学到的不合格品控制程序，你认为品控员做得对吗？如果是你在生产现场，你认为应该怎么做？

2. 某生产大酱食品企业，每年夏天的时候产品都比其他季节出现较多的涨袋现象。该企业的质量负责人说，每年夏天都这样，是由于天气太热的原因，我们也没太好的方法，只能是加大检验力度或给销售商多补一些货进行赔偿。根据你学到的知识，这个企业存在什么问题？你认为在管理上该企业是哪里存在问题？（相关知识：夏季涨袋主要是由于产品中大肠菌群超标，大肠菌群是衡量食品卫生状况的重要微生物指标之一。）

项目1-3

智能质量管理

项目导学

质量管理体系（quality management system，QMS）是指在质量方面指挥和控制组织的管理体系。质量管理体系是组织内部建立的为实现质量目标所必须的系统的质量管理模式，是组织的一项战略决策。该体系一般包含制订质量标准方案、质量控制管理、质量评价、改进措施的模块。在现代信息化社会的今天，以往是用一本标准一支笔的时代早已过去。现在的质量管理和检测都是通过计算机控制、网络连接、模块集成应用来对生产的产品进行实时的质量管理、检测、数据汇总等。

学习目标

【素质目标】

1. 针对质量管理问题具有科学思辨能力。
2. 通过5S管理学习，提升以人为本的工匠精神。

【知识目标】

1. 掌握质量管理体系的原则。
2. 熟悉质量管理体系的基本术语和定义，理解ISO 9001质量管理体系要求的条款内容。
3. 熟悉5S管理内容和方法。

【能力目标】

1. 团队合作编写企业的内部审核实施计划。
2. 能独立完成5S管理现场考核表的考核工作。

思政融合

课程思政点：科学态度——思辨能力

案例引入：审核员在采购部查合格供方上列有“新华公司”，审核员询问如何对新华公司进行评价，采购部部长说：“新华公司是老关系了，从我们公司一成立，就给我们供货，价格也合适，又送货上门，有什么问题，一个电话，人家就包退包换，评价就没必要了。”

请对应 ISO 9001 质量管理体系要求 ，思考上面案例中是否存在管理问题？如果存在，有哪些问题？

案例分析：本案例对应 ISO 9001 标准条款：“8.4 外部提供过程、产品和服务的控制”内容：组织应基于外部供方提供所要求的过程、产品和服务的能力，确定外部供方的评价、选择、绩效监视以及再评价的准则，并加以实施。因此企业应该对新华公司进行合格供方评价。

任务一 质量管理体系（QMS）

情境导入

小王在某食品企业品控部实习工作，该企业已建立质量管理体系并通过认证。为评价管理体系的符合性和有效性，企业进行内部审核。作为受审部门之一的品控部，周围的同事进入紧张的准备工作中。小王却有劲使不出，茫然无头绪。他向同事请教，知道了内部审核是企业内部组织进行的企业自身的管理体系的审核活动，是依据公司的质量管理体系制订的。小王得知后开始了对质量管理体系的学习，很快适应了部门工作。

子任务1 编制内审计划

任务要求

1. 了解 QMS 系统在新时代的作用。
2. 说明质量管理体系的构成与内容。
3. 描述 ISO 9001 的质量管理原则。
4. 根据给定的管理体系编制内审计划。

知识准备

一、质量管理体系（QMS）概述

随着科技的发展，中国特色社会主义进入了新时代，我国经济发展也进入了新时代。在新时代，中国经济已由高速增长阶段转向高质量发展阶段。实业强国，制造业是国家质量战略的基石，是其他经济领域实现高质量发展的前提条件。世界最强的几个经济体已将注意力集中在制造业上。制造业毫无疑问将会是实现中国经济全面高质量发展的重要战略途径。

在新的发展模式框架下，制造业需要融入数字经济，积极推进数字产业化、产业数字化，深度实践两化融合。借助移动互联网、大数据、云计算、机器学习、人工智能等新技术将管理体系（如质量、环境、安全、能源等）和管理工具［如精细化管理、精益生产、六西格玛（6σ）等］信息化、智能化，通过软件系统创新平台将经典管理思想的精髓转化为生产率和质量效益，通过软件工具创新算法将数据转化为有价值的决策信息。

（一）QMS系统的产品质量控制流程

通过QMS系统把产品生产过程全部数字化，实现产品质量安全顺向可追踪、逆向可溯源、风险可管控，发生质量安全问题时产品可召回、原因可查清、责任可追究，切实落实质量安全主体责任，保障产品质量安全。图1-6所示为产品生产环节质量控制流程。

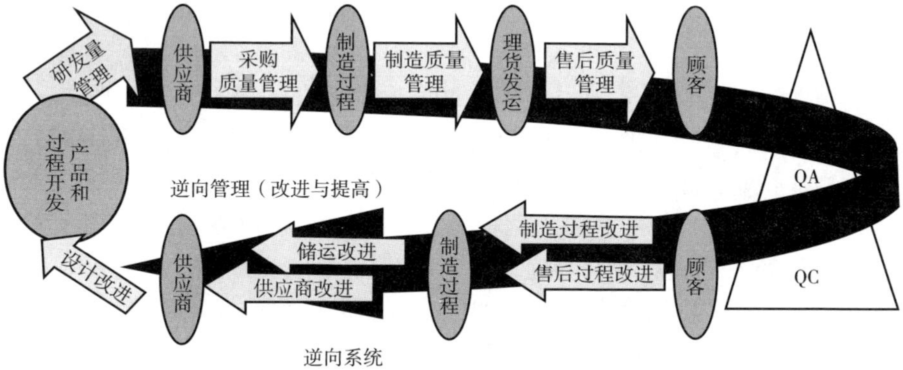

图1-6　产品生产环节质量控制流程

注：QA：质量保证；QC：质量管理。

（二）QMS系统在白酒中的应用

借助新技术，开拓新模式，提升整个产业链的数据共享和数据质量。一方面打通产品从粮食到餐桌全过程的业务信息，固化全流程质量业务体系，一方面挖掘数据的价值，同时要最大限度的调动业务用户的参与兴趣，降低用户的应用成本。QMS 系统将协助用户实现：

（1）从包装材料、粮食供应商开始到售后服务。结合物流过程和生产加工过程，建立系统完整、面向全过程的质量信息链，能够通过质量管理系统对酒体设计、酒体检测、市场反馈全流程的信息进行全过程再现。

（2）能够从物料批次和供应商到成品出厂的任意一个环节作为切入点，进行质量检验，方便质量追溯。

（3）质量信息追溯过程中将融合质量分析方法和统计分析工具，并提供开放的统计算法定义功能，使信息追溯链中分析、统计和明细信息相合，即综合统计与溯源相结合。

（4）依据白酒流水生产的特点，实现可以按照喷码进行包装售后批次生产追溯，也可以根据时间进行时间段生产过程追溯的混合追溯方式。

（5）能够根据不同的问题构建不同的追溯模式，并具备追溯能力的再建功能，以便根据新的问题构建新的追溯方法。

QMS 系统基于一瓶一码营运体系实现产品溯源的方法，打造从包材生产到成品灌装、仓储、物流、渠道及消费者于一体的可追溯体系，借助终端制码平台+条码管理平台+会员中心的实施，实现包材、成品酒、渠道各环节的全流程监控，全面提升条码在渠道环节流向的完整性、准确性、连贯性，更主动更精确地实现防窜及追溯。一瓶一码的二维码直接与成品酒生产订单关联，在质量管理系统 QMS 中则记录了与生产订单相关联的所有详细生产记录，通过二维码则直接追溯到该生产订单的所有质量数据。此追溯方法不仅解决了白酒在市场流通追溯难以及用酒群体无法分析等问题，同时也为用户辨别真伪与经销商开展促销活动提供了有效追溯解决方案。

白酒溯源管理是 QMS 本身并借助工业互联网平台实现的，工业互联网平台在满足自身数字化转型的基础上，不断向上下游供应链以及中小食品企业进行赋能。传统白酒制造企业，涉及原粮、包装材料等物料的采购、原酒的生产、成品酒的研发和生产灌装、质检环节和售后服务等业务，QMS 对白酒溯源管理的方式都可以推广使用。QMS 的白酒溯源管理方法可持续向其他行业推广，具体从以下方面开展。一是平台通过质量管理系统 QMS、企业产品应用与规划系统（SAP-ERP）、数据分析平台（商务智能报表）、数字化营销系统（CRM）、一瓶一码系统等系统的数据集成，企业的采购、制曲、酿造、勾储、灌装、售后等各项业务流程和数据可实现无纸化、信息化、数字化。二是借助 QMS 提供的智能化检测系统，不断规范检测业务及过程，进一步提升企业自身检测分析能力，提升白酒等制造企业物料检测能力，并运用“共享 + 改进”模式，规范供应链的管理，提升供应商供货质量。三是借助 QMS 的全生命周期质量智能化管理模式，建立产品质量监督及追溯体系，可以实现从产品生产、完工入库、仓库转移、销售出库、物流配送、经销商销售等全过程的跟踪。四是通过 QMS 的不断完善，为白酒行业智能化生产提供更多典型标杆解决方案，促进白酒传统生产模式向“智能制造、绿色酿造”转型。

二、质量管理体系

1.3.1.1 质量管理体系内审计划的编制

（一）ISO 9000 质量管理体系简介

ISO 是国际标准化组织的简称，其英文全称为 International Organization for Standardization。ISO 是目前世界上最大最具权威的国际标准化机构。ISO 9000 系列标准是国际标准化组织 ISO 所制定的关于质量管理和质量保证的一系列国际标准。ISO 9000 族标准本身并不规定产品的技术标准，而是针对企业的组织管理结构、人员和技术能力、各项规章制度和技术文件、内部监督机制等一系列体现企业保证产品及服务质量的管理措施的标准。因此，ISO 9000 族中规定的要求是通用的，适用于所有行业或经济领域，无论其提供何种产品。

ISO 9000 不是指一个标准，而是一族标准的统称。ISO 9000 系列标准是在总结各个国家在质量管理与质量保证的成功经验的基础上产生的。它经历了由军用到民用，由行业标准到国家标准，进而发展到国际标准的发展过程。

1980 年国际标准化组织组建了 ISO/TC176 质量管理和质量保证技术委员会。ISO/TC176 组织发布了系列标准，第一个标准 ISO 8402：1986，名为《品质——术语》，于 1986 年 6 月 15 日正式发布。1987 年 3 月正式发布了 ISO 9000 系列标准，包括 ISO 9000、ISO 9001、ISO 9002、ISO 9003 和 ISO 9004。

ISO 9000 族标准曾在 1994 年、2000 年、2008 年和 2015 年进行了改版，并将持续不断地推进标准的建设和完善工作。

（二）ISO 9000 的构成与内容

ISO 9000 族标准由核心标准及其他支持性标准和文件构成，具体见表 1-7。

表 1-7　ISO 9000 系列标准构成

核心标准	
ISO 9000	质量管理体系——基础和术语
ISO 9001	质量管理体系——要求
ISO 9004	质量管理体系——业绩改进指南
ISO 19011	质量和（或）环境管理体系审核指南

续表

支持性标准和文件	
ISO 10012	测量控制系统
ISO/TR 10006	质量管理——项目管理质量指南
ISO/TR 10007	质量管理——技术状态管理指南
ISO/TR 10013	质量管理体系文件指南
ISO/TR 10014	质量经济性管理指南
ISO/TR 10015	质量管理——培训指南
ISO/TR 10017	统计技术指南
	质量管理原则
	选择和使用指南
	小型企业的应用

课堂讨论：

观察一下我们身边的食品包装，上面通常写的是“本企业通过 ISO 9000 认证、本企业通过 ISO 9001 认证、本企业通过 ISO 9004 认证”哪一种？

（三）质量管理的七大原则

ISO 9000 族标准中的 ISO 9001：2015 正式提出了质量管理体系七项原则，明确了 ISO 9000 族标准规范的质量管理体系的理论基础。

质量管理原则是质量管理实践经验和理论的总结，是 ISO 9000 族标准实施的经验和理论研究的总结，是质量管理的最基本、最通用的一般性规律，适用于所有类型的产品和组织，是质量管理的基础。

1. 以顾客为关注焦点

顾客是每个组织存在的基础，组织应把顾客的要求故在第一位。以顾客为关注焦点是质量管理的根本出发点，满足顾客的要求并争取超越顾客期望是组织管理的目标。质量管理体系始于顾客的需要而终于顾客的满意。顾客的需求是变化的。因此，组织质量管理是否有效，取决于顾客是否满意。

2. 领导作用

一个组织的最高管理者要想指挥和控制好一个组织，必须做好确定方向、策划未来、激励员工、协调活动和营造良好的内部环境等工作。领导作用是落实质量管理的根本保证，没有致力于追求卓越的领导，有效的质量管理体系就无法建立，质量管理的目标也无法实现。

3. 全员参与

全体员工是每个组织的基础。组织的质量管理不仅需要最高管理者的正确领导，还有赖于全员的参与。只有全员参与，组织的各项管理要求、方法才能贯彻实施，组织的管理目标才能得以实现，并保持持续改进。全员参与是组织成功的重要保证。

4. 过程方法

过程方法的目的是获得持续改进的动态循环，并使组织的总体业绩得到显著地提高。管理的本质就是管理过程。质量管理体系是以过程为基础的，过程之间的相互作用、相互影响以及过程的优劣，直接影响质量管理体系的有效性和效果。

5. 持续改进

持续改进的目的是追求更高的目标、更高的效率、更低的成本和更佳的效益。因此，最高领导要作出承诺，积极推动，全体员工要积极参与，持续改进是无止境的，持续改进要成为组织的一个永恒的目标、永恒的追求和永恒的活动。

6. 循证决策

基于数据和信息的分析和评价的决策更有可能产生期望的结果。决策是一个复杂的过程，并且总是包含一些不确定因素，经常涉及多种类型和来源的输入及其解释，而这些解释可能是主观的，重要的是解释因果关系和潜在的非预期后果。对事实、证据和数据的分析可导致决策更加客观，因而更有信心。

7. 关系管理

为了持续成功，组织需要管理与供方等相关方的关系。相关方影响组织的绩效。组织管理与所有相关方的关系，以最大限度地发挥其在组织绩效方面的作用，对供方及合作伙伴的关系网的管理是非常重要的。

（四）ISO 9000 的实施

ISO 9000 的实施主要由以下几个步骤组成。

1. ISO 9000 体系的建立

（1）领导决策　搞好质量管理关键在领导，组织领导层要作出推行 ISO 9000 的决定。

（2）建立机构　组织需要成立一个 ISO 9000 专门机构从事文件编写、组织实施等工作。

（3）制订计划　就是制订贯彻标准的计划，包括时间、内容、责任人、验证等，要求具体详细，一丝不苟。

（4）提供资源　包括人力、财力、物力、时间等资源。

（5）建立体系　包括选择依据的国际标准、识别质量因素（又称体系诊断）。

（6）编写体系文件　对照 ISO 9001 或 ISO 9004 国际标准中的各个要素逐一地制订管理制度和管理程序。一般来说，凡是标准要求文件化的要素，都要文件化；标准没有要求的，可根据实际情况决定是否需要文件化。ISO 9001 或 ISO 9004 国际标准要求必须编写如下文件：

①质量方针和质量目标。

②质量手册。

③质量体系程序文件。

④组织认为必要的其他质量文件。

⑤运作过程中必要的记录。

课堂互动：

1. 进入企业后，很多人认为所谓建立管理体系就是建立大量文件，你认为对吗？

2. 谈一谈文件系统在企业中的作用，一个有效的管理为什么离不开文件系统？

2. ISO 9000 体系的运行

运行过程包括：①发布文件；②全员培训；③执行文件。

3. 检查和改进

质量管理体系究竟实施得怎么样，必须通过检查才知道。检查方式：对产品的检验和试验；对过程的监视和测量；向顾客调查；测量顾客满意度；进行数据分析；内部审核等。

4. 保持和持续改进

继续运行新的质量管理体系，就是保持；然后在运行中经常检查新的质量管理体系的不符合项并改进，最后通过这一个周期的管理评审评价新的质量管理体系的适宜性、充分性和有效性，经过改进得到一个更新的质量管理体系，在实施新的质量管理体系过程中，继续进行检查和改进，得到更新的质量管理体系。如此循环运行，不断地进行改进。

三、质量管理体系内部审核

质量管理体系内部审核是组织在建立和运行质量管理体系后必须进行的一项管理活动，其目的是使组织的质量管理体系的运行能够符合组织策划的安排，能够符合顾客的要求，能够符合 ISO 9001 标准的要求，能够实现组织所确定的目标。

内审也称第一方审核，是组织的自我审核，由组织自己或以组织的名义进行。用于管理评审和其他内部目的，可作为组织自我合格声明的基础。从事内部审核的审核员通常是组织内部经过培训的审核员，必要时，也可请外部人员参与。外审包括第二方和第三方审核。第二方审核是组织的相关方对组织进行的审核，如顾客对组织的审核；第三方审核一般是指审核机构等第三方机构对组织进行的审核。

（一）内部审核的特点

内审是组织内部一项有效的管理活动，其特点：

（1）内审是企业为检查自身的管理体系是否得到有效的实施而进行。

（2）内审是为了向管理机构表明申请审核的可行性，并向客户表明本企业产品的可靠性。

（3）内部审核的根本目的在与改进。

（4）内审主要动力来自管理者，必须得到管理者的全面支持。

（5）内审操作比外审灵活，但内容要求更加全面细致和深入。

（二）内部审核流程

食品企业在建立 ISO 9001 管理体系时，或通过 ISO 9001 管理体系认证后，为了评价管理体系的符合性和有效性，要对管理体系进行内部审核。内部审核通常从审核方案的策划开始，然后进行内部审核前的准备，召开首次会议，进行现场审核，末次会议，提交审核报告，对不符合项提出纠正措施并跟踪。具体内审流程见图 1-7。

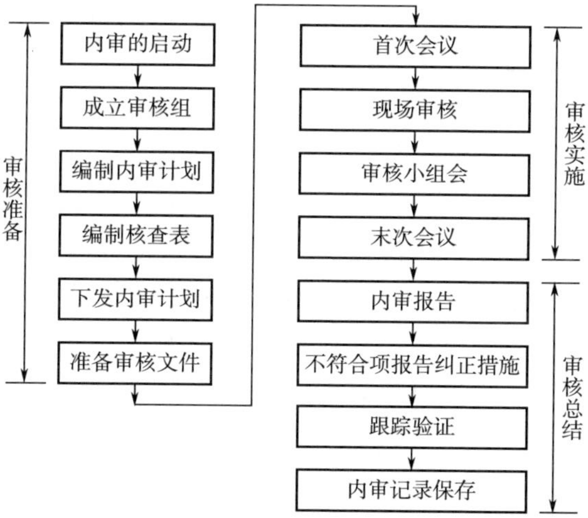

图 1-7　内部审核流程

（三）内审方案策划

内审方案策划是指组织对质量管理体系内部审核所进行的总体策划、安排和组织管理。内审方案策划的目的是建立组织的内审机制，使组织的质量管理体系能够正常持续有效地运行，并不断引入组织和业绩的持续质量改进。

1. 年度内审计划

当组织要进行内部审核时，首先要制订好审核计划，策划方案的内容包括审核准则、审核范围、审核频次、审核方法、审核时间、资源需求等。一般一年策划一次审核方案，即年度内部管理体系审核方案。审核方案一般由管理者代表编制，由总经理批准后实施。组织应该对年度内部质量审核进行总体的计划和安排。内审年度工作计划见表 1-8。

表 1-8　内审年度工作计划示例

××年内部质量审核年度工作计划				
审核项目	时间	受审范围	审核依据	备注
第一次体系内审	3 月上旬	涉及的全部区域和产品	体系文件、顾客合同、ISO 9001、产品标准	
产品审核	4 月下旬	系列产品	产品标准、顾客合同	
第二次体系内审	6 月上旬	所有部门、主导产品生产过程	同第一次内审	
审核组和其他安排： （1）体系审核的审核员从被聘的审核员中选取，由管理者代表负责。第一次体系审核由管理者代表任审核组长。 （2）产品审核从生产、技术、销售部门选取审核员，必要时聘请专家（内部或外部）。 （3）内审应严格按照程序操作，审核组长负责每项具体审核的计划安排，提前 5d 通知被审部门，并负责审核管理工作。管理者代表负责审核所需资源配置的协调。				
编制：	审核：	批准：		

2. 审核实施计划

对于外部审核，审核计划通常指具体一次审核的安排；对于内部审核，审核计划则要复杂一些，包括针对一个完整生产周期的年度性总体审核计划和针对每一次内部审核的具体计划。审核实施计划是安排审核日程、审核人员分工等内容的文件。这个计划不同于年度审核方案，是每次审核的具体计划，由审核组长编写，管理者代表批准。

要做好审核实施计划，必须认真、细致地做好每一个审核项目的准备工作。内审项目准备工作包括下列内容：

（1）制订项目审核计划　内审的项目审核计划是对本次审核活动的具体安排。项目审核计划应明确规定本次审核的目的和范围、审核依据的文件（标准、手册和程序等）、审核组的构成名单及审核分工情况、审核日期和地点、受审核部门和主要审核内容、各次审核会议（如首次会议、末次会议、审核组内部会）的安排，各主要质量活动的审核时间安排，审核报告的编制日期等。

项目审核计划本身也是一份质量管理体系的文件，审核计划的编制要符合标准中对文件控制的要求。项目审核计划的形式可以是表格式的，也可以是文字式的。项目审核计划经管理者代表批准后执行。

（2）组成审核组　内审审核组的组成包括审核组长和审核员，必要时可聘请具备专业知识的专家参与审核活动，审核组也可包括见习审核员和观察员。

（3）文件审核　文件审核是审核组在实施审核前，对相关质量管理体系文件的审阅。这些文件主要包括质量手册、程序文件、作业指导文件及其他相关文件和资料。文件审核是现场审核的基础和先行步骤。在文件审核时，首先要把整套体系文件作为一个整体来把握，其次依据文件的层次逐级审阅，分别审核各级文件中涉及的体系要求内容与ISO 9001标准之间的符合性，以及各层文件之间的关联性。

（4）编制检查表　检查表是审核员进行现场审核的重要工具，也是现场审核中重要的审核依据。审核员应根据自己的审核职责，认真编制检查表。

（5）通知　在内审现场审核实施前，审核组应提前3~5d通知受审核部门，也可将项目审核计划下发各部门。审核计划应得到受审核部门的确认，使他们能做好充分准备，迎接审核。内审应该按照计划和程序规定进行，不搞突然袭击。这样做的理由是有利于推动内部改进，有利于审核双方的协调配合。

任务实施

编制管理体系内审计划

目的：

通过任务训练，使学生能够熟练地编写内审计划。

要求：

每4~6人一组，每组选出1名组长。组长负责本小组的工作分配，以组为单位进行研究讨论，组员之间互相配合，最终完成内审计划的编写。

任务内容：

1. 每组依据质量管理体系内审要求，编写并下达内审计划。
2. 各组按照表1-9填写质量管理体系内部审核计划。
3. 各小组派代表进行汇报交流。

表1-9　质量管理体系内部审核计划

<table>
<tr><td>组别：</td><td colspan="4">组员：　　　　组长：　　　　时间：</td></tr>
<tr><td>审核目的</td><td colspan="4"></td></tr>
<tr><td>审核性质</td><td colspan="4">（　　）常规审核　　　　（　　）追加审核</td></tr>
<tr><td>审核范围</td><td colspan="4"></td></tr>
<tr><td>审核依据</td><td colspan="4"></td></tr>
<tr><td>审核时间</td><td colspan="4"></td></tr>
<tr><td rowspan="2">审核组成员</td><td>姓名</td><td>性别</td><td>职责</td><td>所在部门</td></tr>
<tr><td></td><td></td><td></td><td></td></tr>
</table>

续表

审核工作具体时间安排			
日期	时间	审核条款	内审员
编制人：	批准人：	批准日期：	

巩固与提高

一、单选题

1. 用于认证的标准是（　　）。

A. ISO 9000　　B. ISO 9001　　C. ISO 9004　　D. ISO 19011

2. 国际标准化组织中的哪一个技术委员会负责制定质量管理体系标准（　　）。

A. TC176　　B. TC69　　C. TC167　　D. TC157

3. 内部质量管理体系审核是评价质量管理体系的（　　）。

A. 适宜性和有效性　　B. 符合性和有效性

C. 充分性和有效性　　D. 是否在运行

二、多选题

1. 内部质量管理体系审核人员必须是（　　）。

A. 注册内审员　　B. 从事与质量有关工作

C. 与被审核活动无直接责任人员　　D. 经过培训取得资格证书被授权人员

2. 质量管理体系审核计划应包括（　　）。

A. 首、末次会议时间　　B. 审核目的和范围

C. 被审核部门和要求　　D. 审核的时间安排

三、判断题

1. 质量管理体系文件指的是质量手册和程序文件。（　　）

2. 在审核中应随机抽样即随意抽样。（　　）

3. 审核组长应对审核报告的准确性和完整性负责。（　　）

4. 已经取得第三方认证证书，就不要进行第一方审核了。（　　）

四、单项实训

1. 质量管理体系中使用的文件主要类型有哪几种？

2. 某商场盒装鲜乳放在冷柜中出售，但在冷柜上看不到究竟温度是多少。试分析其审核是否合格。

子任务 2　编制检查表

任务要求

1. 掌握检查表的格式与内容，熟知内审检查表的作用。
2. 根据某一具体的受审方文件，编制内审检查表。

1.3.1.2 内审检查表

知识准备

检查表的编制是审核员必须掌握的一项基本功，也是一项技术性较强的工作。编制一份指导性较好的检查表，对审核员的审核工作时很有帮助的。在编制之前，要认真阅读受审核方的体系文件，了解受审核部门所从事活动及关键（主要）过程和体系文件对该部门的各项要求，以及该部门可能存在的危害与影响因素、涉及的材料和产品，查阅相应的法律、法规和要求。

一、检查表的格式与内容

检查表格式通常由各审核组或审核小组（有的组织在内部审核程序中统一规定）根据需要自行确定。一般应包括以下内容：

（1）受审核部门、审核时间、审核员。

（2）审核的依据　一般是填写标准要素、体系文件的名称和编号及相应的条款号。

（3）审核主题、事项或要点　依据标准或文件，结合受审核方的实际列出要审核的事项主要解决“查什么”的问题。

（4）审核的方法　列出审核的步骤和具体方法，主要解决“从哪儿查”和“怎么查”的问题，关键是检查的切入点和途径。

（5）审核的记录　供现场审核时记录审核发现。

二、检查表的分类

体系用的检查表通常可以分为两类：过程检查表和部门检查表。

（一）过程检查表

过程检查表是一种按照 ISO 9001 标准条款要求来编制的检查表，它以过程控制为主线，确定相关审核的检查内容。过程检查表的特点是“一过程多部门”，因为任一过程在控制过程中都可能会涉及多个职能部门。过程检查表的关键是要确定过程的主要职能部门，分清主次。如编制与顾客有关过程检查表，主要职能部门是销售部，主要相关部门为技术部、生产部、采购部等。采用过程检查表的优点是审核有深度，易发现系统内的“接口”问题，缺点是会造成审核部门的重复。过程检查表见表 1-10。

表 1-10　××企业采购过程检查表

序号	审核内容	审核方法与要素	涉及部门	审核记录	结果
1	采购的产品是否符合采购要求	（1）查阅采购分类清单。 （2）从供方名单抽阅 3~5 家，查阅其评定记录	采购部		
2	检查采购文件审批情况	（1）抽样查阅采购文件内容是否正确齐全，是否经过有关领导批准。 （2）了解采购人员培训及上岗资格要求，查采购人员上岗证	采购部 人力资源部		
3	采购产品验证	（1）询问负责人以何种方式确保产品符合规定。 （2）于相关部门查询是否实施检验及必要的活动，以确保产品满足规定	采购部 质检部		
4	在供方现场实施验证	（1）查采购信息中是否已针对拟采用的验证安排和产品放行的方法作出规定。 （2）询问负责人是否有顾客直接到供方验货。如有，询问如何安排，是否有文件规定；如无，询问负责人对此持何种态度	采购部		
5	……	……			

（二）部门检查表

部门检查表是一种按照组织结构来编制的检查表，遵照 ISO 9001 标准条款。它以部门职能职责为主线，确定相关的审核检查内容。部门检查表的特点是“一部门多要素”，因为任一部门在履行职责中都可能会涉及多个体系过程。部门检查表的关键是要确定部门相关的主要体系过程，分清主次。部门检查表见表 1-11。

表 1-11　××企业品管部检查表

序号	审核内容	涉及条款	审核方法与要素	审核记录	结果
1	• 当有可追溯性要求时，其产品的标识是否具有唯一性？并加以记录	8.6.2 标识和可追溯性	• 抽取数个有追溯性要求的产品进行追溯，看其是否保持唯一性标识，是否做了记录，是否能够达到追溯的目的		

续表

序号	审核内容	涉及条款	审核方法与要素	审核记录	结果
2	• 是否有产品放行准则？ • 是否有产品相关的检验和放行记录	8.7 产品和服务的放行	• 查阅产品检验的相关文件； • 抽查产品连续 3d 的检验记录和放行记录		
3	• 针对不合格如何处置？不合格是否进行隔离和标识？对不合格如何采取纠正和纠正措施？	8.8 不合格产品和服务	• 参阅对不合格管理的相关文件； • 现场查看是否有不合格区和标识； • 现场询问相关人员如何对不合格品进行处理； • 抽查 3 份不合格品处置报告		
4	• 应用统计技术的方法是否正确？有无控制	9.1.3 数据分析与评价	• 现场观察统计技术运用情况，确认是否正确使用统计技术； • 统计技术是否有效果； • 对使用效果是否进行了检查		
5	• 本部门所涉及的文件和记录的控制是否有效	7.5.3 文件控制	• 结合本部门的相关文件； • 查阅各种质量记录； • 查、看、问质量记录保存和使用情况		
6	……	……			

三、检查表的编制步骤

在具体的审核中，审核工作可以按部门进行（按部门审核），也可以按要素进行（按要素审核），检查表的编制方法或步骤也因审核的具体方式的不同有所不同。检查表的编制，主要是根据审核原则或受审核方的文件，列出“审核要点”，确定“审核方法”。

1. 按部门审核

按部门审核时，检查表的编制步骤：

（1）了解受审核部门的职能、活动范围、作业性质和特点及可能存在的重大危害和环境因素。

（2）确定受审核部门应执行的体系文件及其他审核准则，全面收集这些审核准则并详细审阅。

（3）结合审核准则及受审核方实际列出需审核的主题事项。

（4）针对主题事项确定相应的审核方法、抽样方案、检查切入点及途径。

（5）拟定各主题事项审核所需的时间，并按照审核的总体时间安排加以调整。

2. 按要素审核

按要素审核时，检查表的编制步骤：

（1）了解所审核要素可能涉及的部门或区域，特别要明确该要素所包括的主要事项的代表性区域。

（2）明确该要素相关的体系文件及其他审核准则，收集这些审核准则并仔细审阅。

（3）确定应审核的区域或单位，并拟定先后顺序。

（4）拟定每个受审单位的主要审核事项，并有针对性地确定相应的审核方法、抽样方案、检查的切入点及途径。

（5）拟定各受审单位所需的审核时间，并按照审核的总体时间安排加以调整。

四、检查表的编制方法

对应审核要点列出审核的具体方法，包括切入点、抽样方案和抽样数量等是编制审核检查表的重点。具体的审核方法有查阅文件和记录、提问和交谈、现场观察及示范操作等四种，在检查表中都应针对所审核主题事项具体体现。具体编制检查表时需弄清以下几个问题：

（1）查什么　明确检查的主题事项。

（2）去哪查　列明去哪个部门、哪个区域检查（切入点之一）。

（3）找谁查　明确要找什么人来回答问题或交谈（切入点之二）。

（4）怎么查　列出检查的具体地点、路径和需审查的文件、资料、记录等证据，包括现场的观察、示范操作或测试等。

以上是编制检查表的四个要点，即“查什么，去哪查，找谁查，怎么查”。

五、检查表的审批

审核员各自编制的检查表，应经过审核组长审批后实施。审核组长在审批检查表时，要注意检查表中所提出的审核内容应以 ISO 9001 标准、相关法律法规要求、顾客要求（合同）以及组织的体系文件为依据，而不能以审核员自己的观点和经验作为审核依据；要注意检查表的系统性，尽量减少重复审核内容；要注意审核的完整性，不能遗漏 ISO 9001 标准中的控制要求，保证标准规定的内容都能得到有效审核。检查表是审核员的工作文件，应妥善保管，不应提交给受审核方。

任务实施

编制内审检查表

目的：

根据ISO 9001标准的要素要求，通过任务实施训练使学生能够熟练地编写内审检查表。

要求：

每4~6人一组，每组选出1名组长。组长负责本小组的工作分配，以组为单位进行研究讨论，组员之间互相配合，最终完成内审检查表的编制。

任务内容：

某食品企业要进行品控部的内审，请根据ISO 9001标准的要求并结合表1-12，完成企业内部审查部门（品控部）检查表的编制任务。

表1-12　质量管理体系内审检查表

<table>
<tr><td colspan="2">被审部门：</td><td colspan="3">部门负责人：</td></tr>
<tr><td colspan="2">审核日期：</td><td colspan="3">内审员姓名：</td></tr>
<tr><td>标准条款</td><td>审核内容</td><td>审核方法</td><td>审核记录</td><td>判定</td></tr>
<tr><td></td><td></td><td></td><td></td><td></td></tr>
<tr><td></td><td></td><td></td><td></td><td></td></tr>
<tr><td></td><td></td><td></td><td></td><td></td></tr>
<tr><td></td><td></td><td></td><td></td><td></td></tr>
<tr><td></td><td></td><td></td><td></td><td></td></tr>
<tr><td colspan="5">注：合格在判定栏打√；不合格在判定栏打×；观察项在判定栏作△。</td></tr>
</table>

巩固与提高

一、单选题

1. 以下哪项活动必须由无直接责任的人员来执行（　　）。

A. 管理评审　　B. 合同评审　　C. 内部评审　　D. 外部评审

2. 不应该列入首次会议的内容是（　　）。

A. 介绍审核组成员　　B. 确定审核计划

C. 与被审核方确认检查表　　D. 声明审核的抽样性

二、判断题

1. 检查表是审核员自用的工具，不能向被审方展示。（　　）

2. 现场审核必须严格按检查表进行，不得有任何偏离。(　　)

子任务3　编制内审不符合报告

任务要求

1. 列举现场审核及审核报告编制阶段的工作内容。
2. 制订内审不符合报告。
3. 能应用内审不符合报告追溯并纠正不符合项。

1.3.1.3 内审不符合报告

知识准备

审核组在完成了全部准备工作以后，就可按预先约定的日期和时间到受审核方实施现场审核，现场审核结束须编制审核报告。现场审核及审核报告编制阶段的工作内容主要有以下几项：

（1）首次会议。

（2）现场审核。

（3）确定不符合项，编写不符合报告。

（4）审核组内部会议。

（5）编写审核报告。

（6）召开末次会议，宣布审核结果。

首次会议结束以后，即进入现场审核阶段。现场审核的主要任务是收集客观证据，作出准确判断。审核员应按照审核计划的规定，遵循审核原则，把握审核关键点，对审核过程实施控制。

审核组收集到审核证据以后，要对全部证据进行评审，分析体系运行符合或不符合审核准则的所有事项。对于符合的方面认真总结，对于不符合审核准则的证据更要进一步认真分析，以确定管理上存在的主要问题。无论是符合还是不符合，都应在审核报告中进行充分的描述，以便对体系的实施效果作出评价。

一般把涉及硬件产品的未满足要求称为不合格，涉及软件、服务、管理的称为不符合。质量管理体系审核中的不符合，是指那些违背审核准则的审核发现。发现不符合并写出不符合报告是审核组或审核员在审核中的重要任务，较为全面和准确地开具和发放不符合报告，并以此作为纠正和预防措施实施的切入点是内部审核的重要目的或根本意义所在。

一、内部审核不符合分类

根据审核结果与审核准则相偏离的严重程度，以及不及时采取措施可能引致后果的严里性，可将不符合分为三类：严重不符合、一般（轻微）不符合和观察项。

1. 严重不符合项

①与 ISO 9001 标准或合同要求严重不符合。

②事实证明体系的过程控制要求系统性失效、区域性失效。

③造成严重的质量后果。

2. 一般不符合项

①属于孤立的、个别的现象。

②只影响到有效性，同时不会产生严重质量后果。

③不会严重影响质量管理体系的运行。

3. 观察项

①属于孤立的、个别的、偶然的、轻微的现象。

②可能会导致一般不符合项的产生。

③属于超出审核范围的。

严重不符合项的存在意味着质量管理体系存在重大缺陷或无效。在外部审核中意味着本次审核失败；严重不符合项、一般不符合项、观察项提出的不符合事实都应纳入纠正和改进的范围；严重不符合项、一般不符合项应提出书面不符合报告；观察项可以提交书面观察项报告，如观察项已当场纠正并经确认，也可不发书面报告。

二、不符合报告编写

编写不符合报告，是审核员必须掌握的基本技能。其内容包括：

①受审核方名称。

②不符合事实描述。

③不符合依据及条款号。

④不符合性质的判定。

⑤审核员姓名及开具日期。

⑥受审核方代表确认及签名。

⑦采取的纠正预防措施及完成日期。

⑧纠正措施完成情况及验证。

小贴士

内审不符合不是内审员的责任，内审员起到提出不符合，监督不符合纠正及纠正措施的实施，不符合应由受审核部门进行分析并改正。

任务实施

编制内审不符合报告

目的：

通过任务实施训练掌握内审不符合报告的编制步骤和方法以及注意事项。

要求：

每4~6人一组，每组选出1名组长。组长负责本小组的工作分配，以组为单位进行研究讨论，组员之间互相配合，最终完成内审不符合报告。

任务内容：

请根据以下提供的案例完成一份内审不符合报告（表1-13）。

在××企业生产车间作业现场审核时发现，有两位工人正在反应器内做清洗作业，反应器外无人监护。经询问得知，监护人正好外出购买盒饭去了；而本公司清洗作业程序规定“进入槽车、反应器内作业时，容器外部必须留有监护人”。

表1-13　××企业内审不符合报告

受审核部门		陪同人员	
审核员		审核日期	
不合格事实陈述：			
不符合程序、条款		被审方确认（签字）	
不符合类型		日期	
纠正措施计划：			
部门负责人		审核员认可	
批准纠正措施计划： 管理者代表：		日期：	
纠正措施完成情况： 部门负责人：		日期：	
纠正措施的验证： 审核员：		日期：	

巩固与提高

一、单选题

1. 不符合事项是指（　　）。

A. 产品某些质量特性不符合标准要求

B. 质量管理体系某些要求不符合标准要求

C. 产品设计某些指标不符合顾客要求

D. 全部

2. 发现不符合应采取（　　）。

A. 纠正措施　　B. 质量改进　　C. 原因分析　　D. 控制非预期使用

3. 组织对不符合进行分析并消除产生原因的活动是（　　）。

A. 纠正　　B. 纠正措施　　C. 预防措施　　D. 改进措施

二、多选题

1. 在审核过程中确立不合格项的证据必须是（　　）。

A. 以事实为证据　　B. 得到受审方的确认

C. 能够在日后进行验证　　D. 为使采取纠正措施加以改进的

2. 在审核中轻微不合格项是指（　　）。

A. 孤立的人为错误

B. 文件偶尔未被遵守，造成的后果不太严重

C. 对系统或区域不会产生重要影响

D. 证据不足，需要提醒注意的事项

3. 审核组在现场审核中必须开好的会议有（　　）。

A. 首次会议　　B. 审核组内部会议

C. 末次会议　　D. 与受审方领导沟通会议

E. 纠正措施评价会议

三、判断题

1. 产品质量审核就是对合格产品的再检验。（　　）

2. 在不合格品得到纠正之后，应对其再次进行验证，以证实符合要求。（　　）

3. 在审核中发现体系运行系统性失误应判为一般不合格项。（　　）

4. 审核方案就是审核计划。（　　）

5. 审核中发现的不合格项应由审核员分析不合格产生原因，以提高审核有效性。（　　）

四、单项实训

1. 编写内部审核方案时应考虑哪些因素？

2. 请根据你以往的食品专业课实习或在食品企业实习的经历，试编制酸乳企

业内部审核某一部门的《不符合项报告》，并由全班讨论及评价。

任务二 制造执行系统与生产现场 5S 管理

情境导入

MES 即制造执行系统（manufacturing execution system，MES）。对于 MES，很多非智能化或非计算机辅助生产的企业都比较陌生。随着我国制造业的飞速发展，智能化生产的概念已经逐步进入很多企业经营者的眼帘。那么，MES 为什么会产生？MES 究竟能够做什么？为什么要使用 MES？每个企业又适合怎么样的 MES？本次课程我们就走近它，了解它。

任务要求

1. 了解智能管理的主要方式和方法，能解析典型 MSE 的运行过程。
2. 掌握 5S 现场管理阶段和步骤，能根据 5S 现场管理分析企业问题所在。
3. 能根据实际情况制订有效 5S 现场管理计划和方案，并应用于实际工作中。

思政融合

课程思政点：工匠精神

案例引入：作为中国乳业领军企业，蒙牛集团总裁卢敏放受邀出席此次论坛，与来自世界各地的政经学者、行业领袖共同为世界品牌未来发展贡献智慧。在一场主题为“工匠精神：把‘制造’做到极致”分论坛上，卢敏放提出要打造“世界级的中国品牌”，蒙牛集团已经把“工匠精神”落实为企业发展模式，坚持“产品、质量、价值观和执行力”四个不妥协。

互联网时代加快了产品更新迭代的速率，蒙牛集团拥有研发创新专利 851 项，其中发明专利 168 项，45 项专利课题获得国家奖励，创新意识成为蒙牛集团重要的无形资产。围绕消费需求向多元化、个性化的升级，近年来陆续推出富含植物蛋白的“植朴磨坊”、在 37℃ 下保持菌群强活性的“优益 C”新品、专为乳糖不耐受人群研发的“新养道”零乳糖牛乳、最快 48h 从牧场到餐桌的高端互联网牛乳“嗨 Milk”等创新产品。

案例分析：在“工匠精神”的引领下，蒙牛集团着手以信息化、数据化手段加强全链条质量监管，在业内首家引入 SAP 和 LIMS 协同系统，利用实时数据形成数据库，通过数据监控平台实时监控与预警，有效杜绝了人为操作的失误。同时，通过创新研发推动乳业实现供给侧改革，促进行业价值的再造，为消费者创造高品质、个性化的产品体验。

“我们用‘匠心精神’做产品，精益求精，不断把更多具备附加价值的高品质产品带给消费者。”卢敏放认为，在蒙牛集团，每一名行业生产者，每一位产业参与者，都肩负着打造“匠心产品”、打造中国品牌的责任。

知识准备

一、制造执行系统（MES）

（一）MES 的起源与发展

事物的发展离不开“需求”二字。MES 的诞生也一样，它的出现离不开实体企业生产的实际需求。在 20 世纪后期，企业就已经逐步接受和使用计算机辅助管理系统来帮助其管理和生产，小到考勤，大到设备联网控制，使用计算机控制技术来提高管理效率、优化生产模式已经是企业发展的大势所趋。早期的制造执行系统形式为制造资源计划-Ⅱ（manufacturing resources planning，MRP-Ⅱ），在 20 世纪 80 年代通过美国生产与库存管理协会（APICS）的大力宣传和组织推动得到了迅速的普及和广泛应用，随着使用的深入，这个系统出现了一些普遍性问题，如 MRP-Ⅱ对预测需求和销售管理不够重视，对车间的大量实时事件与数据不能很好地利用等。许多企业认识到需要其他系统来解决 MRP-Ⅱ在某些方面管理薄弱的问题。于是为了满足销售、预测的需求，产生了分销资源计划（distribution resource planning，DRP）。同样，为了强化车间的执行功能，MES 也就应运而生。

随着工业产业的飞速发展及计算机技术的普及应用，人们发现在机械制造及相关实体产业生产过程中，如果能够使用计算机技术和控制技术来逐步替代传统的人工控制，将生产的各个环节串联起来，而非比较初级的“各自为战”的制造方式，能够极大地提高生产效率，使管理者能够更好更高效地进行生产管理、实施生产战略调整等操作，所以早在 20 世纪 90 年代，美国先进制造研究中心（AMR）提出了能够满足以上需求的生产系统——MES，并将 MES 定义为“位于上层的计划管理系统与底层的工业控制之间的面向车间层的管理信息系统”，它为操作人员/管理人员提供计划的执行、跟踪以及所有资源（人、设备、物料、客户需求等）的当前状态。1997 年，国际制造执行系统协会（MESA）的白皮书提出了 MES 的功能组件和集成模型。该模型一般包括 11 个系统功能，即生产资源分配与监控、作业计划和排产、工艺规格标准管理、数据采集、作业员工管理、产品质量管理、过程管理、设备维护、绩效分析、生产单元调度、产品跟踪。同时规定，如果设计的 MES 产品能够具备这 11 个系统功能中的一个或者几个，也可以定义为属于 MES 系列中具备单一功能的系统产品。

21 世纪初，MESA 提出了协同制造执行系统体系结构（c-MES）。MESA 在定义 MES 时，着重定义和强调了以下几个方面：首先，MES 是对整个车间制造过程的优化，是整合功能，其目的不是去解决某一个或者几个生产制造的瓶颈，也可以理解成，使用 MES 的根本目的是通过优化过程提高生产效率，而不是当生产过程出现了问题或错误时提出解决方案。其次，MES 必须具备收集生产过程数据的实时性，并且通过系统分析提出合理或适当的解决方案和措施。最后，MES 还需要将企业生产过程中无中断的信息数据进行集成，实现生产过程的计划层和控制层的信息全交互。20 世纪 90 年代，中国提出了“管控一体化”，随之也提出了一些具有我国发展特色的概念系统，如计算机/现代集成制造系统（CIMS）、企业资源计划（ERP）、供应链管理（SCM）等，这些系统基本都以“人、财、物、产、供、销”等方面为控制主体，但初期发展速度不快。近些年来，随着对企业 CIMS 信息集成深入研究和高速发展，设计出具有反应速度快、弹性设计好、精细化程度高的 MES 已成为其主流发展模式，MES 通过对生产中的计划执行、追溯过程、设备使用状态监控与管理、质量管理监控、优化人员配置及资源配比等多个层级的统一集成管理，来实现计算机辅助控制对生产现场的全方位实时管理。

（二）MES 的定义

国际制造执行系统协会 MESA 对制造执行系统的定义：制造执行系统能通过信息传递对从订单下达到产品完成的整个生产过程进行优化管理。当工厂发生实时事件时，制造执行系统能对此及时作出反应、报告，并用当前的准确数据对它们进行指导和处理。这种对状态变化的迅速响应使制造执行系统能够减少企业内部没有附加值的活动，有效地指导工厂的生产运作过程，从而使其既能提高工厂的及时交货能力，改善物料的流通性能，又能提高生产回报。制造执行系统还可通过双向的直接通信在企业内部和整个产品供应链中提供有关产品行为的关键任务信息。

可集成制造执行系统（integratable MES，I-MES），是在制造执行系统的开发过程中应用了模块化设计和组件技术设计，结合了两种传统的 MES（T-MES）形成的制造执行系统。我们可以将可集成 MES 理解成一个大的系统执行框架，它由若干个功能组成，这些功能可以包括生产监控、设备管理维护、质量检测等，可以根据客户的实际需要进行组合，并融入可编程逻辑控制器（PLC）、数据采集器、条形码、各种计量及检测仪器、机器人等，因而其具有灵活性、针对性、集成性的特点。

（三）MES 的功能

MES 可以整合很多功能，如物料相关功能、报警功能等。同时 MES 工作界面，还可以根据用户需求进行功能的增减。同时，MES 还可以连接客户关系管理（CRM）、ERP、产品数据管理（PDM）等流程，如图 1-8 所示。一般来说，根据 MES 的应用工况场所、应用方向或系统结构来描述功能。

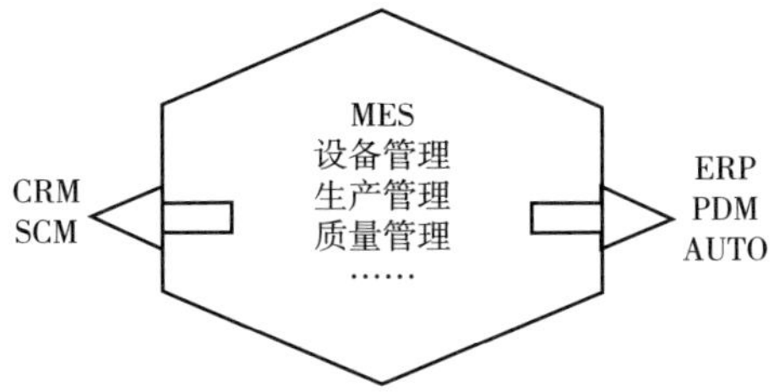

图 1-8　MES 能够连接的流程

注：AUTO：自动控制系统。

1. 按照应用工况场所分类

按照应用工况场所分类，MES 的常用功能包含现场类、仓储类、监测类、调度综合类等。

（1）现场类

①实时数据采集：由使用前的人工录入抄写，改为使用后的视频识别技术（RFID）、条形码、二维码等数字化信息快速写入、分类整理。

②现场节拍管理：由使用前的按天或班，改为使用后的按时、分、秒。

③现场人员管理：由使用前的每个车间或工序人员“独立作战”，改为使用后的全系统人员合理高效分配，实现平衡物力和产能最大化。

④Andon（看灯系统）实时看板：由使用前的各部门人工沟通发布，改为使用后的一个看板全信息集成可视。

⑤工艺工序过程管理及设备维修：由使用前的人工管理、保修，改为使用后的实时高效反馈、实时操作等。

（2）仓储类

①仓库信息管理：由使用前的人工记录、整理数据，改为实时、准确、高效记录出入库。

②仓储物料存放：由使用前的人工随意摆放、分配不均“见缝插针”，改为整体分配、随机变化，保证仓储准确、高效利用空间等。

（3）监测类

①生产数据监测：由原来的效率低下的人工统计，改为高效的多分类数据统计，准确且分类可以按照不同标准。

②质量监测：由原来的人工质检，改为多方面流水线式的感应式质量监测。

③设备情况监测：可以通过大数据等功能提早预防故障发生，或根据设备运行情况调整，以提高生产效率等。

（4）调度综合类

①现场工序作业及生产调度：由原来的人工修改调整，改为高效实时控制调整。

②数据统计及数据分析：由原来的简单统计，改为各类别数据统计和分析，实时反馈并提供优化方案等。

2. 按照应用方向或系统结构分类

按照应用方向或系统结构来描述，其功能包含：生产管理（工况设备数据采集、生产计划、工具资源、物料管理等）、人力资源管理（人员配置、人员时间管理、考勤等）、质量控制（质量检测、数据分析）或集成部分、操作中心、车间连接、信息采集等。

3. 按照模块的标准化分类

MES 制造执行系统按照模块的标准化可分为两大类：

（1）专用的 MES（point MES）　该系统是一个非标准系统，可以具有一个或多个功能。当用户只需要对一个生产环节进行信息化生产优化的时候，就可以针对其需要解决的优化问题进行系统开发，如设备维修维护、质量监测、生产人员调度等。

（2）集成的 MES（integrated MES）　这类系统的组成部分因用户需要进行不同模块的组合．即综合以上的功能模块，以达到使用目的。

专用的 MES 价格一般来说相对于集成的 MES 要低一些，对一些中小企业来说，某个生产环节必须使用的话，性价比最高。集成的 MES 功能多、系统性强，适用于资金充裕的大中型企业，能够提高生产效率、优化生产过程，真正地实现计算机控制系统辅助实体生产，达到透明化、高效化管理。MES 在很多生产线中都可以灵活应用，根据不同的生产线要求可以配合不同的功能模块，实现真正意义上的自动化生产、智能生产管理。

二、食品企业生产现场 5S 管理

1.3.2.1　5S 管理

5S 管理源于日本，指的是在生产现场，对材料，设备人员等生产要素开展相应的整理、整顿、清扫、清洁、修养等活动，为其他管理活动奠定良好的基础，是日本产品品质得以迅猛提高行销全球的成功之处。

5S 管理包括整理（seiri）、整顿（seiton）、清扫（seiso）、清洁（seiketsu）、素养（shitsuke）等五个项目，因日语的罗马拼音均以“S”开头而简称 5S 管理。它通过规范化管理现场实物，明确“场所、方法、标识”，确定“定点、定容、定量”及大量使用目视管理等方法，营造清新舒适、安全畅通的工作环境，提升员工素质，养成按规定做事的良好习惯，并为其他管理打下坚实的基础。近年来，随着人们对这一活动的不断深入认识，有人又添加了“安全、节约”等两项内容，分别称为 6S 管理或 7S 管理活动。5S 管理具体内容如下：

整理：工作现场，区别要与不要的东西，只保留有用的东西，撤除不需要的东西。

整顿：把要用的东西，按规定位置摆放整齐，并做好标识进行管理。

清扫：将不需要的东西清除掉，保持工作现场无垃圾，无污秽状态。

清洁：维持以上整理、整顿、清扫后的局面，使工作人员觉得整洁、卫生。

素养：通过进行上述4S管理的活动，让每个员工都自觉遵守各项规章制度，养成良好的工作习惯，做到“以厂为家、以厂为荣”的地步。5S管理之间的关系如图1-9所示。

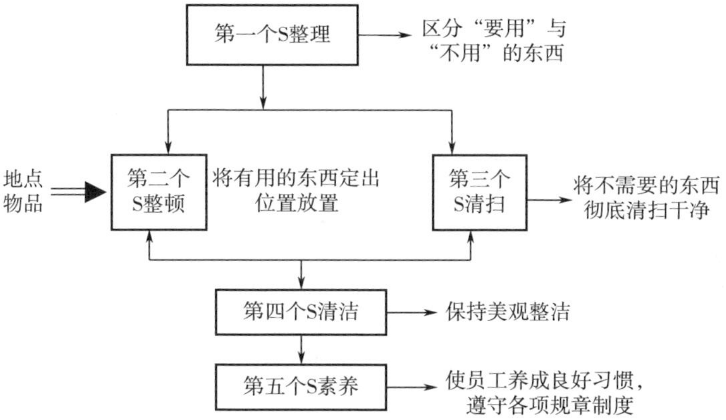

图1-9　5S管理之间关系图

三、 5S管理的实施

（一）整理（seiri）

1. 定义

工作现场，区别要与不要的东西，只保留有用的东西，撤除不需要的东西。

2. 对象

主要在清理现场被占有而无效用的“空间”。

3. 目的

清除零乱根源，腾出“空间”，防止材料的误用、误送，创造一个清晰的工作场所。

4. 整理的实施方法

（1）深刻领会开展的目的，建立共同认识。

①确认不需要的东西，多余的库存会造成浪费。

②向全体员工宣讲，取得共识。

③下发整理的措施。

④规定整理要求。

（2）对工作现场进行全面检查　点检出哪些东西是不需要和多余的，具体检查要求：

①办公场地（包括现场办公桌区域）：检查内容：办公室抽屉、文件柜的文件、书籍、档案、图表、办公桌上的物品、测试品、样品、公共栏、看板、墙上的标语、月历等。

②地面（特别注意内部、死角）：检查内容：机器设备大型工模类具，不良的半成品、材料、置放于各个角落的良品、不良品、半成品，油桶、油漆、溶剂、粘接剂，垃圾筒，纸屑、竹签、小部件。

③室外：检查内容：堆在场外的生锈材料、料架、垫板上之未处理品、废品、杂草、扫把、拖把、纸箱。

④工装架上：检查内容：不用的工装、损坏的工装、其他非工装之物品，破布、手套、酒精等消耗品、工装（箱）是否合用。

⑤仓库：检查内容：原材料、导料、废料、储存架、柜、箱子、标识牌、标签、垫板。

⑥天花板：检查内容：导线及配件、蜘蛛网/尘网、单位部门指示牌、照明器具。

5. 制订“需要”与“不需要”标准

工作现场全面盘点，就现场盘点的现场物品逐一确认，判明哪些是“要”哪些是“不要的”。根据上面的确认，订出整理“需要”与“不需要”标准表，员工根据标准表实施“大扫除”。

6. 不需品的处理

实施分类处理：依分类的种类，该报废丢弃的一定要丢掉，需要集中保存的由专人保管。

（二）整顿（seiton）

1. 定义

把要用的东西，按规定位置摆放整齐，并做好标识进行管理。

2. 对象

主要在减少工作场所任意浪费时间的场所。

3. 目的

定置存放，实现随时方便取用。

4. 整顿的实施方法

整顿的主要对象在“场所”而工作场所最大的时间浪费是在“准备工作时间”，在工作中“选择”和“寻找”花费一定的时间。所以，要想消除“选择”和“寻找”带来的时间浪费必须做到以下几点：

（1）落实整顿工作，根据“整理”的重点进行。

（2）决定放置场所。

（3）决定放置方法。

（4）决定定位的方法。

（5）开展活动注意事项。

小贴士

整顿是把经过整理后留下的物品进行分门别类，使物品一目了然，因此有效的5S管理一定是先“整理”，然后马上进行“整顿”。

课堂训练

1. 请一名同学回答对整理、整顿的理解，同时将讲台上的物品进行整理、整顿。

2. 某食品企业在生产过程中，突遇设备故障，维修工前来维修。在维修过程中，发现是胶垫老化所致，需要马上更换胶垫，但由于库房距离较远，库房物品摆放杂乱无章，维修工足足找了半个多小时才找到更换的胶垫，因此整个维修过程将近两个小时，严重的影响了生产进度。请根据5S管理的方法，说出哪个环节出现了问题，以及改进的措施。

（三）清扫（seiso）

1. 定义

将不需要的东西清除掉，保持工作现场无垃圾，无污秽状态。

2. 对象

主要在消除工作现场各处所发生的“脏污”。

3. 目的

（1）保持工作环境的整洁干净。

（2）保持整理、整顿成果。

（3）稳定设备、设施、环境质量、提高产品或服务质量。

（4）防止环境污染。

4. 清扫的推行方法

（1）例行扫除、清理污秽　例如，洗净地面油污；清除机械深处的端子屑；日光灯、灯罩或内壁之擦拭；擦拭工作台、架子之上、下部位；窗户或门下护板；桌子或设备底部；卫生间的地板与壁面等。

（2）调查脏污的来源，彻底根除　确认脏污与灰尘对生产质量的影响，如在产品无防护层的外表面上造成腐蚀斑点，使外观不良。

（3）废弃物放置的区规划、定位　在室内外规划与定位设置垃圾桶或垃圾箱。

(4) 废弃物的处置　不需要的物品作废品处理清除掉。

(5) 建立清扫准则，共同执行。

(四) 清洁 (seiketsu)

1. 定义

维持以上整理、整顿、清扫后的局面，使工作人员觉得整洁、卫生。

2. 对象

透过整洁美化的工作区与环境，而产生人们的精力充沛。

3. 目的

(1) 养成持久有效的清洁习惯。

(2) 维持和巩固整理、整顿、清扫的成果。

4. 清洁的实施方法

(1) 整理、整顿、清扫是“行为动作”，清洁则是“结果”　在工作现场彻底执行整理、整顿、清扫之后，所呈现的状态便是“清洁”。清洁，在清扫方面呈现“清净整洁”，感觉上是“美化优雅”，在维持前3S管理的效果同时，通过目视化的措施来进行检查，使“异常”现象能立刻消除，使工作现场一直保持在正常状态。

(2) 落实前3S管理执行情况　彻底执行前3S管理各种动作；如果前3S管理实施半途而中止，则原先设定之划线标示与废弃物之盛桶，势必成为新的污染而造成困扰；主管要身先士卒，主动参与；多利用标语宣传，维持新鲜活动气氛。

(3) 设法养成“整洁”的习惯　整洁是清洁之母也是零异常的基础，设法通过教育培训，参观5S做得好的现场等方式使员工因“看不惯脏污”而养成“整洁”。

(4) 建立视觉化的管理方式

①物品整顿之定位、划线、标示、彻底塑造一个场地、物品明朗化之现场，而达到目视管理的要求。

②如一个被定为存放“半成品”的地方放了“不合格品”，或是一个被定为放置“垃圾筒”的地方放了“产品箱”，都可以视为异常。

③除了场地、物品的目视化管理之外，对于设备、设施则同样要加强目视管理，以避免产生异常。

(5) 设定“责任者”，加强管理　“责任者”(负责的人)必须以较厚卡片的较粗字体标示，且张贴或悬挂放在责任区最明显易见的地方。

(6) 配合每日清扫做设备清洁点检表。

(7) 主管随时巡查纠正，巩固成果。

(五) 素养 (shitsuke)

1. 定义

通过进行上述4S管理的活动，让每个员工都自觉遵守各项规章制度，养成良好的工作习惯，做到“以厂为家、以厂为荣”的地步。

2. 对象

主要在通过持续不断的4S管理活动中，改造人性、提升道德品质。

3. 目的

（1）养成良好习惯；加强审美观的培训；遵守厂纪厂规；提高个人修养；培训良好兴趣、爱好。

（2）塑造守纪律的工作场所，井然有序。

（3）营造团队精神，注重集体的力量、智慧。

4. 素养实施方法

素养是5S管理的重心。因此，素养不仅仅是5S管理的要求，更是企业经营者和各级主管的期待，因为如果企业里每一位员工都有良好的习惯，并且都能遵守规章制度。那么，身为经营者或主管一定非常轻松，各项管理工作都将很容易地贯彻落实下去并取得成效。

小贴士

5S管理的最终结果是人的素养的提升与养成，当前4S管理变成员工的主动行为时，也就是我们通常说的习惯养成，那么就达到了员工素质养成的目的。好的企业最终会培养出具有良好素养的员工。

【例题】广东有一家工厂主要根据日本客户提供的订单进行生产，该厂的工人大部分来自内地，人员素质相对较低，他们经常在工作场所随意丢弃杂物，虽然进行多次教育，但都没有取得明显效果。而日本客户对工厂环境的要求非常苛刻，他们提出如果再出现类似的情况，就将减少一半的订单，这意味着工厂一半的工人将要失业。

为了有效解决乱扔垃圾的问题，提高员工的素养，厂方开始推行“5S”活动，并采取了严厉的惩罚措施——一旦发现员工乱扔垃圾就立刻将其开除。在正式实施的第1天，工厂就开除了3名员工，第2天没有员工被开除，整个工作场所的环境都保持的相当干净。因此，对于员工“5S”素养的实施，不仅要加强培训，而且要注意奖惩结合，培养员工良好的工作习惯，营造良好的工作环境。

由此可见，在实施规范化管理的企业中推行5S管理，既可以充分利用规范化管理的原有资源及过程，又可以对规范化管理的实施起到良好的促进作用。

任务实施

完成某食品企业 5S 现场管理考核

目的：

在 5S 管理基本概念的基础上，熟悉推行该管理模式的基本步骤。

要求：

学生 5S 管理基础知识，每 8~10 人一组，每组选出 1 名组长。组长负责本小组的工作分配，以组为单位进行研究讨论，组员之间互相配合，最终完成 5S 现场管理计划执行方案并进行模拟实训。

任务内容：

某食品企业生产水果罐头，由于建厂时间不长，管理松懈，生产罐头检验不合格品率高，经常接到顾客投诉罐头内有异物，此状况屡禁不止，让公司领导很头疼，决定亲临车间找出问题根源，之前车间内满地都是生产线上掉落的水果，加工辅料、生产用具也是随意堆放在地上。请结合该企业目前情况和问题，为该企业制订 5S 现场管理计划及实施方案，切实解决该企业的问题，详见表 1-14。

表 1-14　5S 现场管理考核表

<table>
<tr><td>单位</td><td></td><td>查核日期</td><td>年　月　日</td><td>查核员</td><td></td></tr>
<tr><td>项目</td><td colspan="2">查核内容</td><td>配分</td><td>查核记录</td><td>得分</td></tr>
<tr><td rowspan="11">整理</td><td colspan="2">1. 工作场所是否有与工作无关的私人物品，如茶杯、手机等</td><td>3</td><td></td><td></td></tr>
<tr><td colspan="2">2. 订单完成后多余的物料是否及时清理并退还给物料</td><td>3</td><td></td><td></td></tr>
<tr><td colspan="2">3. 消防通道是否畅通</td><td>2</td><td></td><td></td></tr>
<tr><td colspan="2">4. 车间物品摆放是否整齐</td><td>2</td><td></td><td></td></tr>
<tr><td colspan="2">5. 杂乱存放不使用的物料</td><td>2</td><td></td><td></td></tr>
<tr><td colspan="2">6. 物料暂放区混乱，缺乏整理</td><td>2</td><td></td><td></td></tr>
<tr><td colspan="2">7. 作业现场有无不用的设备及治具</td><td>2</td><td></td><td></td></tr>
<tr><td colspan="2">8. 不良品是否及时处理（当天的不良品要当天处理完）</td><td>3</td><td></td><td></td></tr>
<tr><td colspan="2">9. 生产过程中有无产品严重堆积（同工位堆积超过 10 个产品）</td><td>2</td><td></td><td></td></tr>
<tr><td colspan="2">10. 办公区域有无加以整理</td><td>2</td><td></td><td></td></tr>
<tr><td colspan="2">小计</td><td>23</td><td></td><td></td></tr>
</table>

续表

项目	查核内容	配分	查核记录	得分
整顿	1. 生产现场的零件是否散落在工作现场	2		
	2. 不良品与良品是否加以区分	5		
	3. 物品有无配置放置区，并加以管理	2		
	4. 不良品是否及时处理（当天的不良品当天要处理掉）	2		
	5. 工作区域的半成品、成品是否加以标示	2		
	6. 不良品是否用红色胶箱（盒）或贴纸标示的纸箱存放	5		
	7. 有无用红色胶箱（盒）装良品	5		
	8. 物品是否按标示的区域摆放	2		
	9. 生产过程中的堆积是否摆放整齐	2		
	小计	27		
清扫	1. 作业场所是否杂乱（整体感觉零乱）	2		
	2. 作业台上是否放太多物料显得杂乱（超过 4h 的使用量）	2		
	3. 生产过程中产生的垃圾是否放入纸箱内	5		
	4. 多余的物料是否加以区分	2		
	5. 所负责的环境区域是否打扫干净	2		
	6. 零件物料是否掉在地上	3		
	7. 是否乱贴挂不必要的东西	2		
	8. 设备工具有无生锈	2		
	小计	20		
清洁	1. 3S 管理是否规规范	2		
	2. 机器设备是否及时点检（上班 1h 内应点检完）	2		
	3. 工作台面是否很脏	5		
	4. 未使用的工作区域是否保持干净	5		
	小计	14		

续表

项目	查核内容	配分	查核记录	得分
素养	1. 有无正确使用劳保用品	2		
	2. 工作现场是否有与工作对应的作业指导书	5		
	3. 上班时间是否有人闲聊	5		
	4. 是否有员工未经允许穿拖鞋上班	2		
	5. 上班时间是否有员工玩手机、戴耳塞等	2		
	小计	16		
如果违反其中的一项，那么此项的分数全部扣除		合计 100		

巩固与提高

一、单选题

1. 国际制造执行系统协会（MESA）对制造执行系统（MES）的定义：制造执行系统能通过（　　）对从订单下达到产品完成的整个生产过程进行优化管理。

A. 信息传递　　B. 信号传递　　C. 数据传递　　D. 管理传递

2. 我们可以将可集成 MES 理解成一个大的系统执行框架，它由若干个功能组成，这些功能可以包括（　　）等，可以根据客户的实际需要进行组合，并融入 PLC 程序控制器。

A. 生产监控　　B. 设备管理维护

C. 质量检测　　D. 以上都包括

3. 关于整理的定义，正确的是（　　）。

A. 将所有的物品重新摆过

B. 将工作场所内的物品分类，并把不要的物品清理掉将生产、工作、生活场所打扫得干干净净

C. 区别要与不要的东西，工作场所除了要用的东西以外，一切都不放置

D. 将物品分区摆放，同时作好相应的标识

4. 公司什么地方需要整理整顿？（　　）

A. 工作现场　　B. 办公室

C. 全公司的每个地方　　D. 仓库

5. 5S 管理和产品质量的关系是（　　）。

A. 工作方便　B. 改善品质
C. 增加产量　D. 没有多大关系

6. 整顿中的“三定”是指（　　）。
A. 定点、定方法、定标示　B. 定点、定容、定量
C. 定容、定方法、定量　D. 定点、定人、定方法

7. 整理最主要是针对（　　）不被浪费？
A. 时间　B. 空间　C. 工具　D. 包装物

8. 清洁的状态包含的三个要素是（　　）。
A. 干净、高效和安全　B. 整理、整顿和清扫
C. 检查、监督和改进　D. 以上答案都不对

9. 下列必需品的处理方法错误的是（　　）。
A. 现场存放　B. 放工作台上
C. 随身携带　D. 变卖/废弃

二、判断题

1. 使用 MES 的根本目的是通过优化过程提高生产效率，而不是当生产过程出现了问题或错误时提出解决方案。（　　）

2. 制造执行系统不能通过双向的直接通信在企业内部和整个产品供应链中提供有关产品行为的关键任务信息。（　　）

3. 按照应用工况场所分类，MES 的常用功能包含现场类、仓储类、监测类、调度综合类等。

4. 各类记录报表需仿宋化、整洁、真实准确，不得缺损、缺页、缺项。（　　）

5. 定置管理太耽误时间，赶不上过去随便取放方便、省时。（　　）

6. 5S 管理需要全员参与，如果有部分成员跟不上进度，或内心抵制，5S 管理就会失败。（　　）

7. 生产作业人员或者责任者每日应认真执行逐一点检工作，主管人员要做不定期的复查。（　　）

8. 工作人员座位或坐姿，这纯是个人习惯，公司不必强求。（　　）

9. 库房那么多呆滞物料、废料，今天没用明天会有用，现在处理掉，要用时又不方便，还是留在库房里好。（　　）

10. 5S 管理活动是一种持之以恒的项目，不能坚持的话，则 5S 管理活动难以成功，若能脚踏实地加以改善的话，则 5S 管理活动将逐渐显出功效。（　　）

三、单项实训

1. MES 可以整合很多功能，如物料相关功能、报警功能等。下图所示为某公司研发的 MES 工作界面，请根据这个界面说出 MES 的功能。

2. 如果在你的部门完整地推行5S管理，可能遇到的困难是什么？怎么办？

3. 你本人在5S管理推行和实施的过程中应该做些什么？（根据你毕业后想要从事的岗位性质和工作内容进行描述）

项目1-4

大数据与质量成本控制

项目导学

软件定义世界、硬件改变世界、数据驱动世界，工业软件借助大数据，给制造业带来了巨大的颠覆性变化。基于大数据的成本分析和成本精确控制，可以通过对质量成本各项数据的有效监测与分析，发现影响企业质量成本的因素，有助于企业进行管理改进，并制订适应企业未来发展规划的质量成本战略。

学习目标

【素质目标】

1. 理解当今时代大数据的发展对质量成本管理的意义。
2. 通过合理的质量成本优化，培养科学态度，树立成本和节约意识。

【知识目标】

1. 了解质量成本的含义及对其管理的意义。
2. 掌握质量成本分析的内容和方法。
3. 指出质量成本报表的编制方法。
4. 描述质量成本优化的过程。

【能力目标】

1. 能对各质量成本进行分析汇总，并绘制质量成本报表。
2. 能根据实际情况，找到质量成本缺陷所在，并进行质量成本优化。

思政融合

课程思政点：科学态度

案例引入：某公司某产品质量非常脆弱，品质问题已经成为制约该公司事业部可持续发展的瓶颈之一。目前该公司质量损失严重，其中显性质量损失呈现攀升趋势，2022 年显性质量成本已达到 238 万元；而隐形质量成本也达到了显性质量成本的 2 倍以上。居高不下的质量损失，不仅使公司在与竞争对手的相持中失去经营效益的比较优势，而且导致对顾客满意度、品牌、信誉等企业无形价值的损伤与蚕食。在竞争环境恶劣的条件下，该公司事业部在探索规模与利润平衡增长的盈利模式背景下，提高品质，以增加事业部总体收益具有更加重要的现实经营意义与长远战略意义。

案例分析：在市场经济条件下，“质量第一” 成为很多企业追求的目标。为了这个目标，人们无时无刻不在关注着品质的改善。但品质改善就要投入大量的资金，如果这个投入量不合理，则很可能与期望相悖，有时增加 20%的投入却只得到 1%的收益。质量效益可以理解为通过保证、改进和提高产品质量而获得的效益，它来自消费者对产品的认同及其支付。反之，质量问题严重的产品会引起一系列的损失，这些损失会直接或间接地转嫁到消费者头上，这会使消费者失去对产品的信任，使产品失去市场，也就无效益可谈。我们应意识到，质量损失应包括在产品的整个生命周期过程中。如何用最经济的质量成本，在满足消费者对产品使用需求的前提下，使质量成本最低、增值利润最大，是质量经营的目标。

任务一 工业软件与大数据

情境导入

如果说工业软件赋予智能系统走向智能化的特征，那么驱动智能系统运作的就是工业大数据。工业大数据要找准业务的切入点，在这个过程中，工业大数据和传统信息化的数据也是有很大区别，而现在的工业大数据强调创新，要求在传统的业务之上发现新的问题。未来没有好的数据服务能力就不能制造出让用户满意的产品。这样一种转换就给我们未来的工业带来了很大的想象空间。

任务要求

1. 了解工业软件的内涵及发展趋势。
2. 掌握大数据的内涵。

3. 掌握大数据时代智能制造的方向和大数据时代工业互联网方案。

知识准备

一、工业软件的内涵

无论是手机中的App，还是数字化图纸和数控程序，它们都有一个共同的名字——软件。工业软件是软件中的一种，服务于现代工业生产，它作为数字化研发手段，支持了新产品、新工业、新材料的发展，也作为新型产品被很多企业所需求，成为工业领域竞争实力的具体表现。

工业软件是智能系统的基础，工业软件技术使智能系统具有以下特点：

①能准确感知系统外部工况，如市场、客户、输入的实时运行状态。

②对获取的实时运行状态数据进行快速、准确的推理与分析。

③根据数据分析的结果，按照设定的规则，自主作出选择和判断。

④对外部需求、企业运行状态、研发或生产等作出快速应对。

⑤在系统运行和反复执行的过程中，不断通过深度学习而提升系统智能。

二、工业软件的发展趋势

工业软件的应用需求集中在四大离散行业（即电子信息、机械、汽车、航空航天）以及四大流程行业（即石化、钢铁、食品饮料、医药）。通过对这八大行业下一步的需求重点进行研究和分析，总结出了以下趋势：

（1）基于软件系统集成的供应链协同优化　工业软件从单项应用到实现对制造企业研发、生产、经营、物流、产品等各业务环节的广度覆盖和深度渗透后，逐步朝综合集成的方向发展，突破企业边界，实现面向市场和客户的业务流程和生产经营模式变革，支持形成新的工业能力。

与最终消费者联系越紧密的行业，如食品、医药、电子、汽车等，越需要充分发挥下游供应链的价值，除了从互联网渠道最大化获取客户数据外，从智能电子、智能汽车等获取产品本身的使用和维护数据，也将成为一种重要方式。

（2）基于模型工程的产品全生命周期管理　基于模型的设计（MBD）打破了产品图纸不可重用和机器不可读的瓶颈，基于模型的企业（MBE）造就了贯穿产品全生命周期的数字线。MBE是一种制造实体，它采用建模与仿真技术对设计、制造、产品支持的全部技术和业务流程进行彻底改进、无缝集成以及战略管理。

（3）基于云和大数据平台的数字化生态系统建设　智能制造以关键环节智能化为核心，以端到端数据流为基础，以网络互联为支撑，不断创造新业态、新模式。工业4.0最主要的商业模式就是围绕工业平台建设形成数字化生态系统，云平台和大数据既是工业平台建设的重要技术手段，也是汇聚生态系统的价值体现。

智能制造发展过程中，出现了个性化定制、协同研发、协同制造、大数据精准营销、设备/产品远程运维等一系列新业态和新模式。究其核心，均是围绕设备、生产线、产品、系统、互联网等各类数据采集集成，通过数据建模、分析等产生出的制造型服务和新型工业应用。

（4）结合新技术的创新型应用　随着云计算、大数据、虚拟现实、物联网等新技术的发展，工业软件本身也在不断创新和变革，以适应智能制造发展的新模式和工业领域的新需求。

基于云计算的工业软件让制造企业能更灵活地部署应用，更便捷地进行跨企业跨区域协作，以获得快速增长和广泛应用。根据互联网数据中心（IDC）的数据推算，公有云软件在整体应用软件中的占比将由 2015 年的 8.2%提升至 2020 年的 17.5%。具有全球协作需求的机械、汽车、电子等行业龙头企业对公有云应用的需求将更加明显，大型垄断型集团企业如石化、钢铁等会更倾向于使用私有云。

软件是数据发挥价值的重要基础和载体，大数据将促进软件功能创新和新型工业软件出现。过去几年，制造企业以运营管理数据和供应链数据价值挖掘为重点。未来几年，制造企业将以机器、工艺、产品、传感等数据价值挖掘为重点，催生更多新型工业软件应用，如加工工艺分析、装配工艺分析、机械零部件设计与性能分析等。

虚拟现实（VR）软件市场规模虽小，但正处于飞速增长期，应用场景也逐渐从消费领域延伸至工业领域，逐渐成为重要的工业软件子类。随着 VR 硬件系统技术的日益完善，如更小体系硬件下的续航能力、存储容量、计算能力提升等，VR 软件开发环境将明显改善，全方位的应用场景探索也将随之展开，覆盖工厂和生产线设计展示、产品和服务、装配和工艺、管理和培训等各个方面。

三、大数据的内涵

以前制造企业将重心放在开发制造阶段，企业的核心目标就是将装备设计、制造出来。而产品售卖给消费者后，就和企业没有关系或者变得无关紧要，所以生命周期的第二、第三阶段，常常被企业忽略。但装备的价值真正体现在用户的使用体验上，而不在于制造，尽管制造由质量决定，但消费者在使用阶段的流畅程度，才能反映出产品的最终功效，通过工业大数据正好能补全产品的生命周期。

在产品的生命周期中存在着许多无法被定量、无法被决策者掌握的不确定因素，这些不确定因素存在于制造过程中，也存在于制造过程之外的使用过程中。工业革命的前三次都是在解决可见的问题，例如避免加工失效，避免产品缺陷，提高生产效率，避免设备故障，减少安全事故等。现阶段我们要解决的问题是不可见问题，通常表现为设备性能下降，零部件磨损，运行风险升高，健康衰退。

这些问题由于难以通过测量而被定量化，往往成为不可控的风险。而通过大数据分析可以预见或解决这些不可见问题。

四、大数据推动智能制造的方向

大数据推动智能制造的三个方向：第一，利用数据来了解和解决可见问题；第二，利用数据来分析和预测不可见问题；第三，从数据中挖掘新的知识并利用其来重新发现问题和解决问题，从而避免问题。

1. 利用数据了解和解决可见问题

20 世纪 80 年代，美国制造业受到了世界其他制造强国的巨大冲击，例如在汽车行业，美国的汽车制造业在质量和舒适度方面表现出劣势，美国厂商对汽车在技术、装备、设计和工艺方面与其他国家进行了对比，发现问题并不出现在这些方面，甚至在汽车制造领域美国在时间上发展得更长。为什么质量和精度赶不上德国和日本的呢？美国的汽车厂商花了大量的时间大量修改和匹配参数，在产品线上使用光学精密测量仪器来检测各工序的误差，但最终质量仍无法保证。20 世纪 90 年代，美国利用统计科学对之前积累的庞大数据进行分析，对质量误差的积累过程进行了建模，试图解释误差的来源，致力于使车身所有关键尺寸质量的 6σ 值必须小于 2mm，即 2mm 工程。2mm 工程用到的主要技术是误差流分析在多级制造中的应用，通过对复杂产品流产生的数据流进行建模，分析多级制造中的质量波动和误差传递相关性，建立控制特征与产品质量特征之间的关系，通过控制控制特征来调节产品质量特征。通过这种方法可以使复杂装配体的质量稳定性大幅提高。

2. 利用数据来分析和预测不可见问题

生产中存在着许多不可见的因素影响，它不像可见因素那样容易引起人们注意，如设备性能的衰退、资源的浪费和易耗件的磨损等，这些不可见的因素如果不进行预测和控制，将会对生产造成巨大的影响。要预测这些不可见的问题，是应用包含智能软件来进行建模的智能计算工具对设备性能进行预测分析和对故障时间进行估算，从数据当中抽象提取出相关联的尽量多的特征，这些特征之间存在着一定的相关性，其变化情况也有若干不同的组合，将这些组合背后所代表的意义用先进的数据分析方法破解出来。例如，横坐标与纵坐标代表两个不同特征，在一个坐标系中有健康分布区域，也有故障模式区域。当我们在不同区域分别建模时，在制造系统运行中这个区域分布可能会产生偏移，这时与健康和非健康状态可能有所重叠，与健康状态的重叠代表它的健康值，反之是故障风险，我们将这个重叠量化，把量化结果排出一个时间序列，这就是衰退轨迹，借此就可以推测出未来会发生什么问题。如果故障模式不止一种，这种特征组合和形成的图表会更加复杂，可以称为特征地图。

日本日产（NISSAN）的智能机器人管理系统是利用数据来分析和预测不可见问题。日产公司大量使用工业机器人来从事喷漆、点焊、搬运等重复的工作，由于数量和时间原因，机器人的故障造成的停机事件频繁发生，为了避免停产造成的损失，日产公司从 2010 年开始在工业机器人的健康管理方面引入了预分析模型。在提取信号方面，由于机器人数量庞大，环境复杂，不适合安装外部传感器，而是使用控制器内的监控参数对其健康进行分析。从控制器中获得信号的采样频率较低，所以按照每个动作循环提取固定信号。在评估方面，通过直接对比相似设备在执行相似动作时信号特征的相似度找到离群点，作为依据。

3. 从数据中挖掘新知识，并利用其来重新发现问题和解决问题

从数据中挖掘新的知识，利用新的知识来重新发现问题和解决问题，使得可见和不可见问题都可以在制造系统中避免。

反向工程不是从问题出发，也不是从数据端来分析，而是从结果和知识端去反推问题。

五、大数据时代工业互联网方案

1.4.1.1　工业互联网的基本方案

在大数据时代的工业互联网中，制造车间是典型的数字化车间，其间的通信网络可分为传感器层、智能设备层、车间层三个层次。在传感器层，传感器之间通过蓝牙或无线局域网方式实现通信。在智能设备层，部分数控机床采用总线或工业以太网相连。在车间层，车间的大量 PLC、执行设备之间采用总线或工业以太网相连，实现数据上传和指令下达；车间内可移动设备通过工业无线网络和总控内网连接，在车间层，由于工业以太网成本低、速度高，在车间之间广泛采用以太网的方式实现数据传输。在数控设备之间或内部的通信中，由于设备供应商不同，其通信方式具备典型的异构性。异构性主要体现在大数据时代下智能设备种类进一步丰富，使得车间联网设备的通信协议、通信总线具备了典型的异构特性，但车间设备都能通过总线、以太网等方式互联互通，从而实现数据通信。

1. 大数据工业互联网中的 OPC 技术应用

OPC 全称是 OLE for Process Control，它的出现为基于 Windows 的应用程序和现场过程控制应用建立了桥梁。在过去，为了存取现场设备的数据信息，每一个应用软件开发商都需要编写专用的接口函数。由于现场设备的种类繁多，且产品的不断升级，往往给用户和软件开发商带来了巨大的工作负担。通常这样也不能满足工作的实际需要，系统集成商和开发商急切需要一种具有高效性、可靠性、开放性、可互操作性的、即插即用的设备驱动程序。在这种情况下，OPC 标准应运而生。OPC 是一个工业标准，OPC 包括一整套接口、属性和方法的标准集，用于过程控制和制造业自动化系统。

在大数据时代下的互联网中，企业为了保证产品的高效优质，大幅度地提高制造过程的可视化和透明化，往往会开展数据采集、制造过程监控与可视化工作。通过统一底层设备的OPC接口，实现车间数据采集与制造状态（机床状态、班组状态、报警状态）的监控。数据服务器设计共分为四层，包括现场设备层、数据服务层、数据采集客户端层以及数据储存服务器层。其中，数据采集客户端层实现数据定时读取、存储功能，数据储存服务器层提供数据采集客户端层与底层设备之间的数据采集通道，实现数据存储。

2. 大数据工业互联网中的DCS技术应用

在大数据时代下的工业互联网中，流程作业车间中一般部署集散控制系统（DCS），以实现流程作业的数据采集、直接数字控制（DDC）、顺序控制、信号报警、打印报表和数据通信。在DCS的核心（主干网络）中，由于总线技术和以太网的进步使得DCS的核心控制网络在实在性、可靠性和扩展性上得到了长足进步。OPC技术的成熟使得兼容各种各样的底层控制器成为可能，这为DCS中的可视化监控、数据采集、信号报警提供了有力的支撑。在DCS作用下，流程车间中智能设备接入工业互联网中，其中占位状态、控制数据、设备过程数据、产品质量数据能够通过工业通信网络传输和处理，从而实现制造过程和产品生产的优化。

3. 大数据工业互联网中的DNC技术应用

在大数据时代下的工业互联网中，车间一般都会部署先进的分布式数控（DNC）系统。该系统具有增加、删除、修改机床的功能，提供系统密码功能以及标准的手工发送、接收功能。可以对每台机床分别设置接收和发送通信参数，操作者在机床端可以浏览机床对应的文件列表，并可以提前在程序清单中选择程序，直接进行加工。大数据时代下工业互联网的广泛应用，使当今中国制造业飞速发展，许多优秀的智能制造企业不仅使自身具有智能化制造的能力，还同时具有平台研发以及网络共享等能力。这使得小型的企业也可以共享资源，积极参与进智能制造这个大家庭来。

在装备级中通过对各类智能装备进行标准化建模，利用先进的物联网联网，利用传感技术进行数据采集，装备级大数据可实现对装备基本信息、参数配置、工作任务、运行情况、健康状态等一系列信息的精确获取与智能分析，同时，结合装备全生命周期管理服务，可在装备出现问题前或故障时及时、准确地通知到运维、售后或备件商，实现保养提示与及时的主动维护，大幅度提升装备制造商的服务能力，并有效提升客户满意度。在车间级中，企业通过将车间智能装备接入MES，使单机的智能装备变为具备一系列特定生产能力的“产能”，通过对产能数据的实时采集与智能分析，来实现最优化生产调度，并可通过生产看板实时监控生产进度及装备运行情况，大幅度提高生产过程的精益化程度，提升车间生产效率。在工厂级中，工厂级大数据汇集了来自车间MES、企业ERP、CRM、SCM等多种企业应用的海量数据，并基于实时的分析，实现从需求到物料，再到成品和物流配送的信息互通，进而实现需求的及时响应、供应链的快速协同、产能的有效利用。在社会级中，企业通过将工厂接入社会级的公有云数据服务平台，聚集和分析来自各个工厂、车间、装备的海量数据，可实现区域范围内的生产要素广泛配置，上下游供需默契配合、工厂间产能盈缺互动，全面提升区域制造服务化水平。

任务实施

大数据工业互联网应用技术比较

目的：

通过任务实施训练掌握大数据时代工业互联网方案。

要求：

每 4~6 人一组，每组选出 1 名组长。组长负责本小组的工作分配，以组为单位进行研究讨论，组员之间互相配合，最终完成任务计划书。

任务内容：

请根据对大数据时代工业互联网方案的线上和线下学习，对互联网应用方案进行比较，并填写于表 1-15。

表 1-15　几种常见的互联网应用技术比较

互联网应用技术	具体名称	技术原理	应用范围
OPC 技术			
DCS 技术			
DNC 技术			

巩固与提高

一、单选题

1. 基于模型的设计（MBD）打破了产品图纸不可重用和机器不可读的瓶颈，基于模型的企业（MBE）造就了贯穿产品全生命周期的（　　）。

A. 数字线　　B. 生命线　　C. 程序线　　D. 数码线

2. 智能制造以（　　）为核心，以端到端数据流为基础，以网络互联为支撑，不断创造新业态、新模式。

A. 关键环节程序化　　B. 程序　　C. 关键环节智能化　　D. 流程

二、多选题

1. 在大数据时代的工业互联网中，制造车间是典型的数字化车间，其间的通信网络可分为（　　）三个层次。

A. 传感器层　　B. 智能设备层生　C. 车间层　　D. 工厂层

2. MBE 是一种制造实体，它采用（　　）对设计、制造、产品支持的全部技术和业务流程进行彻底改进、无缝集成以及战略管理。

A. 建模　　B. 仿真技术　　C. 数字　　D. 数码

任务二　质量成本管理与优化

情境导入

企业希望增加消费者满意度以便卖出更多产品，因为这可以让他们获得更多利润。质量成本不仅是管理和投资方面的语言，而且还是衡量一个质量系统成功的最佳办法。那么为什么用这个工具的企业如此之少？为什么有些企业运行了质量成本管理却没有发挥作用呢？

任务要求

1. 了解质量成本的含义及对其管理的意义。
2. 掌握质量成本分析方法，能独立完成质量成本分析。
3. 了解质量成本优化，并应用于实际工作中。

1.4.2.1　质量成本的含义及其对管理的意义

知识准备

质量成本的概念是 20 世纪 50 年代由美国著名质量管理专家朱兰（J. M. Juran）和费根堡姆（A. V. Feigenbaum）等提出的。质量成本管理就是通过对质量成本进行统计、核算、分析、报告和控制，找到降低成本的途径，进而提高企业的经济效益。质量成本管理探讨的是产品质量与企业经济效益之间的关系，它对深化质量管理的理论和方法，以及改进企业的经营观念都有重要意义。

一、质量成本的基本概念

质量成本有时也称为质量费用，是质量体系的一个重要要素。ISO 中对于质量成本的定义为“为了确保和保证满意的质量而发生的费用以及没有达到满意的质量所造成的损失。”也就是为控制产品能维持在一定的质量水平状况下所支付的各项成本。

从共性的角度，质量成本广泛的分成两部分：运行质量成本和外部质量保证成本。运行质量成本是企业内部运行而发生的质量费用，包括两类：一是企业为确保和保证满意质量而发生的各种投入性费用，包含预防成本和鉴定成本，如各种检验费用；二是因没有获得满意质量而导致的各种损失费用，包含内部故障成本和外部故障成本，如生产仪器出现故障或消费者投诉赔偿产生的费用。质量成本的构成见图 1-10。

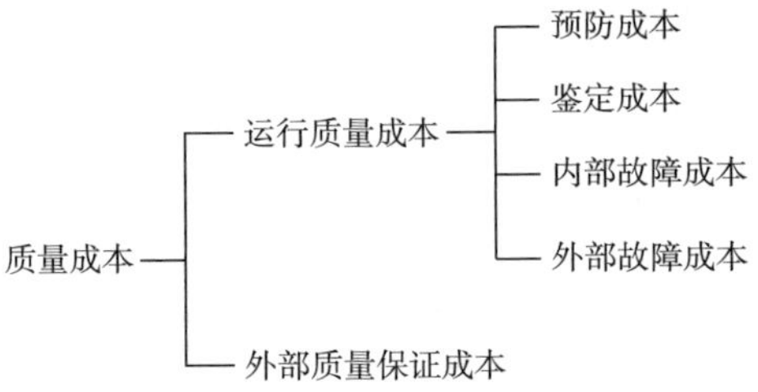

图 1-10　质量成本的构成

二、质量成本的构成

1.4.2.2　质量成本的构成与优化

1. 运行质量成本（直接质量成本）

运行质量成本是企业为获利及确保既定之质量水平所需负担之成本，又分为预防成本、鉴定成本、内部故障成本、外部故障成本。

（1）预防成本　预防成本是致力于预防失败之成本，也就是预防产生故障和不合格品所需的各项费用。

一般包括：①质量计划工作费（企业为预防发生故障、保证和控制产品质量，开展质量管理所需要的各种相关费用）；②开发费用；③质量培训费用；④质量奖励费用；⑤工序质量控制费；⑥质量改进措施费；⑦质量评审费；⑧工资及附加费；⑨各种质量情报、信息费用等。

（2）鉴定成本　指试验、检验及量测以确定是否维持既定的质量的成本，具体是指评定产品是否满足质量要求所需的鉴定、试验、检验和验证等产生的费用。

一般包括：①原料检验费；②制程检验费；③成品检验费；④检验设备校准维护费；⑤检验设备折旧费；⑥试验材料费；⑦工资、办公费及附加费（为检验、试验等发生的费用，工资是指专职检验、计量人员的工资）等。

课堂讨论：

请判断以下质量成本属于预防成本还是鉴定成本？

某食品企业为提高员工质量意识，保证产品质量，定期组织人员对员工进行质量管理培训，由此产生相应的费用由财务部门统一支出。

（3）内部故障成本　指产品或服务在交货前因未能达到顾客要求的质量所发生的一切成本损失（如重服务、再处理、报废等）。

一般包括：①废品损失费；②返工或返修费；③复检费；④因质量问题发生的停工损失费；⑤质量事故处理费；⑥质量降等降级损失费等。

（4）外部故障成本　指产品或服务交由顾客后，由于产品为满足规定质量所发生的成本。

一般包括：索赔损失、退货或换货损失、诉讼损失、降级降价损失、责任成本等。

2. 外部质量保证成本

外部质量保证成本又称间接质量成本，指在约定条件下，客户要客观证据时，为提供客观证据所支付的费用。例如：①为提供特殊附加的质量保证约定、程序、数据等产生的费用；②产品示范试验及评鉴的费用，如经认可的试验机构对产品的安全性能、功效等进行检测试验所发生的费用；③为达到客户要求，进行质量体系认证所发生的费用等。

质量成本中预防成本和鉴定成本属于控制成本，也就是控制质量的成本；内部故障成本和外部故障成本属于故障成本，也就是质量失控的成本。质量成本的研究目的并不是为了计算产品成本，而是为了分析寻找改进质量的途径，达到降低成本的目的。

课堂训练

我们在前面学习过抽样方案，现在可以知道，企业中对产品的检验属于__________成本，当生产稳定后，企业从正常检验变成放宽检验，是属于降低了成本，进而使质量成本降低。

三、质量成本优化

所谓质量成本优化，就是要确定质量成本各项主要费用的合理比例，以便使质量总成本达到最低值。换句话说，质量成本总额相同，但只要质量成本构成不同，就会有不同的效益。由于这个特性，为质量成本优化提供了可能性。

20 世纪 60 年代初。美国质量管理专家费根堡姆发现，当时美国企业尚未推行质量成本管理，内部与外部故障成本在质量成本总额中的比重高达 70%，鉴定成本占 25%，而预防成本很少有超过 5%。费根堡姆认为，实行预防为主的全面质量管理，预防成本增加 3%～5%，可以取得质量成本总额降低 30%的良好效果，费根堡姆推行全面质量管理以后，适当增加了预防成本，较大幅度地减少了故障成本和鉴定成本，使质量成本总额降低，取得了较好的经济效益。

小贴士

质量成本的优化可根据质量成本的类别进行，在不同的阶段采用不同的优化方法，即通过对预防成本、鉴定成本、内部损失成本和外部损失成本优化策略的分析，采取相应的对策，可使质量成本优化的策略达到最佳的效果。

（一）质量成本特性曲线

质量成本四项费用的大小与产品质量的合格率之间存在内在的联系，反映这种关系的曲线称为质量成本特性曲线，如图 1-11 所示。

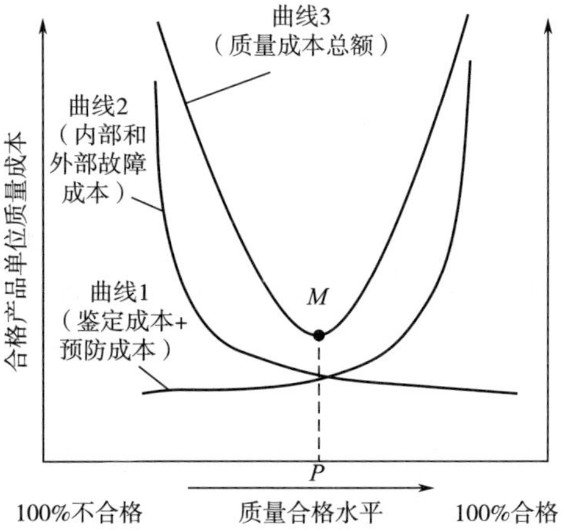

图 1-11　质量成本特性曲线

图 1-11 中横坐标表示产品质量的合格率，最右端表示 100%合格。曲线 1 代表预防成本和鉴定成本之和，曲线 2 代表内部故障成本和外部故障成本之和。四项质量成本之和就是质量成本总额，由曲线 3 表示（质量成本总额中没有包括外部质量保证成本，由于外部质量成本对质量成本优化的影响不大，所以不予考虑）。从图 1-11 上可以发现质量成本的构成对质量水平影响很大，在 100%不合格极端的情况下，此时的预防成本和鉴定成本几乎为零，说明企业完全放弃了对质量的控制，后果是故障成本极大，企业无法生存下去。随着企业对质量问题的日益重视，对质量管理投入逐步增大，从图 1-11 上可以看出，预防成本和鉴定成本逐步增加，产品合格率上升，同时故障成本明显下降。当产品合格率达到一定水平后，如要再进一步提高合格率，则预防成本和鉴定成本将会急剧增加，而故障成本的降低却十分微小。从曲线 3 可以看出存在质量成本的极值点 M，M 点对应着产品质量水平点 P，企业如果把质量水平维持在 P 点，则有最佳质量成本。

（二）质量成本优化方法

质量成本优化指在保证产品质量满足消费者或用户的前提下，寻求质量成本总额最小。由于质量成本构成复杂性，对大数企业来说很难找到质量成本曲线，现有的基于数学理论的优化方法很难在质量成本优化中使用。比较实用的优化方法是基于质量管理理论和经验的综合使用。

对质量成本特性曲线做进一步的分析，研究质量成本最佳 *M* 点附近的范围，并将其分成 3 个区域。如图 1-12 所示。

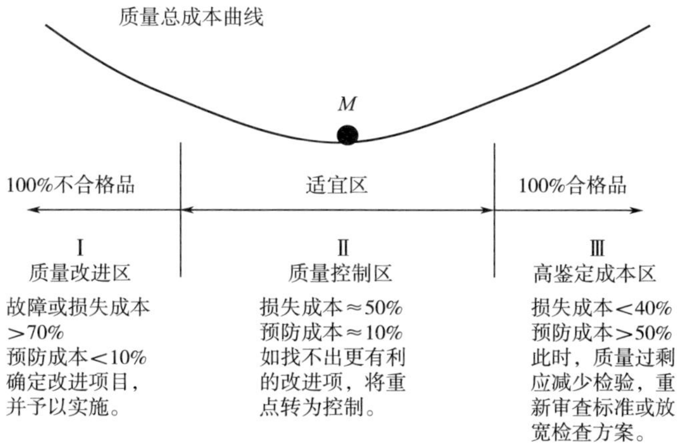

图 1-12　质量成本曲线区域划分

图 1-12 中左边区域为质量改进区。企业质量状态处在这个区域的标志是故障成本比重很大，可达 70%，而预防成本很小，比重不到 5%。此时，质量成本的优化措施是加强质量管理的预防性工作，提高产品质量，可以大幅度降低故障成本，质量总成本也会明显降低。

中间区域为质量控制区，此区域内，故障成本大约占 50%，预防成本在 10% 左右。在最佳附近，质量成本总额是很低的，处于理想状态，这时质量工作的重点是维持和控制在现有的水平上。

右边区域为质量过剩区。处于这个区域的明显标志是鉴定成本过高，鉴定成本的比重超过 50%，这是由于不恰当的强化检验工作所致，此时的不合格品率得到了控制，是比较低的，故障成本比重一般低于 40%。相应质量管理工作重点是分析现有的质量标准，适当的放宽标准，减少检验程序，维持工序控制能力，可以取得较好的效果。

从整个变化规律看，各个企业质量成本的变化模式基本相似，但不同企业由于生产类型不同、产品不同、工艺条件不同，所以质量总成本的最低点的位置及其对应的不合格品率 *P* 的大小也各不相同。同样，3 个区域（Ⅰ、Ⅱ、Ⅲ）所对应的各项费用大小比例也各不相同，以上讨论只是供一般性参考，对食品生产企业来讲，对产品的质量要求严格，预防成本和鉴定成本占的比重很高。

例如，如果企业在原来基础上采取某些质量改进措施，即增加预防成本和鉴定成本，得到结果是质量总成本有所下降，则基本上可以肯定企业的质量成本工作处于改进区。如果采取质量改进措施后，质量总成本反而上升了，则可以认为质量成本工作处于过剩区。则可以考虑撤销原有措施后，或采取逆向措施，即降低预防成本费用。增加预防成本费用，可在一定程度上降低鉴定成本。而增加鉴定成本，可降低外部故障，但可能增加内部故障。

现代质量管理已发展到零缺陷的阶段。在超严质量管理体系中质量成本特性曲线有其新的特点，如图 1-13 所示。当预防成本（包括鉴定成本）上升到一定水平后，便会逐渐稳定下来，而故障成本会逐渐缓慢下降，最终质量成本的主要成分为预防成本，此时，产品质量水平很高，浪费很少，成本较低且构成合理，生产处于稳定的良好状态。可以看出，这一理论是对超严质量生产企业的质量成本管理的科学总结，对食品企业有一定的意义。

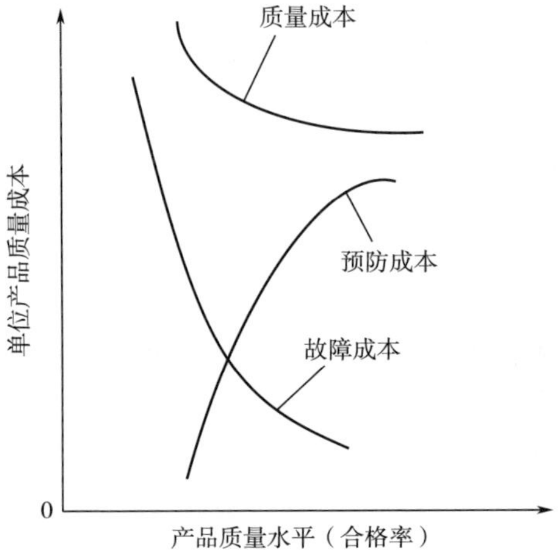

图 1-13　超严质量管理质量成本曲线

四、质量成本管理

质量成本管理就是企业对质量成本进行的预测、计划、核算、分析、控制和考核等一系列有组织的活动，以寻求适宜的质量成本为手段，提高产品质量水平、质量管理水平和质量保证能力。

课堂讨论：

质量与质量部门的关联是什么，面对客户投诉、不良品流入市场的状况，企业应该如何去做呢？

（一）质量成本预测

质量成本的预测是质量成本计划的基础工作，是企业成本计划的前提，更是企业质量的重要依据。预测时要充分综合的考虑各方对产品质量的要求，结合竞争对手的质量水平，根据企业产品质量的竞争策略等，运用最科学的方法进行预测。

1. 质量成本预测目的

（1）为企业提高产品质量和降低质量成本指明方向。

（2）为企业制订质量成本计划提供依据。

（3）为企业内各部门指出降低质量成本的方向和途径。

2. 质量成本预测的分类

据预测时间长短可分为长期预测和短期预测。长期预测需要 2 年甚至更长时间，主要用来制订企业竞争战略；1 年以内的属于短期预测，用于近期的计划目标与控制。

3. 质量成本预测工作

预测是对事物发展的一种提前认识，这种认识必须基于大量的观测数据和资料。包括：消费者或客户资料、竞争对手的资料、企业资料、技术性资料、宏观政策等。

在掌握以上资料后，对其进行整理分析，找出质量成本变化的规律、顾客需求的规律、质量成本不同构成要素之间相互作用的规律等，然后根据实际情况采用适合本企业的预测方法进行本企业质量成本的预测。通常采用的预测方法有两种：一种是经验判断法。此法适用于长期质量成本。另一种是计算分析法。如果经过对历史数据作数理统计方法的处理后，有关因素之间呈现出较强的规律性，则可以找到某些反应内在规律的数学表达式来做预测。

课堂讨论：

某企业主管说该企业仓库管理做到“零”库存成本管理，当问起他们是如何做到的。该主管回答说：“我们要求所有的供应商都在我们厂附近租赁仓库，将我们需要的材料存放在该仓库里面，我们需要的时候就要求供应商立即送过来。”请问这是真正的“零”库存成本吗？

（二）质量成本计划

质量成本计划是在预测基础上，用货币量形式规定当生产符合质量要求的产品时，所需达到的质量费用消耗计划。主要包括质量成本总额及其降低率，四项质量成本构成的比例，以及保证实现计划的具体措施。质量成本计划的内容由数据部分计划和文字部分计划两部分组成。

1. 数据部分计划

(1) 企业质量成本总额和质量成本构成项目的计划，这是企业在计划期内要努力达到的目标。

(2) 对企业效益具有较强影响程度的产品（即主要产品）的质量成本计划。

(3) 质量成本结构比例计划：质量成本结构比例对企业效益有一定的影响，在质量成本总额一定的条件下，不同的质量成本结构效益是不同的。

(4) 企业各职能部门的质量成本计划。

2. 文字部分计划

文字部分计划主要包括对计划制订的说明，拟采取的计划措施、工作步骤等，具体有以下三点：

(1) 各个职能部门在计划期所承担的质量成本控制的责任和工作任务。

(2) 各职能部门质量成本控制的重点。

(3) 开展质量成本分析，实施质量成本改进计划的工作步骤等说明。

五、质量成本分析

质量成本分析就是通过分析产品质量与成本升降因素及其对经济效益的影响程度的分析。质量成本分析从保证产品质量支出的有关费用和未达到既定质量标准付出的代价入手，探求以最少的质量资本投入来取得最大的经济效益。质量成本分析是质量核算的深入，也是质量成本管理工作的重要环节。

（一）质量成本分析的内容

1. 质量成本总额分析

质量成本的不同项目之间是互相关联的，通过核算内部故障成本、外部故障成本、鉴定成本和预防成本分别占运行质量成本的比例，以及分别计算运行质量成本和外部质量保证成本各占质量成本总额的比例，来分析企业运行质量成本的项目构成是否合理，可以寻求比较合理的质量成本水平。

2. 质量成本构成分析

结构比例分析：质量成本结构比例分析，主要从质量成本的构成和质量成本占总成本的比例等方面，分析质量成本是否处于最佳水平，并提出改进的方向。

【例题】某企业的质量成本构成数据如表 1-16 所示，试分析质量成本构成。

表 1-16　质量成本构成数据表

项目	内部损失成本	外部损失成本	预防成本	鉴定成本	质量总成本
金额合计/元	19.89	2.11	0.70	2.97	25.67
占质量成本总额/%	77.48	8.22	2.73	11.57	100.00

【解析】 由表 1-16 可见，内部损失成本占质量成本总额的 77.5%，而预防成本仅占 2.7%，说明企业质量成本类型处于改进区。该企业的主要目标是提高产品质量和工作质量，增加预防成本，降低内部损失成本。

质量成本的不同项目之间是互相关联的，通过核算内部故障成本、外部故障成本、鉴定成本和预防成本分别占运行质量成本的比例，以及分别计算运行质量成本和外部质量保证成本各占质量成本总额的比例，来分析企业运行质量成本的项目构成是否合理，可以寻求比较合理的质量成本水平。

3. 故障成本分析

由于预防成本、鉴定成本和外部质量保证成本的计划性较强，而故障成本发生的偶然因素较多，所以故障成本分析是查找产品质量缺陷和管理工作中薄弱环节的主要途径。故障成本分析可以从部门、产品种类、外部故障等角度进行分析。

（1）部门故障成本分析　追寻质量故障的原因，会涉及企业的各个部门，按部门分析可以直接了解各部门的质量管理工作状况，所以是很必要的。企业部门故障分析的主要方法是采用两张统计图，一张是部门故障成本汇总金额时间序列图，如图 1-14 所示；一张是部门故障成本累计金额统计图，如图 1-15 所示。

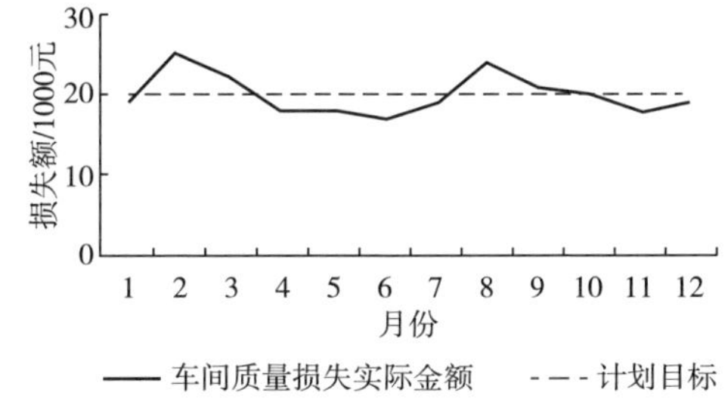

图 1-14　车间质量损失累计金额统计

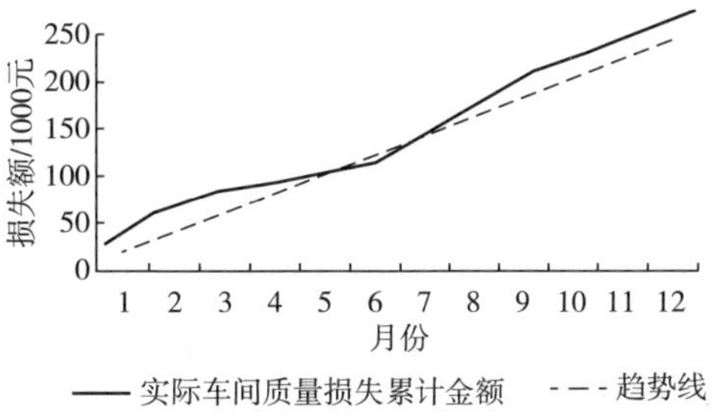

图 1-15　车间质量损失各月累计金额统计

（2）按产品分类做故障成本分析　同一企业，由于设计的、设备的、工艺的、原料的以及其他种种原因，产品之间会有较大的质量差异。通过按产品的故障成本分析，可以发现质量问题较为严重的产品，把它选作质量工作的重点。考虑到各产品的产量有差别，分析时可采用相对数，如各产品的故障损失与各自销售额的比例。在此基础上可以做排列图 ABC 分类，选择重点研究对象。

经 ABC 分析确定为 A 类的产品，其故障成本的比重可达 70%。经过责任分析，目的在于发现 A 类产品质量管理中存在的问题。图 1-16 所示为某产品故障成本的责任分析。

图 1-16 说明该产品的故障成本主要是由生产车间和检验部门造成的，在此基础上可以进一步做深入的分析，进一步确定是设备、仪器原因，还是人员的主观原因等。

（3）外部故障成本分析　同样的产品质量缺陷，交货前和交货后所造成的损

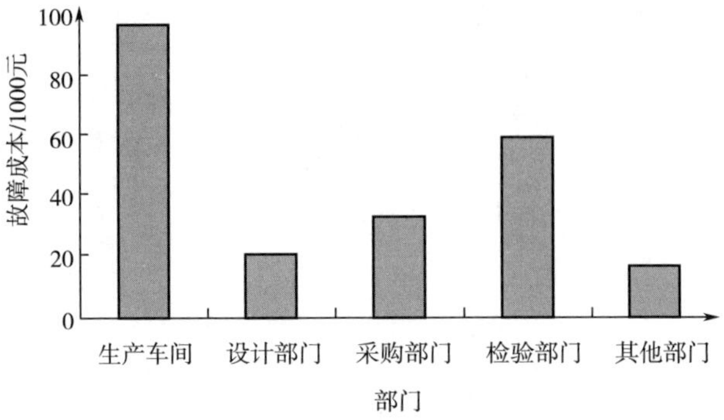

图 1-16 产品故障重叠的部门责任分析

失差别是很大的，外部损失要大于内部损失。一般从三方面进行分析：第一，做质量缺陷分类分析，从中可以发现产品的主要缺陷和对应的质量管理工作的薄弱环节；第二，按产品分类做 ABC 分析，即占外部故障成本总额 70%左右的产品属于 A 类，占 25%左右的产品属于 B 类，剩余的为 C 类，从中找出集中外部故障成本较高的产品作为重点研究对象；第三，按产品的销售区域分析，不同的地理环境和人群往往有可能引起不同的故障，按地区分析有利于查找原因，分析的结果对于改进产品设计，提高产品质量有很重要的意义。

在分析质量成本和规划降低成本的计划时，我们需要了解预防成本和鉴定成本在工作中的地位。在大多数企业中，鉴定工作的预算通常高于预防工作，这是一个比较常见的错误，原因在于鉴定工作的预算通常包含在质量保证和制造范围内。正确的认知应该是预防成本的投入能带来的效益远远大于鉴定成本。在进行质量成本分析时可采用排列图法进行分析，见图 1-17。

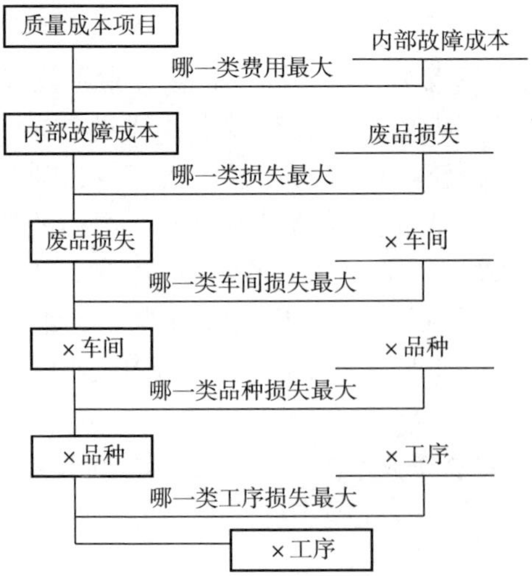

图 1-17 排列图分析法

课堂训练

某食品厂某年质量成本数据如下：滞销成本 3276 元，占总额 0.37%；进货检验费 32655 元，占总额 2.68%；生产线质量控制 7848 元，占总额 0.89%；成品抽检 65910 元，占总额 7.37%；顾客退、调换 48200 元，占总成本 16.63%。

请同学们分析本例数据，你能得出什么结论？说明理由。

(二) 质量成本报告

质量成本报告是质量管理部门和财务部门对上期质量成本管理活动或某一典型事件进行调查、计算、分析、建议的书面材料，它为领导和有关部门制订质量政策、改进目标、采取措施提供准确依据。质量成本报告是质量成本管理活动一定阶段的总结性文件。

1. 质量成本报告内容

质量成本报告虽格式不一，详简有异，报送对象不同，但报告内容一般应包括质量成本发生额的汇总数据、原因分析和质量改进对策 3 大内容，具体要包括以下 5 方面内容：①质量成本计划执行情况以及基期的对比分析；②质量成本四个构成项目以及构成变化的分析；③质量成本与企业相关经济效益指标的分析；④典型事件和重点问题的分析以及处理意见；⑤对质量成本效益评价和建议。

课堂讨论：

请结合质量分析内容，谈谈企业质量成本分析的内容，以及企业进行质量成本分析的作用。

2. 质量成本报告形式

质量成本报告内容可以繁简各异，形式可以各种各样。按时间可采用定期报告和不定期报告；书面形式可采用报表式、图表式和陈述式三种。

(1) 报表式报告　也称质量成本报表，是采用表格形式整理分析数据，这样便于人们简单明了地掌握质量成本的全貌。它是一种最常用的质量成本报告方式，具有准确性高、综合性强的特点。质量成本报表如表 1-17 所示。

表 1-17　质量成本报表

质量成本项目		月份：		比较	
		金额/元	占总质量成本/%	目标值/元	增减比例/%
预防成本	质量工作费				
	质量培训费				
	……				

续表

质量成本项目		月份：		比较	
		金额/元	占总质量成本/%	目标值/元	增减比例/%
合计					
鉴定成本	检测试验费				
	检测设备折旧费				
	……				
合计					
内部损失成本	废品损失				
	返工损失				
	停工损失				
	……				
合计					
外部损失成本	退货费用				
	索赔费				
	……				
合计					
分析结果处理意见：					
制表人：			日期：		

（2）图表式报告　采用排列图、折线图或其他图表整理分析数据，如图 1-18 所示，这样便于人们一目了然地抓住重点；是技术人员较乐意采用的一种方法，它具有醒目、形象、简单的特点。

（3）陈述式报告　通过文字表述来表达质量成本管理的现状、存在问题和改进措施。相比之下，陈述式不如报表式和图表式报告那样简要，但它能较全面地反映情况、详细、易懂。

（三）质量成本控制

质量成本控制是以质量计划所制订的目标为依据，以降低成本为目标，通过各种措施把影响质量总成本的各个质量成本项目控制在计划范围内的一种管理活动，是质量成本管理的重点。质量成本控制是完成质量成本计划、优化质量目标、

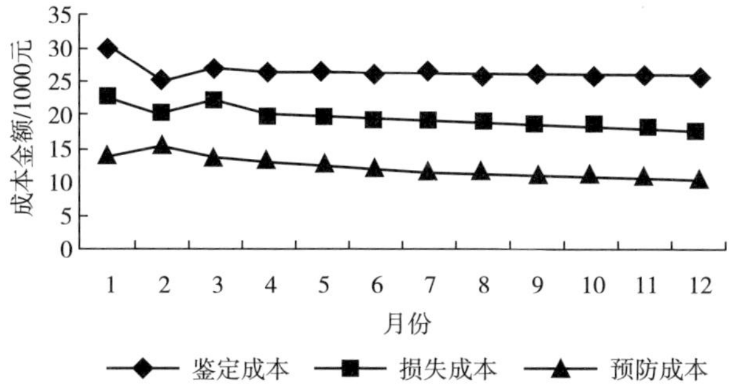

图 1-18　质量成本报告曲线

加强质量管理、实现降低成本目标的重要手段。

质量成本控制应贯穿于产品或服务质量形成的全过程。包括事前控制（即明确控制目标）、事中控制和事后控制三个步骤。

（1）事前控制　事先确定质量成本项目控制标准。按质量成本计划所定的目标作为控制的依据，分解、展开到单位、班组、个人，采用限额费用控制等方法作为各单位控制的标准，以便对费用开支进行检查和评价。并编制出具体的月度或季度（周）质量成本计划。

（2）事中控制　按生产经营全过程进行质量成本控制，即按开发、设计、采购、生产、销售服务几个阶段提出质量费用的要求，分别进行控制，对日常发生的费用对照计划进行检查对比，以便发现问题和采取措施，这是监督控制质量成本目标的重点和有效的控制手段。

（3）事后控制　查明实际质量成本偏离目标值的问题和原因，在此基础上提出切实可行的措施，以便进一步为改进质量、降低成本进行决策。

（四）质量成本考核

质量成本考核就是定期对质量成本责任单位和个人考核其质量成本指标完成情况，评价其质量成本管理的成效，并与奖惩挂钩以达到鼓励鞭策，共同提高的目的。因此，质量成本考核是实行质量成本管理的关键之一。

为了质量成本实行控制和考核，企业应该建立质量成本责任制，形成质量成本控制管理的网络系统。对构成质量成本费用项目分解、落实到有关部门和人员，明确责、权、利，实行统一领导、部门归口、分级管理。

六、质量成本报表

质量成本报表是根据企业质量管理的需要，按照质量成本项目计算企业实际发生的质量成本，用以反映、分析和考核一定时期内质量成本预算执行情况的内部成本报表，反映的内容包括：故障成本、鉴定成本和预防成本。

根据质量管理的内部分工，质量成本的网点确定如下：

内部故障成本 ——→ 生产部门
外部故障成本 ——→ 销售部门
鉴定成本 ——→ 检验部门
预防成本 ——→ 质量管理部门
质量总成本 ——→ 财会部门与质量管理部门

（一）质量成本报表的编制依据

（1）表中质量成本的实际数一般来源于原始记录和原始凭证。如废品通知单、返修单、检验工时报告单、质量事故减产损失计算表及各种台账的统计数等。质量管理各网点的核算人员，应负责收集原始资料，进行登记、汇总，并据以编制质量成本表。

（2）表中质量成本的预算控制数，应根据计划年度企业制订的质量成本预算控制数逐项填列。

（3）表中的差异数应根据质量成本实际数与预算控制数逐项计算填列。差异栏中用金额表示的差异应等于实际数减去预算控制数，用百分比表示的差异应等于差异额除以预算控制数求得的。

（二）质量成本报表的编制方法

质量成本报表是根据质量成本的日常核算资料进行编制的。进行质量成本核算时，必须搞好统计工作，及时、准确地统计因发生废品而损失的材料、工时等，为正确进行质量成本核算提供可靠的原始资料。质量成本有显见成本与隐含成本之分，显见成本可用会计方法进行核算，对未实际支出的隐含成本，如质量事故的停工损失、产品降级损失、产品降价损失等，很难用会计方法进行核算，只能用统计方法计算确定。因此，质量成本的核算可以说是以会计核算为主，统计核算为辅，相互配合，才能全面、正确、及时地反映质量成本。

课堂讨论：

请谈谈质量成本报表对企业的重要性，你能把自己的学习生活模拟成企业的生产过程为自己制订一份质量成本报表吗？

根据日常核算的资料进行质量成本报表的编制，质量成本报表可分为两类：一类汇总反映全厂质量成本预算的执行情况；另一类是分别反映各个责任层次的质量成本预算的执行情况。需要分责任层次的内部质量成本报表，编制时应分别按责任单位（即分级归口单位），即分车间（表1-18）、分科室（表1-19）进行编报。

表 1-18　质量成本汇总表　　　　单位：元

项目		质量成本单位						合计	
		生产车间	包装车间	原料库	品控部	销售部	……	金额	百分比/%
内部故障成本	废品损失费								
	返工损失费								
	降级损失费								
	停工损失费								
	处理故障费								
	小计								
外部故障成本	索赔费								
	降价损失费								
	退货损失费								
	诉讼损失费								
	其他损失费								
	小计								
鉴定成本	各种检验费								
	检测设备维修、更新费								
	小计								
预防成本	质量工作费								
	新产品评审费								
	工序质量控制费								
	质量情报费								
	质量改进费								
	检测设备费								
	质量培训费								
	质量奖励费								
	小计								
合计									

表 1-19　预防成本明细表　　单位：元

产品	质量工作费	质量培训费	质量奖励费	工序质量控制费	质量改进费	质量评审费	工资、附加费	质量情报费	合计

任务实施

质量成本管理在食品加工企业中的应用

目的：

通过实训使学生掌握质量成本管理的内容。

要求：

学生根据质量成本管理的相关内容，对案例企业进行质量成本分析。

任务内容：

1. 某食品企业去年生产中各作业项目如表 1-20 所示，请对该企业质量成本进行分类并分析。

表 1-20　作业项目成本表　　单位：元

作业项目	金额	作业项目	金额
品质管理训练	202300	检验药品	180000
供应商稽核	29200	检验用器具	2220
新产品审核	14400	检验仪器校正	11000
新材料试验	12800	检验仪器维护	36000
来料检验	3120	废弃不良品	48000
过程检验	27000	停工损失	8600
最终成品检验	22500	抱怨处理	9600
服务费用	5200	折让损失	36000

2. 企业在一年前，建立起了质量成本管理制度的报告。管理层认为它只是 ISO 9001 质量管理体系的一部分，应该由质量部门负责，质保部门说质量成本是管理层的事情，应该由财务部门负责，财务部门说质量成本太虚了，数据也不实，项目分类也混乱，人数也不够，还是质保部负责。开始踢皮球了。一线的员工说管理层闲着没事，又搞个什么花样来捉弄我们，考核只是换一个说法而已，所以该公司质量成本管理制度经历一年只是一个虚壳没有发挥任何功效。

（1）分析该企业质量成本管理失败的原因。

（2）请为该企业制订一套完善的质量成本管理制度。

巩固与提高

一、单选题

1. 过程控制费用属于（　　）。

A. 预防费用　B. 鉴定费用　C. 内部故障　D. 外部故障

2. 质量成本的内容一般包括四项内容，下列不属于质量成本内容的项目是（　　）。

A. 预防成本　B. 坏账损失　C. 内部故障成本　D. 外部故障成本

3. 对质量问题进行分析处理所发生的直接损失称为事故分析处理费，它属于（　　）。

A. 预防成本　B. 鉴定成本　C. 内部故障成本　D. 外部故障成本

4. 质量管理部门人员的工资及福利费属于（　　）。

A. 预防成本　B. 鉴定成本　C. 内部故障成本　D. 外部故障成本

二、多选题

1. 在降低成本方面，可以通过下述途径实现（　　）。

A. 降低符合性成本　B. 降低非符合性成本

C. 降低产品的过程合格率　D. 提供质量管理水平

2. 以下属于鉴定费用的是（　　）。

A. 质量策划费　B. 检验费

C. 外购材料试验费　D. 过程控制费用

3. 操作人员按照质量计划的要求而检验自己的工作质量，这属于（　　）。

A. 预防费用　B. 鉴定费用　C. 质量成本费　D. 内部故障

4. 内部故障成本是指产品出厂前因不符合规定的质量要求所发生的费用，它一般包括（　　）。

A. 废品损失　B. 返修损失　C. 停工损失　D. 产品降价损失

三、判断题

1. 产品出厂后由于质量问题造成的退货、换货所发生的损失属于内部故障成本。（　　）

2. 为改进和保证产品质量而支付的各种奖励称为质量奖励费，它属于预防成本。（　　）

3. 质量成本核算采用双轨制时，应与正常的会计核算相结合，不必单独设置质量成本的账外记录。（　　）

4. 在进行质量成本效益分析时需要计算产值质量成本率，该指标是用质量成

本总额，除以企业总产值计算的。(　　)

四、单项训练

1. 食品品控员的工资属于质量成本中的哪一项成本？

2. 某食品企业过去只有化验员，为了加强质量管理，又增设了品控员，请从质量成本的角度考虑企业这么做是否合理？为什么？

项目1–5

质量改进

项目导学

持续改进是企业永恒的主题，运用适当的工具和技术，有助于提高质量改进项目的成功率。通过改进过程中各环节的工作，一方面，出现了问题，就应立即采取纠正措施；另一方面，通过寻找改进的机会，也可预防问题的出现。同时，持续的质量改进是质量管理的基本特点，也是 ISO 9001 标准版中提出的质量管理的基本原则之一。本项目主要介绍质量改进的概念及意义；质量改进的过程、步骤和内容；质量改进的组织与推进；质量改进的常用方法；质量管理小组（QC 小组）等内容。

学习目标

【素质目标】

1. 认识质量改进在工作中的重要作用。
2. 承认质量是需要不断完善的客观事实，养成在质量管理上持续改进的工作习惯。

【知识目标】

1. 描述质量改进、质量控制、质量突破的概念和区别。
2. 指明质量改进的方法、步骤。
3. 明确持续改进在质量管理工作中的重要性。

【能力目标】

1. 能在实际工作中区分质量控制、质量改进与质量突破。
2. 能运用质量改进、持续改进的思维去分析质量问题，并提出改进计划。

思政融合

课程思政点：不断完善的工匠精神

案例引入：伊利集团秉承“视品质如生命”的准则，精益求精，追求工匠精神，并贯穿在产品生产运营的每一环节，以用心、安全、健康的标准践行“伊利即品质”的企业信条。而作为伊利集团品质的保障，1000多项检验检测涵盖所有原料乳、原辅材料、设备等，令众多国际供应商惊叹。同时伊利集团首创行业内“质量管控三条线”，即国标线的基础上提升50%制订企业标准线，企标线的基础上再提升了20%制订内部控制线。检验标准和频次远远高于欧洲、美洲、大洋洲等众多乳业强国。通过“三条线”的层层把关，不断提高质量管控水平。

长期以来，伊利集团建立了“全员、全过程、全方位”的“三全”质量管理体系以及“集团—事业部—工厂”三级食品安全风险监测防控体系，覆盖80多个检验单元，在业内率先实现了从源头到终端的每一个食品安全和质量控制关键点的监测、分析、把控、预防，在生产运营的每一个环节中追求。作为全国食品工业标准化管理委员会会员，伊利集团主导或参与的相关标准、法规制修订近百项。参与与行业相关的4个基础标准、3个营养强化剂质量规格标准及1个生产经营规范制修订及跟踪工作，全力推动中国乳制品行业标准提升。

案例分析：作为乳业巨擘，伊利集团充分发挥领军企业的带动作用，引领中国乳业加速智能化转型。同时借助先进科技信息技术平台，在基础科学、产品研发等领域，创新业界合作研发模式，通过信息化系统，投入大量资金引进国外先进设备，建设智能工厂，实现产业链全过程数据挖掘与分析，使食品安全链条可视化、可数据化。在集团内部建立标准化信息数据库查询平台，将“人人都是品质创造者”的行为理念贯彻给每一名伊利员工，为伊利集团品质进一步提升提供保障。作为中国乳业的领跑者，伊利在国际标准能力、行业标准能力、全球企业标准能力、一带一路标准能力等方面做到了全面引领，为整个行业树立标杆。

任务一 认识质量改进

情境导入

小王在某食品企业工作已有一年多的时间，在这期间小王不断学习积累已基本了解了企业生产流程，并掌握了一些处理具体问题的知识。但同时，随着小王知识的不断扩充，他也发现了企业存在的一些问题，该食品企业质量管理的方法依赖于公司制订的标准和规章制度，在通过各种体系认证时，各项标准和规定都执行得比较到位。但是随着时间的推移，普遍存在质量管理上流于形式的问题，导致管理收效甚微，员工管理意识逐渐淡化，各种管理制度、生产技术要求不能落到实处，导致质量问题较多引起客诉。品控经理看出了小王的苦恼，告诉他为了改善这种状况，我们要进行质量改进，所以小王对质量改进进行了系统的学习，认识到质量改进的重要性。

任务要求

1. 为质量改进、质量控制、质量突破下准确的定义。
2. 指出质量改进、质量控制、质量突破三者之间的联系与区别。
3. 描述持续改进的意义。

知识准备

一、持续的质量改进应是永恒的追求

质量改进是质量管理的一部分，它致力于增强满足质量要求的能力。

持续改进总体业绩是每一个组织永恒的追求。管理者应不断主动寻求对组织的过程的有效性和效率的改进，而不是等出现了问题才去寻找改进的机会。改进的范围可以从渐进的、日常的持续改进，直至战略突破性改进项目，组织应建立一个过程来识别和管理改进活动。改进的结果可能导致组织对产品或过程的更改，直至对质量管理体系进行修正或对组织进行调整。

二、质量改进的概念与必要性

（一）质量改进的概念

质量改进为向本组织及其顾客提供增值效益，在整个组织范围内所采取的提高活动和过程的效果与效率的措施。质量改进是消除系统性的问题，对现有的质量水平在控制的基础上加以提高，使质量达到一个新水平、新高度。

（二）质量改进与质量控制、质量突破之间的关系

质量改进是建立在一些基本过程之上的，要弄清质量改进的概念，必须了解质量改进与质量控制、质量突破之间的关系。

1. 质量改进与质量控制

质量控制与质量改进是不同的，主要有以下区别和联系。

（1）定义的区别　质量控制是消除偶发性问题，使产品保持已有的质量水平，即质量维持；而质量改进除系统性的问题，对现有的质量水平在控制的基础上加以提高，使质量达到一个新水平、新高度，这就是质量改进。

ISO 9000 对质量改进与质量控制的解释分别为：

质量改进是质量管理的一部分，致力于增强满足质量要求的能力。

质量控制是质量管理的一部分，致力于满足质量要求。

(2) 实现手段的区别　当产品或服务质量不能满足规定的质量要求时，质量改进可以提高质量水平，满足质量要求；当产品质量已满足规定要求时，质量改进的作用是致力于满足比规定要求更高的要求，从而不断提高顾客的满意程度。

质量改进是通过不断采取纠正和预防措施来增强企业的质量管理水平，使产品的质量不断提高；而质量控制主要是通过日常的检验、实验调整和配合必要的资源，使产品质量维持在一定的水平。

(3) 二者的联系　质量控制与质量改进是相互联系的。质量控制的重点是防止差错或问题的发生，充分发挥现有的能力；而质量改进的重点是提高质量保证能力。首先要搞好控制，充分发挥现有控制系统的能力，使全程处于受控状态，然后在控制的基础上进行质量改进，使产品从设计宗旨、服务、到最终满足顾客要求达到一个新水平。没有稳定的质量控制，质量改进的效果也无法保持。

2. 质量改进与质量突破

质量改进与质量突破是密不可分的，同时二者之间又有区别。

(1) 质量突破与质量改进的目的相同　质量突破时通过消灭工作水平低劣的长期性原因（包括思想上的和管理上的），使现在的工作达到一个较高的水平，从而使产品质量也达到较高的水平；同样质量改进也是为了实现质量水平的提高。

(2) 质量突破是质量改进的结果　质量突破的实现表明产品的质量水平的提高，是通过日常许多大大小小的质量改进来实现的。只有不断实施持续的质量改进，才能使产品质量水平提高，才能实现质量突破。

(3) 质量改进侧重过程，质量突破侧重结果　质量改进是一个过程，即持续改进（PDCA）循环，由于种种原因，每次改进质量的活动不一定都能取得好的效果，产品的质量水平不一定都能得到提高；但质量突破则表明产品的质量水平得到了较大的提高，并取得了良好的效果。

课堂讨论：

进行了质量改进一定有质量突破吗？

三、质量改进的对象

质量改进活动涉及质量管理的全过程，改进的对象既包括产品（或服务）的质量，也包括各部门的工作质量。改进项目的选择重点，应是长期性的缺陷。

产品质量改进是指改进产品自身的缺陷，或是改进与之密切相关事项的工作缺陷的过程。一般来说，应把影响企业质量方针目标实现的主要问题，作为质量改进的选择对象。同时还应对以下情况给予优先考虑：①市场上质量竞争最敏感的项目；②产品质量指标达不到规定“标准”的项目；③产品质量低于行业先进水平的项目；④寿命处于成熟期至衰退期产品的关键项目；⑤其他诸如质量成本高的项目、用户意见集中的项目、索赔与诉讼项目、影响产品信誉的项目等。

四、持续改进

1.5.1.1 持续改进

（一）持续改进的概念

持续改进，是增强满足要求的能力的循环活动。制订改进目标和寻求改进机会的过程是一个持续过程，该过程使用审核发现和审核结论、数据分析、管理评审或其他方法，其结果通常导致纠正措施或预防措施。

ISO 标准要求组织应利用质量方针、质量目标、审核结果、数据分析、纠正和预防措施及管理评审，持续改进质量管理体系的有效性。

（二）持续改进的含义

（1）持续改进的内涵　或针对当前不满意（合格水平）的现状，或针对已发生的不合格，或针对潜在的不合格制订改进目标和寻求改进机会的持续的过程。

（2）持续改进的思路　使用监视和测量，审核发现和审核结论、数据分析、管理评审或其他方法（如自我评定结果），其结果通常导致纠正措施或预防措施。

（3）持续改进的对象　改善产品特征、过程有效性和效率，如减少计划外的停工时间，缩短生产周期，改进工艺或工作流程，减少报废、返工和返修比例，压缩控制界限，减少不良的质量成本，改善顾客满意程度，优化企业经营管理等，从而增进顾客满意而开展的活动。

（4）持续改进的目的　增加顾客满意的机会。

（5）持续改进的意义　持续改进组织的产品质量，服务过程和质量管理体系过程，是市场经济的客观要求，同时也是组织自身生存和发展的客观需要，所以说，持续改进组织的总体绩效是组织的一个永恒的目标。

（三）持续改进的基本过程——PDCA 循环

PDCA 循环是全面质量管理所应遵循的科学程序。全面质量管理活动的全部过程就是质量计划的制订和组织实现的过程，这个过程是按照 PDCA 循环不停顿地、周而复始地运转的。

PDCA 循环是能使任何一项活动有效进行的一种合乎逻辑的工作程序，特别是在质量管理中得到了广泛的应用并获得了经济成效。PDCA 四个英文字母所代表的意义如下：

（1）Plan——计划　包括方针和目标的确定以及活动计划的制订。

（2）Do——执行　执行就是具体运作，实现计划中的内容。

（3）Check——检查　就是要总结执行计划的结果，分清哪些对了，哪些错了，明确效果，找出问题。

（4）Action——处理　对检查的结果进行处理，认可或否定。成功的经验要加以肯定，或者模式化或者标准化以适当推广；失败的教训要加以总结，以免重现；这一轮未解决的问题放到下一个 PDCA 循环。

PDCA 循环作为全面质量管理体系运转的基本方法，其实是需要搜集大量数据资料，并综合运用各种管理技术和方法。

任务实施

认识质量改进及相关内容

目的：

通过任务实施训练掌握食品质量改进的基本内容，并意识到持续改进的重要性。

要求：

每 4~6 人一组，每组选出 1 名组长。组长负责本小组的工作分配，以组为单位进行研究讨论，组员之间互相配合，最终完成改进计划。

任务内容：

请根据下面的案例内容进行讨论，完成表 1-21 中的任务：哪些情况属于质量控制，哪些情况属于质量改进，哪些情况属质量突破。在这种情况下，是否需要继续进行改进，改进的工作重点应放在哪里？

某食品企业最近一段时间发现，在成品装箱时废箱率较高，最近一个月的数据显示每包装 100 箱产品需要使用 130 个包装箱。经调查发现，操作工严格执行了操作规程，装箱机上所有的操作参数均按要求被执行，但是设备故障率较高，平均每个班次要停下来至少维修两次。根据此，企业请来了装箱机生产厂家，对装箱机进行了一次彻底的大修，维修后，设备的故障率明显降低，一周只需停机维修 2~3 次，包装材料的消耗也降低到 120 个左右，但距离公司要求的 105 个还有一定差距。

表 1-21　质量控制与改进分析

项目	内容
质量控制	
质量改进	
质量突破	
持续改进的重点 （提示：包装材料损耗还是设备故障）	

巩固与提高

一、单选题

1. 质量改进是在质量（　　）基础上进行的。

A. 纠正　　B. 预防　　C. 检验　　D. 控制

2. 质量改进致力于增强满足（　　）的能力。

A. 质量要求　　B. 顾客要求　　C. 产品要求　　D. 体系要求

3. 质量改进是消除（　　）问题。

A. 偶发性　　B. 系统性　　C. 隐患性　　D. 复杂性

二、多选题

1. 食品质量改进的对象可以是（　　）。

A. 质量成本　　B. 生产工艺　　C. 车间卫生　　D. 设备

2.（　　）目的相同，都是为了实现质量水平的提高。

A. 质量控制与质量改进　　B. 质量改进与质量突破

C. 质量控制与质量突破　　D. 质量控制与质量改进

三、判断题

1. 每次改进质量的活动一定都能取得好的效果，产品的质量水平一定都能得到提高。（　　）

2. 质量改进活动涉及质量管理的全过程，改进的对象既包括产品（或服务）的质量，也包括各部门的工作质量。（　　）

任务二　制订质量改进计划

情境导入

小王发现，质量改进说起来大家都明白，可是实施起来却需要一些方法和技巧。质量改进是一个过程，要按照一定的规则进行，否则会影响改进的成效，甚至会徒劳无功。为了改善这种状况，小王学习了质量改进的方法和手段，并按照质量改进的步骤制订出了适合本企业的质量改进计划，同时小王也意识到，质量是无止境的，因此质量改进也应该是持续的。

任务要求

1. 了解质量改进的基本内容和方法。

2. 掌握 PDCA 循环的四个阶段、八个步骤，从具体案例中分析各个阶段和步骤。

3. 根据某一具体的食品生产过程制订质量改进计划。

知识准备

一、 PDCA 循环概述

PDCA 循环又称质量环，是管理学中的一个通用模型，最早由休哈特于 1930 年构想，后来被美国质量管理专家戴明博士在 1950 年再度挖掘出来，并加以广泛宣传和运用于持续改善产品质量的过程，也称戴明循环。

PDCA 是一种循环式解决问题的方法。是一种比较系统比较全面的适应性较广的质量管理方法。它包括 Plan（计划）、Do（执行）、Check（检查）和 Action（处理）四个阶段，这四个阶段相互制约、相互影响，是大循环包括小循环，在某一阶段他们也会存在计划、实施、检核和处理等各阶段。在每一个小循环的运转过程中出现新的问题，运用新的循环去解决及检核。PDCA 循环每滚动一次，产品质量、过程质量和工作质量就前进一步，PDCA 是不断上升滚动的循环，只有起点，没有终点，是企业处理反复出现的质量问题的良好方法。在 PDCA 循环中，引用了科学的和有效解决问题的方法，使产生问题的所有原因都被一一挖掘出来，并各个原因能够独立进行解决，在解决的过程中又相互影响相互制约着，最终使问题得到真正改善，是一个发现问题和处理问题的有效工具。每一个质量管理就是一个循环，在不断地执行着 PDCA，构成了无数个小的循环，大小循环互相影响、互相帮助共同运转（图 1-19）。PDCA 循环的运行是阶梯式升高的转动，每上升一次，产品质量就前进了一个阶梯（图 1-20）。

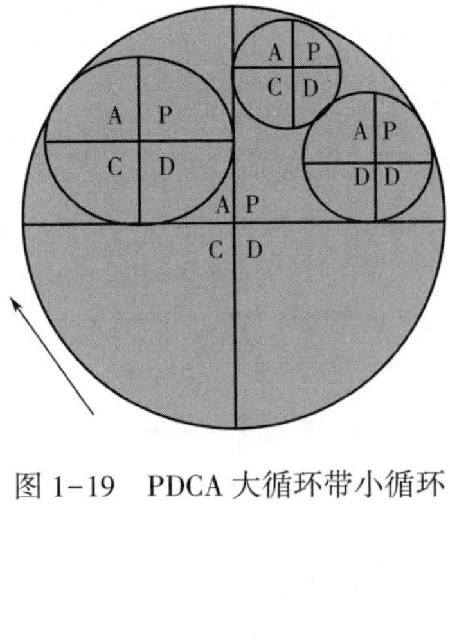

图 1-19　PDCA 大循环带小循环

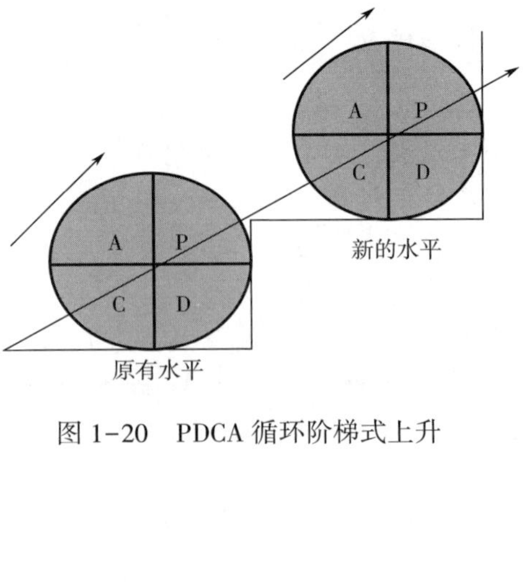

图 1-20　PDCA 循环阶梯式上升

二、 PDCA 循环的步骤

PDCA 是 Plan（计划）、Do（执行）、Check（检查）、Action（处理）英语单词的第一个字母，PDCA 循环即按照这样的顺序进行质量管理，并且循环不止地进行下去的科学程序。PDCA 循环的具体阶段与步骤见表 1-22。

表 1-22　PDCA 循环的四个阶段、八个步骤

四个阶段	八个步骤	主要方法（七种工具）
Plan（计划）	1. 分析现状，找出问题	排列图、直方图、控制图
	2. 分析各种影响因素	因果图
	3. 找出主要影响因素	排列图
	4. 制订措施计划	5W1H Why（为什么制订该措施?） What（要达到什么目标?） Who（由谁负责完成?） Where（在何处执行?） When（何时完成?） How（如何完成?）
Do（执行）	5. 执行、实施计划	矩阵图、系统图、过程决策程序图
Check（检查）	6. 检查计划执行结果	排列图、直方图、控制图
Action（处理）	7. 总结成功经验，制订相应标准	制订或修改工作规程、检验规程及其他有关规章制度
	8. 提出尚未解决的问题	转入下一个 PDCA 循环

三、 PDCA 循环应用案例

1.5.2.1 PDCA 的应用

【例题】 PDCA 循环在某公司乳粉加工中的具体应用举例，提高中老年加钙乳粉合格率。由于目前中老年加钙乳粉已占公司产品产量的 20% 以上，而且每年都在递增，合格率始终在 80% 以下。

【解析】

（一） 现状调查

经调查，2012 年第一季度 6 个批次的产品数据见表 1-23。

表 1-23 2012 年第一季度不合格调查表

产品批号	产品数量/件	合格数量/件	合格率/%	主要不良项目	不良数量/件	占总不良比例/%
D3196B-1	20400	16023	78.54	微生物超标	4024	91.9
D3196B-2	8720	6607	75.77	包装封口不严	1874	88.7
D3196D-3	23400	16047	68.46	微生物超标	5517	82.46
D3198C-1	25592	20271	79.21	微生物超标	4257	80.0
D3198C-2	40040	29785	74.39	水分含量超标	8221	80.02
D3198C-2	25080	18615	74.22	微生物超标	5332	82.47

由表 1-23 中可以看出 2012 年第一季度 6 个批次的产品中有 4 个批次的主要不合格项目是微生物超标。公司在生产过程中把重点都放在产量和数量上，忽视了产品的质量及产生不良品对生产成本的影响，对企业利益造成了影响，另外，质量问题较多引起客诉，损害了企业的社会形象。

（二）原因分析

（1）人员　操作工在进入生产车间前未能每次都对双手进行彻底清洗和消毒，工作时间过长，员工疲劳难以专注于产品质量本身。部分员工由于产量压力，没有进行质量教育培训，安全生产意识淡薄，技术培训和质量教育流于形式。

（2）设备　原料乳运输罐温度不稳定，没有及时进行检查和定期维护，设备没有及时检修，可能存在杀菌温度不达标的情况，部分设备老化未及时更换。

（3）材料　原料乳在收购时含有潜在的微生物威胁，在加入白砂糖、低聚果糖等配料时，可能带入包装外袋上的微生物，或原材料本身带有微生物，包装袋混入微生物。

（4）方法　目前的奖惩和激励制度存在问题，员工积极性不高。倒班制度不完善，生产工序的关键控制点监控不力，责任不清。

（5）环境　储存原料和包装材料的库房阴雨天潮湿易生霉菌，厂房内杀菌时间不足，杀菌不彻底。产量逐月增大，时间紧，任务重。

（三）要因确认

在上面这些原因分析中，一共列举了 13 条可能存在的原因（表 1-24），但这些原因对质量问题的影响并非一样，为了抓住其中的主要矛盾，也为了便于采取改进措施，有必要确定要因。

表 1-24 乳粉微生物超标原因验证汇总表

序号	项目	验证	是否要因
1	操作工未能每次都对双手进行彻底清洗和消毒	有的生产线工人已养成良好的消毒习惯，产品无较大差异	否

续表

序号	项目	验证	是否要因
2	工作时间过长，员工疲劳难以专注于产品质量本身	工作时间减少时，员工仍难集中精力	否
3	没有进行质量教育培训	已接受培训的生产线产品问题依然存在	否
4	原料乳运输罐温度不稳定	易导致在长途运输中微生物迅速繁殖	是
5	设备没有及时检修	检修后发现部分设备老化	是
6	杀菌温度不达标	检修后发现问题确实存在	是
7	原料乳在收购时含有潜在的微生物威胁	原料乳中有初乳、末乳和乳房炎乳	是
8	包装袋混入微生物	经检验证实	是
9	奖惩和激励制度存在问题	企业内部进行问卷调查确认	是
10	倒班制度不完善	企业内部进行问卷调查确认	否
11	厂房内杀菌时间不足，杀菌不彻底	延长杀菌时间，效果不明显	否
12	储存原料和包装材料的库房阴雨天潮湿易生霉菌	夏天时无显著差异	否
13	产量逐月增大，时间紧，任务重	—	不可控

最终确定6条要因：①原料乳运输罐温度不稳定；②设备没有及时检修；③杀菌温度不达标；④原料乳在收购时含有潜在的微生物威胁；⑤包装袋混入微生物；⑥奖惩和激励制度存在问题。

（四）制订措施和目标

通过改善（表1-25），短路断线废品比例由80%降低至60%以下，合格率达到85%以上。

表1-25　乳粉微生物超标措施汇总表

<table>
<tr><th>序号</th><th>项目</th><th>措施</th><th>执行人</th><th>完成时间</th></tr>
<tr><td>1</td><td>原料乳运输罐温度不稳定</td><td rowspan="2">严格控制原乳品质，收购原乳时对奶牛乳房进行充分消毒，拒收初乳、末乳和乳房炎乳，尽量在低温下运输牛乳，不能长时间存放牛乳</td><td rowspan="2">刘莉</td><td>4月</td></tr>
<tr><td>2</td><td>原料乳在收购时含有潜在的微生物威胁</td><td>5月</td></tr>
<tr><td>3</td><td>设备没有及时检修</td><td rowspan="2">检查并确保设备正常，对于年久的设备要经常维修，直至淘汰</td><td rowspan="2">陈龙</td><td>6月</td></tr>
<tr><td>4</td><td>杀菌温度不达标</td><td>6月</td></tr>
</table>

续表

序号	项目	措施	执行人	完成时间
5	包装袋混入微生物	在添加白砂糖等配料时需要擦拭其包装外袋，以免带入更多微生物及杂质	萧景言	5月
6	奖惩和激励制度存在问题	将质量改进情况与奖金挂钩，设置激励板	苏哲	7月

（五）对策的实施

相关执行人按制订的措施具体实施。

（六）效果检查

将执行 PDCA 循环的乳粉与未执行 PDCA 循环的乳粉进行微生物检测结果与市场反馈对比。

（七）总结经验

以上应用 PDCA 循环个例的效果可以看出，PDCA 循环在控制乳制品的质量方面能起到积极作用。在此次循环中，比较好地解决了乳粉生产中微生物超标的问题，该事例为以后在乳粉生产中继续使用 PDCA 循环来控制或者提高乳制品的品质提供了一定的经验。执行了一段时间的所定计划后，对其产生的效果予以评价，如果效果不好，重新寻找解决方案，如果效果不错，以后就可以采用之前制订的方案进行微生物控制，将规范化的流程制度化。

（八）提出尚未解决的问题

在总结经验时，不仅要总结出有效的方案，还要总结出尚未解决的问题，并针对这些问题提出解决方法。

四、质量管理小组（QC 小组）

（一）QC 小组简介

质量改进有很多种组织形式，其中一个主要方式就是“QC 小组”。QC 小组活动也称 QCC，英文全称 quality control cycle，中文译作“品管圈”，它起源于美国，20 世纪 50 年代传到日本，80 年代在北美和欧洲流行一时，曾被认为是日本企业低成本高质量的一种技术。QC 小组也称质量管理小组，是在生产或工作岗位上从事各种劳动的职工，围绕企业的经营战略、方针目标和现场存在的问题，以改进质量、降低消耗、提高人的素质和经济效益为目的组织起来，运用质量管理的理论和方法开展活动的小组，解决工作场所存在的问题，以达到质量改善工作改善的目的。QC 小组是企业中群众性质量管理活动的一种有效组织形式，是职工参加企业民主管理的经验同现代科学管理方法相结合的产物。

（二）QC 小组类型

根据工作性质和内容的不同，QC 小组大致可以分为五种类型：

（1）现场型　成员主要以班组、工序现场员工为主，以稳定工序，改进产品质量，降低物质消耗，提高工作效率为目的。

（2）攻关型　一般由主管、工程技术人员和操作人员共同组成，以解决有一定难度的质量关键点为目的。

（3）管理型　以管理人员为主组成，以提高工作质量，改善与解决管理中的问题，提高管理水平为目的。

（4）服务型　由从事服务性工作的员工组成，以提高服务质量，推动服务工作标准化、程序化、科学化、提高经济效益和社会效益为目的。

（5）创新型　为了谋求更加理想的状态和效果，通过运用新的思维方式、工作方法和生产工艺，探索研究最佳措施方案，从而打破常规，改善现状，达到有挑战性或极限性目标。

（三）小组活动步骤

QC 小组活动遵循质量改进的 PDCA 循环原则，按照“四阶段、七步骤”的模式逐步开展。在开展的过程中要运用各种统计方法，如排列图、因果图、直方图、调查表、网络图、系统图等质量控制及质量改进工具，对存在的质量问题进行分析，制订对策，以实现质量改进，预防质量问题。

（1）课题选定　选题要实事求是，先易后难，具体明确，围绕部门及本职工作为主。根据可行性、成本、人力、物力、时间等因素确定合理的课题。

（2）现状调查　通过调查表或其他形式，运用数据说活的方式明确所要解决的问题，并确定解决问题的主攻方向，为设定目标提供依据。

（3）设定目标　制订的目标应从实际出发，从自身能力出发，经过大家的努力基本可以做到 80%的目标达成率，目标需以明确的数值表示。

（4）效益预估　目标达成后的短期效益、长期效益如何，是否有推广价值，需要投入的人力、物力、时间、成本是多少，投入和产出进行对比，确定是否值得开展活动。

（5）制订计划　合理编排活动时间，确定各步骤负责人，做到小组成员的全员参与。小组活动通常是工作之外的业余时间里进行，事先编制好计划可确保活动顺利开展，避免虎头蛇尾，没有结果。

（6）要因分析　运用调查表、因果图、排列图等恰当的工具收集资料，分析现状问题的具体原因，并确定主要原因。在原因分析时，应召开小组会议，运用头脑风暴法、发挥团队的智能，尽可能将原因一一找出。也可以把鱼骨图贴在车间里，每当一种可能的原因出现时，任何人都可以把它加到图上去。

（7）制订对策　一般以对策表的形式列出具体项目，在制订对策表时，应采用 5W1H 法。制订的对策要具有可操作性和针对性，便于实施检查。对策不宜过多，以便集中人力物力解决问题。需要其他部门协调协助的事情需及时上报，得到支援。

（8）实施对策　按制订的对策或计划执行。活动进度要予以张贴公布并及时更新，活动的效果和实施情况要订期检查，对无效的对策要不断进行修改和完善，并注意对潜在问题的预防。

（9）效果验证　对活动的成效进行统计，计算方法要简单明了，改善前后状况的比较形式也要直观明了。对原始数据要保留，以便核查。

（10）巩固措施　把有效的改善对策纳入有关的标准、作业指导书、制度和规定之中，以巩固已取得的成绩，同时防止类似问题再发生。

（11）完成报告，开始新的 QC 小组课题。

任务实施

为“包装箱损耗过高”制订质量改进计划

目的：

通过任务实施训练掌握食品质量改进的方法和步骤，练习 PDCA 循环在实际生产中的运用，制订质量改进计划。

要求：

每 4~6 人一组，每组选出 1 名组长。组长负责本小组的工作分配，以组为单位进行研究讨论，组员之间互相配合，最终完成改进计划。

任务内容：

请根据以下提供的企业资料情况制订一份质量改进计划，并填写表 1-26、表 1-27、表 1-28。

某食品企业最近一段时间发现，在成品装箱时废箱率较高，最近一个月的数据显示每包装 100 箱产品需要使用 130 个包装箱，浪费严重，造成企业成本提高，企业认为每 100 箱产品使用包装箱数目为 105 个是比较理想的状态。

表 1-26　产品质量改进计划表

				日期：　　年　　月　　日	
部门		所在单位		负责人	
参与者					
目前质量状况分析					
存在的问题					
原因分析					

续表

<table>
<tr><td>质量改进
方案</td><td colspan="5">（可附单独的质量改进方案）</td></tr>
<tr><td>相关
协助部门</td><td colspan="5"></td></tr>
<tr><td>主管副总</td><td></td><td>质量管理部经理</td><td></td><td>相关部门经理</td><td></td></tr>
</table>

表 1-27　产品质量改进通知单

<table>
<tr><td>改进单位</td><td colspan="7"></td></tr>
<tr><td>改进项目</td><td></td><td colspan="2" rowspan="2">生产过程
改变项目</td><td colspan="4" rowspan="2"></td></tr>
<tr><td>现况</td><td></td></tr>
<tr><td>预期改进后的效果</td><td colspan="7"></td></tr>
<tr><td rowspan="2">改进方法及
其改善重点</td><td rowspan="2"></td><td>批示</td><td></td><td>拟办</td><td></td><td>预定
日程</td><td>月　日
方始</td></tr>
<tr><td>处理
结果</td><td colspan="5"></td></tr>
<tr><td>质量改进
主管批示</td><td></td><td>质量管理
经理批示</td><td colspan="5"></td></tr>
</table>

表 1-28　产品质量改进分析表

<table>
<tr><td>产品名称</td><td></td><td>产品编号</td><td colspan="2"></td></tr>
<tr><td>质量原因分析</td><td>目前水准</td><td>拟变更水准</td><td colspan="2">现状检查</td></tr>
<tr><td></td><td></td><td></td><td colspan="2" rowspan="2"></td></tr>
<tr><td></td><td></td><td></td></tr>
<tr><td></td><td></td><td></td><td>改善对策</td><td>经办单位</td></tr>
<tr><td></td><td></td><td></td><td rowspan="2"></td><td rowspan="2"></td></tr>
<tr><td></td><td></td><td></td></tr>
<tr><td>分析者</td><td></td><td>主管批示</td><td colspan="2"></td></tr>
</table>

巩固与提高

一、单选题

1. PDCA 循环也可称作（　　）。

A. 朱兰环　　B. 戴明环　　C. 石川环　　D. 甘特环

2. 质量改进的步骤之一的“掌握现状”就是（　　）。

A. 掌握问题的现状　　B. 掌握影响原因的现状

C. 掌握实施效果的现状　　D. 掌握实际采取对策的现状

3. 质量改进的基本过程是（　　）。

A. 计划、组织、领导、控制　　B. 计划、实施、检查、处置

C. 计划、检查、控制、提高　　D. 计划、检查、评审、奖励

二、多选题

1. PDCA 循环管理中的四个阶段是（　　）。

A. 计划、实施　　B. 检查、处理

C. 了解现状、选择重点　　D. 任务分配、指挥实施。

2. PDCA 循环中的 P 阶段包括的几个步骤是（　　）。

A. 分析现状，找出问题　　B. 分析各种影响因素

C. 找出主要影响因素　　D. 制订措施计划

3. PDCA 循环中的 A 阶段包括的几个步骤是（　　）。

A. 总结成功经验，制订相应标准　　B. 找出主要影响因素

C. 提出尚未解决的问题　　D. 检查计划执行结果

三、判断题

1. PDCA 循环管理中的四个阶段为计划、实施，了解现状和选择重点。（　　）

2. PDCA 循环管理中的 D 和 A 分别是计划和处理。（　　）

3. PDCA 目标设定的原则是明确和量化。（　　）

4. PDCA 循环管理中的 P 环节包括标准化和总结，过程检查和过程控制。（　　）

5. PDCA 循环管理中的 D 环节包括任务分配，寻找原因，指挥控制。（　　）

四、单项实训

请说出 QC 小组有哪几种类型，并根据你以往的食品专业课实习或在食品企业实习的经历，思考一下你都遇到过哪些 QC 小组的类型。

模块二
食品安全数字化控制技术

项目2-1

数字化管理控制技术

项目导学

在食品质量管理中，“用事实和数据说话”是质量管理的基本观点。商业智能技术是企业迅速分析数据的技术和方法，包括收集、管理和分析数据，将这些数据转化为有用的信息，然后分发到企业各处。如何对质量数据和事实进行统计分析，并通过质量分析提出质量控制和质量改进，一直是质量管理工作的重点。本项目就是通过对质量管理（QC）7种工具（即QC七大工具）的学习以及在食品企业中的应用，掌握对质量问题如何进行统计分析。所谓全面质量管理常用QC七种工具，就是在开展全面质量管理活动中，用于收集和分析质量数据，分析和确定质量问题，控制和改进质量水平的常用七种方法。这些方法不仅科学，而且实用，在食品企业实际生产中，作为品控员和班组长应该首先学习和掌握它们，并带领一线操作人员应用到生产实际中。

学习目标

【素质目标】

1. 接受用事实和数据说话的质量理念。
2. 承认客观依据并尊重客观事实，养成严谨的工作作风。

【知识目标】

1. 了解商务智能数据的应用。
2. 掌握食品质量数据的分类与作用。
3. 熟悉质量管理工具的作用及使用步骤。

【能力目标】

1. 能通过质量数据进行简单的分析。
2. 能运用质量管理工具分析食品企业中的各种问题。

思政融合

课程思政点：工匠精神——精准、创新

案例引入：某食品企业生产的饼干连续多年畅销国内市场，但是进入今年后，销量也出现了明显的下滑。销售部通过多渠道调查发现，顾客对产品的满意率下降，年轻人满意度下降明显。

针对此情况，应如何进行分析？为了确保销量，企业是否需要创新，又如何创新呢？

案例分析：本案例中应首先进行数据收集，应对历年的销售数据、顾客满意数据等进行收集、整理、比较分析，通过数据处理找出销量下滑的原因。再根据产品销量下滑的原因对产品进行创新，例如创新产品口味、创新产品包装等方式。因此需要对问题进行精准分析，才能进行有效的创新。

任务一　商务智能（BI）数据

情境导入

小王进入某食品企业品控部实习工作有一个多月了，发现在实际工作中有大量专业的质量数据，而且这些数据在生产管理上不可避免，这些数据也是提供事实依据的客观证据。为了了解这些质量数据的规律与特性，小王对食品质量数据进行了系统的学习，并认识到了解数据的统计规律性，有助于分析产品质量，提出改进产品质量的措施。

任务要求

1. 陈述什么是商务智能（BI）。
2. 明确数据的概念、分类和处理。
3. 能正确认知产品的质量波动。

知识准备

一、 BI的定义

BI的英文全称为business intelligence，直译为商务智能。商业智能描述了一系列的概念和方法，通过应用基于事实的支持系统来辅助商业决策的制订。商业智能技术是企业迅速分析数据的技术和方法，包括收集、管理和分析数据，将这些数据转化为有用的信息，然后分发到企业各处。

商务智能又称商业智慧或商业智能，是指用现代数据仓库技术、线上分析处理技术、数据挖掘和数据展现技术进行数据分析，以实现商业价值。它涵盖了基本构架、实施分析工具、数据库、数据应用和方法的综合术语。其实也可以把这个过程理解为人机互动及分析的数据决策，即通过所收集的各个环节数据，管理员或者分析师通过这些数据利用BI进行分析、整合，最后将分析结果转化为决策信息，进行决策行动。这些数据的载体随着时代的发展不断进化，在20世纪六七十年代，数据的载体还是一些纸张或者静态计算机表格，故而它能反映的数据状态不仅是平面的，而且是过时的、静止的。随着商业的发展以及前几节我们对智能系统的介绍，大家都会有一个共识，那就是如今的数据信息都必须是动态的、实时的、立体的，能够反映各个环节互相影响的数据变化的。一般来说，BI大数据分析的主要方向有人力资源、市场销售、财务管理、企业运营情况、产品成本计算等。BI主要研究的有客户群、成本计算、同行业竞争者及其参与竞争的能力情况四个方面，而研究这些方面的内容，离不开大数据的分析。

二、数据的概念、性质与处理

2.1.1.1 质量数据的性质

（一）数据的概念、性质

1. 数据的概念

首先我们来了解一下数据的概念。数据（Data）是一种信息的表现形式和载体，能够记录信息和知识。它可以根据其性质进行分类，如，能够被计算机识别并读取的数据、只能由人类识别的数据等。能够进行大数据分析的数据一般具有以下特点：

（1）数据的来源要具有可靠性、准确性、有效性。

（2）数据的读写要具有可访问性和可识别性。

（3）数据要有相关性、丰富性，同时要有一定的安全性。

根据以上的特征，我们对要进行大数据分析的数据一般都进行计算机计算，故按照识别类型可分为结构化数据、半结构化数据、非结构化数据。结构化数据是指计算机能够识别的数据结构。

2. 质量数据的性质

数据是反映事物性质的一种量度，全面质量管理的基本观点之一就是“一切用数据说话”。在食品企业生产过程中，无论是生产车间、班组，还是质量技术部门都会碰到很多与质量有关的数据。例如，生产过程中的操作控制记录，半成品、成品的质量检测结果等。质量控制的依据往往是质量数据，具体过程见图 2-1。

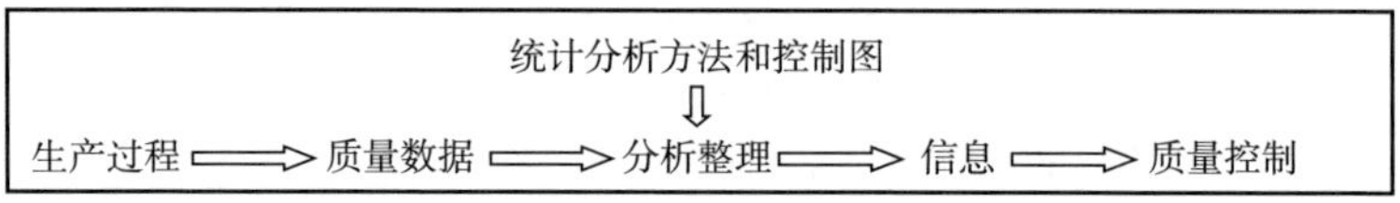

图 2-1　质量控制过程

无论食品的加工、生产、贮藏、运输还是销售过程，都会遇到各种各样的数据。这些数据中，有的可以直接测量出来，如质量、温度、时间、pH 等；有的可以直接数出来，如啤酒瓶个数、苹果上的色斑；有的既不能测量也不能直接数出来，如白酒的色、香、味以及类型等，但可以通过感官评分方法来评定。尽管质量数据形形色色，但按其基本性质可以将其分为两类：计量值数据和计数值数据。

（1）计量值数据　计量值数据是可以连续取值，在有限空间内可以无限取值的数据，通常是使用量具、仪器进行测量而取得的。如长度、面积、体积、质量、密度、糖度、酸度、硬度、温度、时间、营养成分含量、灌装量等都属于计量值数据。

（2）计数值数据　计数值数据是只能间断取值，在有限空间内只能取有限取值的数据，这类数据一般是不能用量具进行计测就可以“数”出来，它具有离散性。如产品件数、不合格品数、产品表面的缺陷数等质量特性都属于计数值数据。所以计数值数据是以正整数（自然数）的方式表现。包括：

①计件值数据：计件值数据是指数产品（或其他事物）的件数而得到的数值。计件值数据往往是在考核批质量状况时发生，所以大多数生产过程对计件值特性的考核指标为不合格品率 p 或不合格品数 np。

常见的计件值数据：产品件数、不合格品率 p、不合格品数 np、质量检测的项目数等。

②计点值数据：计点值数据是指数缺陷数而得到的数值。如不合格数、大肠杆菌数、细菌总数、产品表面的缺陷数、单位时间内机器发生故障的次数、棉布上的疵点数、玻璃上的气泡数、铸件上的砂眼数等。

必须注意，以百分数出现的数据由哪一类数据计算所得，就属于哪一类数据。例如，大麦吸水率为 67.5%，是一个非整数，但此数据的取得并非测量仪器取得的结果，也不具备连续性质，而是通过计算大麦吸水率＝（大麦吸水后质量－原大麦质量）/原大麦质量×100%得到的，它是计数值的相对数性质的数据。

课堂训练

下面数据都属于哪类质量数据？

（1）牛乳的 pH 为 6.57。

（2）饮料玻璃瓶身上有 3 个疵点。

（3）月饼的生产合格率为 99.36%。

（4）香肠中含有的菌落总数。

（二）质量数据的收集方法

1. 数据收集的目的

（1）为进行现场控制而收集数据　为保证产品的质量，必须对生产过程中的各个环节进行现场质量控制。例如，在面包生产中，从原材料的供给、面包的成型、面包的烘焙、到面包的包装等一系列的生产环节，都要进行质量数据的收集，从而达到对产品质量的控制。

在食品企业的实际生产中，操作工在生产现场填写生产操作记录就是为了达成此目的。

（2）为进行质量分析而收集数据　产品质量稳定与否，通常通过对取得的质量数据进行分析，而加以判断。因此，收集的数据越准确，质量分析结果才能精确，对生产过程才有指导意义。

此项工作大多是由品控员、班组长、车间主任等一线技术管理人员进行收集整理。

（3）为判定产品质量合格与否收集数据　对产品进行检验而获得的数据，称为用于检验的数据。此外，为了判断批量产品合格与否，常从批量产品中随机抽取样本，再对样本进行测定，这就是抽样检验的数据。这类检验数据可以反馈给有关部门进行分析和管理。

（4）为控制生产状态收集数据　通过对某些参数的观测，实时现场调节，也是进行质量控制的有效手段。

（5）为掌握与调节工艺状态而收集数据。

2. 收集数据的方法

由于目的不同，收集的方法（数量、时间、地点、取样方式、测试方法、精确度以及方法和标准等）不同。在质量管理中，主要通过抽样法或试验法获得数据。

（1）抽样法　收集数据大多数采用的是抽样的方法。抽样的对象可以是产品（包括原料、半成品、成品等实物），通过对实物进行检测或判断获得质量数据；抽样对象也可以是以往连续正常生产时的各种质量记录，抽取质量记录上的某些质量数据。收集的数据应能客观地反映被调查对象的真实情况。因此对抽样的总体要求是随机抽取，即不挑不拣。

（2）试验法　试验法是用来设计试验方案，分析试验结果的一种科学方法，它是数理统计学的一个重要分支。这种方法能在考查范围内以最少的试验次数和最合理的试验条件取得最佳的试验结果，并根据试验结果所获得的数据，对产品或某一质量指标进行评估。

课堂讨论：

1. 小王想知道，最近一个月中牛乳的杀菌温度是否稳定，他应该怎么做呢？

2. 某生产薯片企业对产品采用了充氮包装，企业想知道这种充氮包装能承受多大的压力，根据你学到的知识，建议采用哪种数据收集方法。

3. 收集数据的注意事项

为避免数据遗漏，在收集的同时进行数据的整理和简单的分层，应尽量使用预先设计的数据记录表格——调查表。

注意记录与数据有关的数据背景，如测试时间、地点、数量、测试者、产品名称、种类、产品批号、规格及必要的环境等。这有利于分析问题，且可以避免不同条件的数据混淆。数据必须真实、可靠、准确。

（三）数据的预处理

1. 数据的预处理

以各种方式（网络数据、软件数据等）收集的数据称为原始数据，原始数据一般不直接用来进行分析，因为这些数据大部分都是类别庞杂、准确性较低的。所以在数据分析之前要对原始数据进行选取和处理，选取适合的数据分析算法中的数据并进行一定的处理，这个过程我们称为数据的预处理。

一般来说原始数据首先要进行数据的收集和筛选，通过设定条件进行选择后，将符合条件的数据打包，进入下一个处理过程——数据清洗；数据的清洗过程实际上是将数据真实化的一种处理，如去掉一些假信息、重复的信息以及不能收集到的一些空白信息。例如，在一些调查问卷中，性别、年龄这样的信息一般都是真实的，但如果填写一些私密性较强的信息，如地名地址、家庭成员数量、回访电话等，这些信息就极有可能是假信息，所以这些数据要被剔除后才能进入下一个处理过程——数据的转化分类；在数据的转化分类过程中，数据会依照便于模型分析的处理方向进行转化和分类，如进行聚合或者离散化处理，通过这种处理可以使数据表达信息更加丰富；最后要进行数据的约简，顾名思义就是使各类数据能够直接或者经过最简洁的分析过程表达分析模型中数据所需表达的最真实含义。

2. 数据的相关概念

（1）总体　又称母体，研究对象的全体。总体可以是有限的，也可以是无限的。例如有一批含有10000瓶饮料的总体，它的数量已限制在10000个，是有限的总体。再如总体是某个工序，既包括过去、现在、也包括将要生产出来的产品，这个连续的过程可以提供无限个数据，我们说它是无限的总体。

（2）个体　又称样本单位或样品，是构成总体或样本的基本单位，也就是总体或样本中的每一个单位产品。它可以是一个，也可以由几个组成。例如，1包乳粉、1个月饼、1箱饼干等。

（3）参数　由总体计算的特征数称参数，常用希腊字母表示，如用μ表示总体平均值，用σ表示总体标准差。食品生产过程中的工艺参数常用$\mu\pm3\sigma$，如巴氏杀菌控制在（85±3）℃。

（4）样本　样本也称子样，它是从总体中抽取出来的一个或多个供检验的单位产品。样本中所含的个体数目称为样本量或样本大小，常用n表示。例如，从3000包乳粉中抽取10包乳粉作为样本进行检验，其样本量$n=10$。通常$n\leqslant30$的样本称小样本，$n>30$的样本称大样本。

从总体中抽取部分个体作为样本的过程称抽样。为了使样本的质量特性数据具有总体的代表性，通常采取“随机抽样”的方法。

（四）数据的处理

数据经过预处理之后，成为能够进行数据分析的可用信息，就可以进入正式的大数据分析。分析有很多种算法，如数学中最常使用的一些数据分析概念：能够表示数据的集中趋势——平均值（公式）、表示数据整体的离散趋势——平均值（公式）、能够描述数据的中间值的量——中位数等。

1. 表示样本的中心位置的统计量

（1）样本（算术）平均值　平均值$\overline{X}$是表示数据集中最常用、最基本的特征值之一，其计算公式为：

$$\overline{X}=\left(\sum_{i=1}^{n}X\right)/n \tag{2-1}$$

式中　$\overline{X}$——样本（算术）平均值；

X——质量数据量值；

n——质量数据的个数。

（2）样本中位数　指把收集到的统计数据按大小顺序重新排列，排在正中间的那个数为中位数，常用符号$\tilde{X}$表示。

当样本量n为奇数时，正中间的数只有一个；当n为偶数时，正中位置有两个数，此时中位数为正中两个数的算术平均值。

在质量管理中，平均值$\overline{X}$和中位数$\tilde{X}$表示质量分布中心，即表明产品的平均质量水平，它们代表大部分数据所取得的数值的大小。当质量形成波动时，大部分质量密集在平均值或中位数的上下附近。因此，平均值或中位数是反映质量稳定程度的一个参数。

2. 表示样本数据分散程度的统计量

(1) 样本极差　极差 (R) 是指一组数据中最大值与最小值之差。

例如，样本数据为 15、5、10、20、45、30、35、40、25。

极差为 $R = x_{\max} - x_{\min} = 45 - 5 = 40$。

极差常被应用于描述数据离散程度比较直观、而且计算简单的场合。但由于它的计算只用了一组数据中的两个极端（最大值与最小值），当样本较大时，它损失的质量信息较多，因而不能精确的反映出数据离散程度，故只适用于小样本的条件下。

(2) 标准方差　为了充分利用样本数据，常用样本方差表示数据的波动。方差是一组数据中的每一个数值与平均值之差的平方和的平均值，通常记作 S^2，即：

$$S^2 = \frac{1}{n}\sum_{i=1}^{n}(X_i - \overline{X})^2 \tag{2-2}$$

式中　S^2——标准方差；

X_i——质量数据量值；

$\overline{X}$——样本（算术）平均值；

n——质量数据的个数。

方差以均值为中心，提取了全部样本数据中的离差信息，这就使得它在反映离散程度方面更加全面，而且均值具有各个样本数据与其离差平方和为最小的性质，也保证了方差在说明均值代表性方面的良好性质。通常，样本方差 S^2 越大则样本数据的分散程度越高。

(3) 样本标准差　标准差 S 是方差 S^2 的平方根，它的实际意义与方差完全一样，都是反映一组数据离散程度的特征值。所不同的是，标准差 S 的量纲与平均值的量纲完全一样，也和数据本身的量纲一样。标准差的计算公式为：

$$S = \sqrt{\frac{1}{n}\sum_{i=1}^{n}(X_i - \overline{X})^2} \tag{2-3}$$

式中　S——样本标准差；

X_i——质量数据量值；

$\overline{X}$——样本（算术）平均值；

n——质量数据的个数。

【例题】 生产某种面食时，要求面团的质量指标控制的合格范围是 160~175g。为了了解甲、乙、丙三个工人的技术水平，特安排他们在同样的条件下生产这种产品。经过一段时间后，分别抽取了部分产品，并测得如下数据，试比较他们之间的水平。

甲：166、164、167、165，168、169、170、167

乙：171、178、182、167、153、152、161、172

丙：191、190、167、150、197、154、144、143

【解析】 经计算：

$$X_{甲平均}=1/8\ (166+164+\cdots+167)\ =167$$

$$X_{乙平均}=1/8\ (171+178+\cdots+172)\ =167$$

$$X_{丙平均}=1/8\ (191+190+\cdots+143)\ =167$$

计算结果表明三个工人的产品平均性能相同，都是167。但从原始数据看，三个工人生产的产品质量稳定是不相同的。这一点可以通过计算标准差或方差来反映。

下面计算每人数据的标准差或方差：

$$S_{甲}^2 = 1/8[(166-167)^2+(164-167)^2+\cdots+(167-167)^2] = 3.5$$

$$S_{甲}=1.87$$

$$S_{乙}^2 = 1/8[(171-167)^2+(178-167)^2+\cdots+(172-167)^2] = 105.5$$

$$S_{乙}=10.27$$

$$S_{丙}^2 = 1/8[(191-167)^2+(190-167)^2+\cdots+(143-167)^2] = 446$$

$$S_{丙}=21.12$$

由上述计算可知，甲工人生产的产品质量波动最小，技术水平最高。

在生产过程中，尽管设备均是高精度的，操作是很谨慎的，但产品质量还会有波动。因此，反映产品质量的数据也相应地表现出波动，即表现为数据之间的参差不齐。例如，同一批麦粒的几何尺寸不可能完全相同；同一批淀粉的物理性能各有差异；同一批水果的酸甜度互不相同等。总之，收集到的质量数据都具有这样一个基本特征，即它们毫不例外都具有分散性。另外，如果收集数据的方法恰当，数据又足够多，经过仔细观察和适当整理，将会发现它们都在一定范围内围绕着一个中心值分散，越靠近中心值，数值出现的机会越多；而离中心值越远，出现的机会越少。

如果在同样条件下抽取几批数据，它们的分散情况是十分相似的，这就是数据的既分散又有规律的特性，称为“统计性规律”。了解数据的统计性规律，对分析产品质量、提出产品质量改进措施有重要意义。

三、产品质量的波动

任何一个生产过程，总存在着质量波动。质量波动是客观存在的，是绝对的。这就像没有两个相同的人、树叶，对于产品也是一样的，没有两件完全相同的产品。经验告诉我们，按照同样的工艺、遵照同样的作业指导书、采用同样的原材料、在同一台设备上、由同一个操作者生产出来的一批产品其质量特性不可能完全一样，总是存在差异，即存在变异或波动。影响过程（工序）质量主要有六个因素，即人（操作者）、机（设备）、料（原辅材料）、法（工艺、方法）、环（生产环境）、测（测量），简称5M1E。

人（man）：操作者的质量意识；

机器（machine）：机器设备的精度和维护保养状况等；

原材料（material）：材料的成分、物理性能和化学性能等；

方法（method）：加工工艺、工艺装备、操作规程等；

环境（environment）：生产现场的温度、湿度、噪声、照明和清洁条件等；

测量（measure）：测量的仪器、测量的方法等。

上述过程（工序）因素即使处于稳定状态下，在工序实施中也不可能始终保持绝对不变。所以即使是同操作人员在同一工序中生产的产品，其质量特性也会存在波动。因此，质量波动是客观存在的。我们可以根据波动的原因，把原因划分为两大类：一类是正常波动；另一类是异常波动。

1. 正常波动

2.1.1.2 食品质量的波动

正常波动是由随机性的、不可避免的因素造成的波动。偶然因素是固有的，始终存在，是不可避免的因素。正常波动对质量的影响较小，也难以测量，消除它们成本大，技术上也难以达到。

正常波动是质量管理中允许的波动，此时的工序处于稳定状态或受控状态。常见的正常波动：机器的固有振动、液体灌装机的正常磨损；工人操作的微小不均匀性；原材料中的微量杂质或性能上微小差异；仪器仪表的精度误差；检测误差；温度或电压等生产条件的微小变化等。

2. 异常波动

异常波动是由系统性原因造成的质量数据波动。系统性因素又称异常因素，简称异因，在国际标准和我国国家标准中称为可查明因素。异常因素是非过程固有的，有时存在，有时不存在，对质量波动影响大（常常超出了规格范围或存在超过规格范围的危险），易于判断其产生原因并除去。

异常波动是质量管理中不允许的波动，此时的工序处于不稳定状态或非受控状态。对这样的工序必须严加控制。常见的异常波动：配方错误、设备故障或过度磨损、操作工人违反操作规程、原材料质量不合格、计量仪器故障等。

在生产过程中，正常波动始终存在着，而异常波动是需要避免的，二者的差异见表 2-1。

表 2-1　正常波动与异常波动的区别

项目	正常波动	异常波动
产生原因	偶然因素	系统因素
存在情况	大量存在	少量存在
作用大小	对质量特性值影响较小	如存在，可使产品质量发生显著变化

续表

项目	正常波动	异常波动
影响因素	很多，不易识别，难以确定	较少，容易识别
解决方法	提高科学技术水平	加强管理
质量管理工作	控制在最低限度	必须消除
过程状态	统计受控状态	统计失控状态

产品质量具有变异性（质量波动），同时产品质量的变异具有规律性（分布）。产品质量的变异不是漫无边际的变异，而是在一定范围内符合一定规律的变异。质量管理的一项重要工作就是通过收集数据、整理数据，找出波动的规律，把正常波动控制在最低限度，消除系统性原因造成的异常波动。

在实际生产中，产品质量的正常波动与异常波动交织在一起，如何加以区分并非易事。（注：QC 七大工具中的控制图就是区分这两类产品质量波动，即偶然因素与异常因素这两类质量因素的重要科学方法）。

四、商务智能（BI）的应用

1. BI 的性质

BI 的本质其实是一种战略、一种解决方案，它的建立过程是创建一个信息中心，像 IBM、微软这些知名的厂商都有相关的管理系统，主要应用在制造业、通信业、金融业、零售终端等。BI 是针对相关的商务信息的搜集、整合、管理存储、分析的过程。一般的 BI 包括的基本结构为现代数据仓库、线上数据分析处理和数据挖掘这三部分。该解决方案的核心为将不同企业的运作数据集合起来，并从中提取正确、有效的数据集，将这个数据集的信息通过 ETL（extraction—transformation—load）即抽选—转换—加载的处理，进而将数据集形成一个数据仓库或者存储到已经建立的数据仓库中，再选择符合决策要求的分析工具、数据挖掘工具、多维分析工具等进行数据分析、联机事务处理或联机分析等，最终翻译为决策建议提供给管理者。

2. BI 应用的特点

（1）BI 能够加强各个系统模块的集成性。

（2）BI 具有更高的灵活机动性，配置自由、变化自由。

（3）BI 将原来独立的商务智能管理系统向复杂性、嵌入式方向发展，功能也有所增强。

（4）BI 应用强化了数据的处理能力，着重提高了结构化数据（计算机能够直接识别、处理的数据）和非结构化数据（图片、视频等计算机不能直接识别、处理的数据）的处理能力。

（5）BI 在人力资源等管理方面强化了绩效管理的功能。

3. BI 的应用场景

（1）在生产管理中的 BI 应用　应用 BI 可以优化生产管理的各个模块，如进行企业的营销战略优化、生产每种产品的成本预估和计算、工时及设备保养经济利益最大化、设备维修及故障的大数据分析等。例如，在应用 BI 的生产管理过程中进行数据分析和汇总时发现，某机床设备的某故障大概 50d 发生一次，维修的时间大约 2d，该信息反馈到管理层时，可以在发生故障的前两天调整生产任务布置，改变使用设备计划，以达到停车不停产的连续生产效果，提高生产量。再如，在使用 BI 进行毛坯料进价的数据分析时发现，每年的 9 月 20 日至 10 月 25 日左右，该毛坯料的进价最低，12 月其形成的最终产品销量最高；3 月 1 日至 3 月 20 日，该毛坯料的进价最高，5 月其形成的最终产品销量最低，则可以通过该系统进行优化排产，9 月多采购原材料，11 月达到产量峰值；而每年 3 至 5 月可以适当减少产量，将人员配比到利润更加高的相关生产线上去。

（2）在生产工件中的 BI 应用　BI 在生产过程中可以应用在成本计算、优化工序流程中，如可以在前面章节所讲的产品生命周期管理（PLM）系统中添加该功能，通过数据库的整理和大数据的分析，可以优化整个系统中各个环节的资源配置和提升工作效率，并对一些未来事件加以推演预测，预估良品废品比例，通过计算分析得出加工过程可调节或修改的环节；也可以应用在企业资源计划（ERP）系统的物料清单数据管理中，通过数据管理和分析可以整合原材料、加工资源、仓储和库存管理等，通过建立加工工件的工艺流程数据库和大数据分析，可以减少一定的工艺制订工时，并且对一些工况的工时预测也有一定的协助作用。

（3）在人力资源管理中的 BI 应用　BI 还可以应用在人力资源管理中，起到高效、省力、多样化等作用，最基本的功能是可以通过数据分析得出企业的人员配置比例是否合理，还可以通过其他数据库的数据分析得到最适合企业招聘的人员信息和专业能力分布，赢得企业未来发展的胜利。例如，某企业发展过程中，决策者要决定是否增加高薪水高技能人才，此时可以通过 BI 衡量企业人员配置是否符合企业发展实际情况，并预测是否需要引进高薪水高技能人才，从而给决策者以此时符合企业发展的辅助参考招聘策略。

（4）在其他管理中的 BI 应用　如经营管理流程，可以通过 BI 的数据流分析优化预测订单、订货时间点和库存管理等。例如，在零售行业，可以通过 POS 机的 BI 应用，分析出购买××牌牛乳巧克力的顾客近期同时购买××牌绿茶口味口香糖的顾客非常多，那么这个及时反馈到超市管理者的销售信息就可以在第二天布置货品位置时，将××牌牛乳巧克力、××牌绿茶口味口香糖布置得近一些，或者在它们之间再摆放一些相对滞销商品，这样可以继续提高销量或者能够使相对滞销商品更多地进入顾客眼帘，以提高其销量。

任务实施

质量数据的运用

目的：

通过实训理解什么是质量数据，以及质量数据的特征及统计学意义。

要求：

学生根据质量数据的学习内容，个人单独完成任务。

任务内容：

某焙烤企业生产月饼，每块月饼要求质量是（70±1）g，企业每小时生产3500块月饼，现场品控员随机抽取10块月饼进行称量，获得下面数据：

70.2g	70.6g	71.0g	69.1g	70.8g	69.2g	70.0g	70.1g	70.5g	70.2g

1. 根据以上数据请计算：

①极差。

②平均值。

③中位数。

④方差。

⑤标准差。

2. 根据计算结果你得出什么结论，生产质量是否稳定？

3. 总结这几个统计量在生产实际中的作用。

巩固与提高

一、单选题

1. 下列属于计量值数据的是（　　）。

A. 不合格品数　　B. 产品合格率　　C. 产品质量　　D. 单位缺陷数

2. 以下表示样本的中心位置的统计量是（　　）。

A. 样本平均值和样本极差　　B. 样本极差和样本方差

C. 样本中位数和样本方差　　D. 样本平均值和样本中位数

3. 以下表示样本数据分散程度的统计量是（　　）。

A. 样本平均值和样本极差　　B. 样本极差和样本方差

C. 样本中位数和样本方差　　D. 样本平均值和样本中位数

4. 不能连续取数，只能以自然数表示的数据称为（　　）。

A. 自然数数据　　B. 算数值数据　　C. 计数值数据　　D. 计量值数据

5. 对11件产品的质量从低到高进行排序，结果为5.31、5.34、5.34、5.35、

5.37、5.38、5.38、5.39、5.39、5.39、5.39，则中位数是（　　）。

A. 5.38　　B. 5.39　　C. 5.37　　D. 以上都不是

二、多选题

1. 以下波动属于正常波动的有（　　）。

A. 机器的固有振动　　B. 液体灌装机的正常磨损

C. 工人操作的微小不均匀性　　D. 设备故障或过度磨损

2. 以下属于数据收集的目的有（　　）。

A. 获得员工的操作熟练程度　　B. 获得产品的检验结果

C. 领导要求　　D. 获得设备的故障率情况

3. 以下哪些因素能造成产品质量波动（　　）。

A. 操作员工的熟练程度　　B. 采购的原料质量

C. 财务部门的核算　　D. 测量仪器的更新

4. 一般的 BI 包括的基本结构为（　　）这几个部分构成。

A. 现代数据仓库　　B. 线上数据分析处理

C. 数据挖掘　　D. 以上都包括

三、判断题

1. 产品合格率、产品外观尺寸、时间等数据属于计数值数据。(　　)

2. 质量波动是客观存在的。但如果是同一人、同一工序、同一设备和环境就可以避免质量波动。(　　)

3. 由系统误差造成的质量特性波动称作异常波动。(　　)

4. 极差适合小样本的条件下反映数据的离散程度。(　　)

5. 质量管理的一项重要工作就是消除系统性原因造成的异常波动。(　　)

6. 工序质量控制的任务就是要保持正常波动，消除异常波动。(　　)

任务二　质量管理传统七大工具

情境导入

小王进入某食品企业品控部实习工作一段时间后，发现每个月都需要进行工作总结。在进行工作总结时，大家全部采用的是数据统计分析或表格形式，有理有据，并且内容清晰，而且公司也不欢迎使用大段的文字稿形式的总结。经询问，大家告诉小王，主要是应用的 QC 七大工具，这七大工具就是在开展质量管理活动中收集和分析质量数据、分析和确定质量问题、控制和改进质量水平常用的 7 种方法。这些方法不仅科学，而且对食品质量管理非常实用。小王听后，感觉到了自己的不足，马上开始了对质量管理传统七大工具的学习。

子任务1　应用因果图进行寻因

任务要求

1. 陈述因果图的概念和作用。
2. 确定因果图的分析步骤。
3. 能应用因果图进行寻因性分析并提出改进意见。

知识准备

2.1.2.1　因果图

一、因果图的概念和结构

因果图又称特性要因图，是一种用于分析质量特性（结果）与可能影响质量特性的因素（原因）的一种工具。根据其形状，也称为鱼骨图或树枝图。因果图是日本质量管理学者石川馨于 1943 年提出的，因此也称石川图。因果图是表示质量特性与原因关系的图。

因果图以质量特性作为结果，以影响质量的因素作为原因，它把对某项质量特性具有影响的各种主要因素加以归类和分解，在它们之间用箭头表示因果关系。因果图是一种寻找质量问题产生原因的简单、有效的工具。由于它使用起来简单有效，在质量管理活动中应用广泛。因果图是由以下几部分构成，如图 2-2 所示。

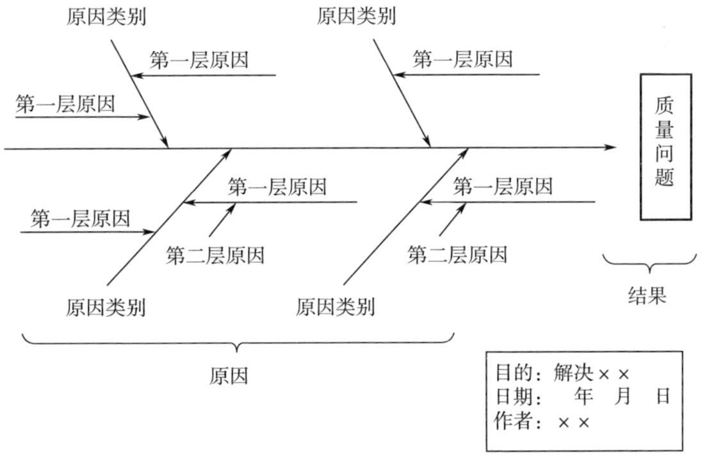

图 2-2　因果图结构

1. 质量特性

质量特性是生产过程或工作过程中出现的结果。在食品上一般指感官、理化、微生物等与质量有关的特性，以及产量及产出率、设备故障率、不合格率、事故、成本等与工作质量有关的特性。因果图中所提出的问题，是指要通过管理工作和技术措施予以解决并能够解决的问题。

2. 原因

原因是对质量特性产生影响的主要因素，一般是导致质量特性发生分散的几个主要来源。原因通常分为大原因（通常指5M1E）、中原因（第一层原因）、小原因（第二层原因）等。

3. 枝干

枝干是表示特性（结果）与原因间关系或原因与原因间关系的各种箭头。其中，把全部原因同质量特性联系起来的是主干；把个别原因同主干联系起来的是大枝；把逐层细分的因素（一直细分到可以采取具体措施的程度为止）同各个要因联系起来的是中枝、小枝和细枝。

二、因果图的制作步骤

1. 制作步骤

（1）确定分析对象　把要分析的质量特性问题，填入主干线箭头指向的方块中。

（2）记录分析意见　把大家针对质量特性问题所提出的各种原因，用长短不等的箭线排列在主干线的两侧。属于大原因的，用较长的箭线指向主干线；属于某大原因内次一级的中原因的，用略短的箭线指向该大原因的箭线；属于小原因的，箭线指向与它关联的中原因的箭线。

（3）检查有无遗漏　即对所分析的种种原因检查一下，看是否有遗漏，若有遗漏可以及时补上。

（4）记录必要事项　注明绘图者、参加讨论分析人员、时间等可供参考事项。

【例题】对某糕点生产企业存在的裱花蛋糕微生物超标的质量问题进行因果图分析。

【解析】运用因果图分析步骤如下：

（1）确定需要分析的质量特性，即针对什么问题寻找因果关系。例如，产品质量、质量成本、产量、工作质量等问题。本案例中要分析的是产品质量问题，即裱花蛋糕微生物超标问题。

（2）召集同该质量问题有关的人员参加的会议，充分发扬民主，各抒己见，集思广益，把每个人的分析意见都记录在图上。

（3）画一条带箭头的主干线，箭头指向右端，将质量问题写在图的右边，确定造成质量问题类别。一般按5M1E的六大因素分类。见图2-3。

然后围绕各原因类别展开，按第一层原因、第二层原因、第三层原因及相互

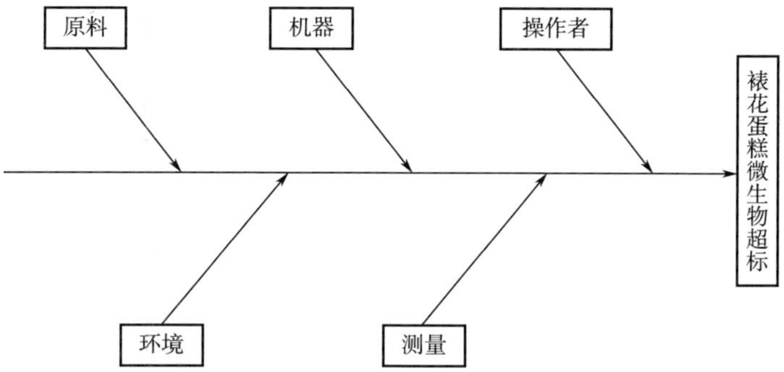

图 2-3　因果图的原因分类

因果关系，用长短不等的箭头画在图上，逐级分析展开到能采取措施为止。

（4）讨论分析主要原因，把主要的、关键的原因分别用粗线或其他颜色的线标记出来，或者加上方框进行现场验证。见图 2-4。

（5）记录必要的有关事项，如参加讨论的人员、绘制日期、绘制者等。

（6）对主要原因制订对策表（5W1H），落实改进措施。

在图 2-4 中可以看到，主要原因已经用灰色图表表示，也就是经过分析后，造成裱花蛋糕微生物超标的主要原因是未按时消毒以及空调制冷能力差。那么下面就可以根据这两个原因制订改进措施。

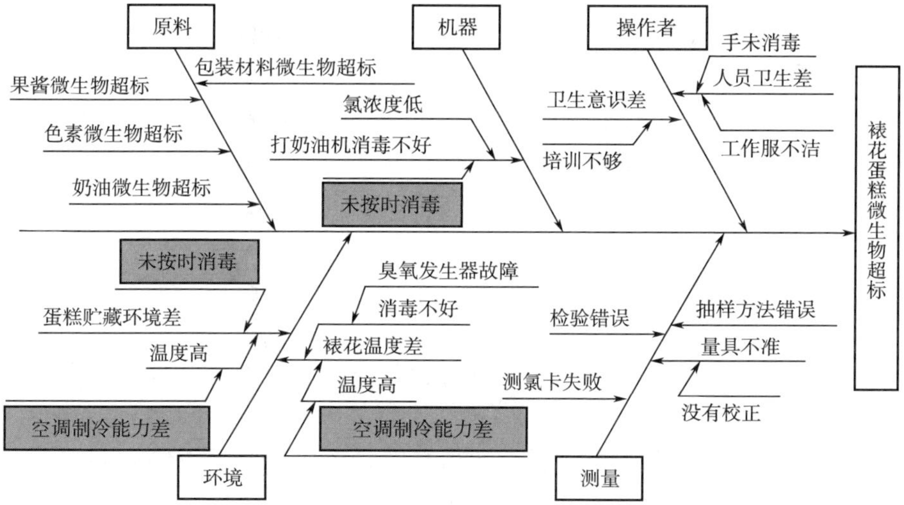

图 2-4　裱花蛋糕微生物超标的因果图分析

注：铺灰底的部分表示主要原因。

本案例中的改进措施是：针对空调制冷能力差，企业决定再购入两个空调；

针对未按时消毒，首先要求品控部对相关人员进行培训增强质量意识，然后制订出惩罚措施，由品控员进行监控，如果未及时消毒对相应员工进行处罚。

改进措施的落实：要求采购部在15d内完成空调的采购和安装；要求品控部制订员工培训计划和质量惩罚措施文件，试行一个月，一个月后正式执行不能及时消毒的惩罚措施。

小贴士

因果分析图一定要分析到能寻找到解决对策的原因层次，分析原因不是因果图的最终目的，根据分析的原因寻找到有效的解决（或改进）措施才是最重要的。

2. 绘制因果图应注意的事项

（1）因果图看似简单，如果对工序及产品质量的形成没有比较全面而深入的了解，是画不出质量因果分析图的。为了制作好因果图，常常要邀请有经验的工人、专业人员、领导来开头脑风暴会议。集思广益，最后统一到这张因果图上。因果图代表了一定时期内企业的质量管理水平。随着人们知识的丰富，经验的积累，因果图会随时间的推移有所变动和提高。

（2）重点在解决问题，并依5W1H的方法逐项列出。绘制要因图时，重点先放在“为什么会发生这种原因、结果”，分析后要提出对策时则放在“如何才能解决”，并依5W1H的方法逐项列出。

（3）要结合具体质量问题进行分析，边讨论边画图，避免确定的质量问题笼统不具体，或在一张图上包含几个问题，致使无法进行针对性的原因分析。

（4）原因分析要细到能采取措施，防止各原因之间层次不清，因果关系颠倒，不同原因混淆。

小贴士

头脑风暴法

头脑风暴法出自“头脑风暴”一词，是指无限制的自由联想和讨论，其目的在于产生新观念或激发创新设想。头脑风暴法又可分为直接头脑风暴法（通常简称为头脑风暴法）和质疑头脑风暴法（也称反头脑风暴法）。前者是在专家群体决策尽可能激发创造性，产生尽可能多的设想的方法，后者则是对前者提出的设想、方案逐一质疑，分析其现实可行性的方法。

三、因果图的种类

因果图根据在应用上大体上有三种类型，即问题分解型、原因罗列型和工序分类型。这三种类型的因果图各有利弊，应根据具体情况适当地选择适当地应用。

1. 问题分解型因果图

该类图的做法是沿着为什么会出现该问题的思路层层细追下去，依次做出大枝、中枝、小枝、细枝，并标上相应的大原因、中原因、小原因和更细小原因等。这种图的优点是便于用箭头把原因联系起来，作图较简单；缺点是容易漏掉小原因。前面的案例就是问题分解型的因果图。这种类型的因果图也是目前应用最为广泛的一类。

2. 原因罗列型因果图

该类图的作法是用卡片或黑板将所有想到的所有原因都罗列出来，然后再通过整理逐级分类，确定出大枝、中枝、小枝和细枝间的关系。优点是不至于漏掉主要原因；缺点是原因间难于用箭头正确连接，作图较麻烦。

3. 工序分类型因果图

该类图的做法是按工序流程画大枝，然后把对质量有影响的原因填写在相应的工序（大枝）上。优点是作图简便，易于理解；缺点是相同原因有时会出现多次，难以表现出多个因素联系在一起同时影响质量的情况。图 2-5 所示为香肠中金属碎屑超标的工序分类型因果图。

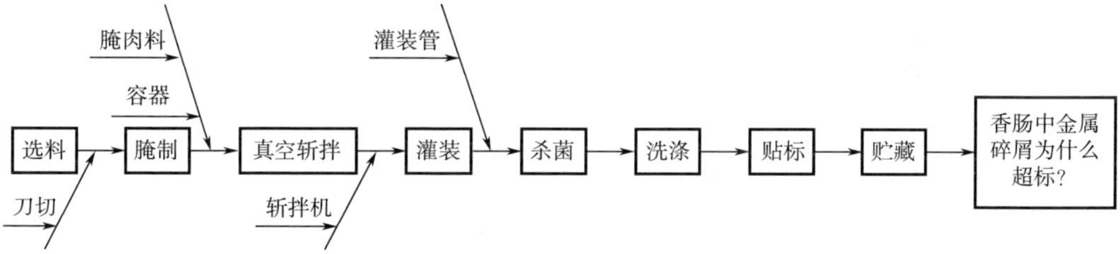

图 2-5　香肠中金属碎屑超标的工序分类型因果图

由图 2-5 可以看出，从选料至贮藏共八道工序，前面几个工序都可能会引入金属碎屑，其原因已经用箭头标示出来。由图 2-5 中可以清楚看出来，哪道工序或生产过程中会引入金属碎屑，便于采取措施。

课堂讨论：

1. 因果图中的“果”通常指的是什么，“因”又是什么？

2. 通过学习，你已经掌握了因果图的制作分析步骤，请问你能运用因果图分析问题吗，你觉得自己进行因果图分析时，哪些是你欠缺的？

任务实施

应用因果图对原料乳变质的原因进行分析

目的：

通过任务训练掌握因果图的应用步骤，会应用因果图对企业的实际问题进行分析，并培养用事实和数据说话的质量管理意识。

要求：

学生根据因果图的学习内容，以小组为单位，通过团队合作和头脑风暴法完成此次任务。

任务内容：

某乳品企业生产液态乳，每天都要收购大量生鲜牛乳，牛乳进厂后经检验合格后，马上冷却进入贮奶罐贮藏（贮藏温度≤5℃，贮藏时间不超过16h），然后再进行生产，但是，近一个月内却发生了3次没超过贮藏时间，原料乳却发生了变质的质量事故。

1. 利用因果图分析原料生鲜牛乳变质的原因，并将主要原因用框图画出来。
2. 小组讨论后根据原因分析提出关于生产牛乳的贮藏意见（或改进意见）。
3. 在进行因果图的原因分析讨论时有哪些注意事项？

巩固与提高

一、单选题

1.（　　）就是将造成某项结果的诸多原因，以系统的方式来表达结果与原因之间的关系。

A. 直方图　　B. 因果图　　C. 控制图　　D. 分层法

2. 因果图中把特性当作（　　）。

A. 原因　　B. 因素　　C. 过程　　D. 结果

3. 头脑风暴法是围绕某个中心议题，毫无顾忌、畅所欲言地发表独立见解的一种（　　）思想方法。

A. 系统性　　B. 逻辑性　　C. 创造性　　D. 启发性

4. 因果图的作用为（　　）。

A. 寻找产品质量的主要问题　　B. 分析两个变量之间的关系

C. 寻找影响质量的主要原因　　D. 显示质量波动分布的状态

二、多选题

1. 特性要因图主要有以下类型（　　）。

A. 整理问题型特性要因图　　B. 原因型特性要因图

C. 对策性特性要因图　　D. 结果型特性要因图

2. 特性要因图填充大类原因，可从以下方面（　　）着手。

A. 人、环境　　B. 条件　　C. 物资、方法　　D. 机器

三、判断题

在分析某一特性（结果）的复杂原因时，可以运用特性要因图，它可以帮助我们理清思路，找到各种原因，并抓住主要原因进行深入分析。（　　）

子任务2　应用排列图找主要因素

任务要求

1. 陈述排列图的概念和作用。
2. 确定排列图的分析作图步骤。
3. 能应用排列图寻找影响质量的主要因素。

知识准备

2.1.2.2　排列图

一、排列图的概念和结构

排列图，是找出影响产品质量的主要问题的一种有效方法。排列图最早由意大利经济学家帕累托（Pareto）用来分析社会财富分布状况而得名。他发现少数人占有大量财富，即所谓“关键的少数和次要的多数”的关系。后来，美国质量学家朱兰（J. M. Juran）博士把它的原理应用于质量管理，作为改善质量活动中寻找质量的主要因素的一种工具，它可以使质量管理者明确从哪里入手解决质量问题才能取得最好的效果。

1. 概念

排列图又称帕累托图，全称主次因素排列图，将质量改进项目从最重要到次要进行排列作图，以直观的方法来表明质量问题的主次及关键所在的一种方法，是针对各种问题按原因或状况分类，把数据从大到小排列而做出的累计柱状图。

2. 结构

排列图是由一个横坐标、两个纵坐标、几个按高低顺序排列的矩形和一条累计百分比折线组成。其形式如图2-6所示。

此图是一个直角坐标图，它的左纵坐标为频数，即某质量问题出现次数，用绝对数表示；右纵坐标为频率，常用百分数来表示。

横坐标表示影响质量的各种因素，按频数的高低从左到右依次画出长柱排列图，然后将各因素频率逐项相加并用曲线表示，曲线表示各影响因素大小的累计百分数，这条曲线称帕累托曲线（排列线）。

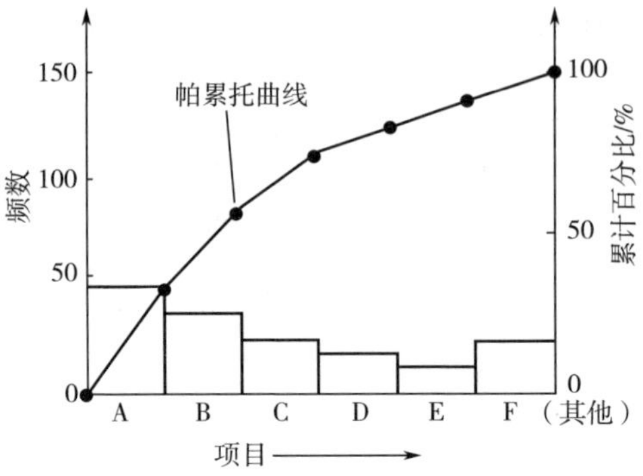

图 2-6　排列图

二、排列图的作图步骤

1. 确定评价问题的尺度（纵坐标）

排列图主要是用来比较各问题（或一个问题的各原因）的重要程度。评价各问题的重要性，必须有一个客观尺度，即决定作图时的纵坐标的标度内容。

一般的纵坐标可取：金额（包括把不合格品换算成损失金额）；不合格品件数；不合格品率；时间（包括工时）；其他。

2. 确定分类项目（横坐标）

一个大的问题包括哪些小问题，或是一个问题与哪些因素有关，在作图时必须明确。分类项目表示在横坐标上，项目的多少决定横坐标的长短。

一般可按不合格品项目、缺陷项目、作业班组、车间、设备、不同产品、不同工序、工作人员和作业时间等进行分类。

3. 按分类项目搜集数据

搜集数据的期间无原则性的规定，应随所要分析的问题而定，例如，可按日、周、旬、月、季、年等。划分作图期间的目的是便于比较效果。

4. 统计某个项目在该期间的记录数据，并按频数大小顺序排列

首先统计每个项目的发生频数，它决定了柱状图的高低。然后根据需要统计各项频数所占的百分比（频率）。最后，可按频数（频率）的大小顺序排列，并计算累计百分比，画出排列图用表。

5. 画排列图中的柱状图

在纵坐标上，以各项之频数为柱状图高，以横坐标项目为底宽，一一画出对应的柱状图。图宽应相同，每个直方之间不留间隙，如果需要分开，它们之间的间隔也要相同。

6. 画排列线

为了观察各项累计占总体的百分比，可按右边纵坐标的标度画出排列线（又称帕累托线）。排列线的起点，可画在柱状图的中间、顶端中间或顶端右边的线上，其他各折点可按比例标注，并在折点处标上累计百分比。

7. 在排列图上标注有关事项和标题

搜集数据的期间（何时至何时），条件（检查方法、检察员等），检查个数，不合格总数等，必须详细记载，在质量管理中这些情况都非常重要。

三、排列图的观察分析

排列图作用：通过区分最重要的和其他次要的项目，就可以用最少的努力获得最大的改进。“找出主要原因”的方法是利用 ABC 分析确定重点项目，一般地讲，取排列图中前面 1~3 项作为改善的重点就行了。若再精确些可采用 ABC 分析法确定重点项目。ABC 分析法是把问题项目按其重要程度分为三级。

为了抓住“关键的少数”，在排列图上通常根据排列曲线的累计百分数分为 3 个等级：在 0~80%的因素为 A 类因素（主要因素），是累计百分数在 80%以上的因素，它是影响质量的主要因素，是作为质量解决的重点。在 80% ~90%的因素为 B 类因素（次要因素），在 90% ~100%的因素为 C 类因素（一般因素）。

小贴士

在解决质量问题时，将排列图和因果图结合起来特别有效。

先用排列图找出主要因素，再用因果图对该主要因素进行分析，找出引起该质量问题的主要原因。

【例题】 表 2-2 是某食品厂 20××年 6 月 2 日至 6 月 7 日菠萝罐头不合格项调查，请根据此制作排列图，并指出目前该企业存在的主要问题。

表 2-2　菠萝罐头不合格项调查表　　单位：个

不合格类型	外表面	真空度	二重卷边	净重	固形物	杂质	块形	小计
不合格数	1	7	1	42	28	6	4	89

【解析】

(1) 制作排列图数据表 2-3，计算不合格比例，并按数量从大到小顺序将数据填入表中。“其他”项的数据由许多数据很小的项目合并在一起，将其列在最后。否则横坐标会变得很长。

表 2-3　菠萝罐头排列图数据表

不合格类型	不合格数/个	累计不合格数/个	比例/%	累计比例/%
净重	42	42	47.2	47.2
固形物	28	70	31.5	78.7
真空度	7	77	7.9	86.6
杂质	6	83	6.7	93.3
块形	4	87	4.5	97.8
其他	2	89	2.2	100
合计	89		100	

（2）画两根纵坐标和一根横坐标。

①左边纵坐标，标上件数（频数）的刻度，最大刻度为总件数（总频数）；

②右边纵坐标，标上比例（频率）的刻度，最大刻度为 100%。

③左边总频数的刻度与右边总频数的刻度（100%）高度相等。

④横坐标上将频数从大到小依次列出各项。

（3）在横坐标上按频数大小画出矩形，矩形高度代表各不合格项频数的大小。

（4）画累计频率曲线，用来表示各项目的累计百分比。

（5）在图上记入有关必要事项，如排列图名称、数据及采集数据的时间、主题、数据合计数等。

（6）最后做出菠萝罐头不合格项排列图，具体见图 2-7。

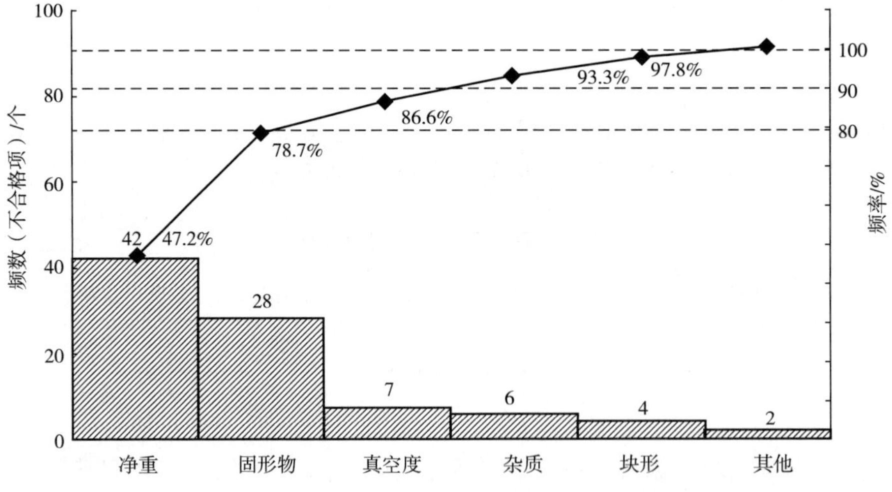

图 2-7　菠萝罐头不合格项排列图

分析：从图 2-7 可以看出，出现不合格品的主要原因是净重和固形物含量，只要解决了这两个问题，不合格率就可以降低 78.7%。

四、绘制排列图的注意事项

绘制排列图时应注意以下事项：

（1）一般来说，主要原因是一两个，至多不超过三个，就是说它们所占的频率必须高于 50%（如果分类项目少时，则应高于 70%或高于 80%）；否则就失去找主要问题的意义，要考虑重新进行分类。

（2）不重要的项目很多时，为了避免横坐标过长，通常合并列入“其他”栏内，并置于最末一项。对于一些较小的问题，如果不容易分类，也可将其归为“其他”项里。如“其他”项的频数太多时，需要考虑重新分类。

（3）为作排列图而取数据时，应考虑采用不同的原因、状况和条件对数据进行分类，如按时间、设备、工序、人员等分类，以取得更有效的信息。

（4）在采取措施后，为验证其实施效果，还要画新的排列图进行比较。

课堂讨论：

1. 讨论一下，排列图可用于哪些问题分析，用于这些分析只做一次排列图可以吗？

2. 如果你认为，只做一个排列图是不够的，那么你认为应该如何跟踪才能使排列图的分析更有效果？

任务实施

应用排列图提出改进意见

目的：

通过任务训练掌握排列图的应用步骤，会应用排列图对企业的实际问题进行分析，并培养用事实和数据说话的质量管理意识。

要求：

学生根据排列图的学习内容，能独立收集数据并进行作图分析。

任务内容：

某食品公司对某新产品进行市场调查，反映价格高的有 12 条，风味不好的有 52 条，色泽不好的有 37 条，质地不好的有 6 条，形状不好的有 4 条，请画出排列图，并指出改进意见。

1. 请画出排列图。
2. 请找出主要因素并指出改进意见。

巩固与提高

一、单选题

1. 下列图中可用来寻找主要原因的是（　　）。

A. 因果图　　B. 排列图　　C. 相关图　　D. 分层法

2. 在排列图中，一般来说，主要原因是一两个，至多不超过（　　）。

A. 一个　　B. 二个　　C. 三个　　D. 五个

3. 排列图是分析和寻找影响质量主要因素的一种工具，其形式用（　　），左边纵坐标表示频数，右边纵坐标表示频率。

A. 双直角坐标系　　B. 系统图　　C. 箭头图　　D. 矩阵图

4. 做排列图分析通常累积百分比将影响因素分类：占 80%~90%为 B 类因素，为（　　）。

A. 主要因素　　B. 次要因素　　C. 一般因素　　D. 关键因素

5. 以下哪个常用的工具可以用来明确“关键的少数”（　　）。

A. 排列图　　B. 因果图　　C. 直方图　　D. 调查表

二、多选题

1. 排列图中排列线（帕累托线）通常的画法为（　　）。

A. 从高到低　　B. 从低到高　　C. 从左到右　　D. 从右到左

2. 在解决质量问题是，通常将（　　）组合起来特别有效。

A. 因果图　　B. 相关图　　C. 排列图　　D. 分层法

三、判断题

1. 排列图通常左边纵坐标为频数，右边纵坐标为频率。(　　)

2. 排列图的“其他”项通常为一般因素。(　　)

3. 可以通过排列图找出各个原因之间的关系。(　　)

4. 质量管理过程中要解决的问题很多，但往往不知从哪着手，事实上，对于大部分的问题只要能找出几个影响较大的原因并加以处置和控制，就可以解决80%以上的问题。(　　)

5. 排列图是建立在帕累托“少数关键，多数次要”的原理基础上。(　　)

6. “帕累托图”以其发明者的名字命名，又称排列图，是 QC 传统七大工具之一。(　　)

7. 排列图是寻找引发结果原因的管理图形工具。(　　)

子任务3　应用相关图寻找质量因素之间的关系

任务要求

1. 陈述相关图的概念和作用。
2. 确定相关图的作图步骤。
3. 能应用相关图寻找两个因素之间是否存在关系以及什么样的关系。

知识准备

2.1.2.3　相关图

一、相关图的概念和结构

相关图也称散布图、分布图、散点图，是研究两个变量之间的关系及相关程度。相关图可以用来发现和确认两组相关数据之间的关系，并确认两组相关数据之间预期的关系，常用于分析研究质量特性之间或质量特性与影响因素两变量之间的相关关系。例如，研究硬度、温度两因素得出其具体形式如图 2-8 所示的相关图。

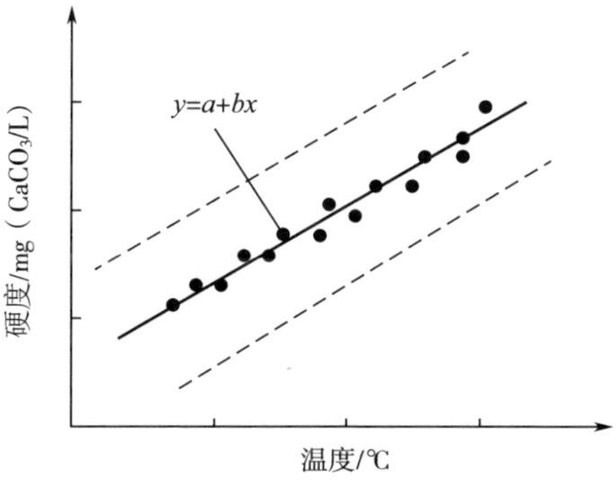

图 2-8　相关图

在相关分析中，若相关现象之间存在着一定的因果关系，通常把起决定作用的变量作为自变量，一般用 x 表示，把受自变量影响而相应变化的变量作为因变量，一般用 y 表示。

为了分析 x 变量与 y 变量之间的关系，可将 x 变量与 y 变量在 x-y 平面上作图，每组（x_i，y_i）数据在图中以一个点表示，做出的图就称相关图。一般在分析两个变量之间的相关关系时，做出的相关图如图 2-9 所示相关图的几种情况。具体情况为：

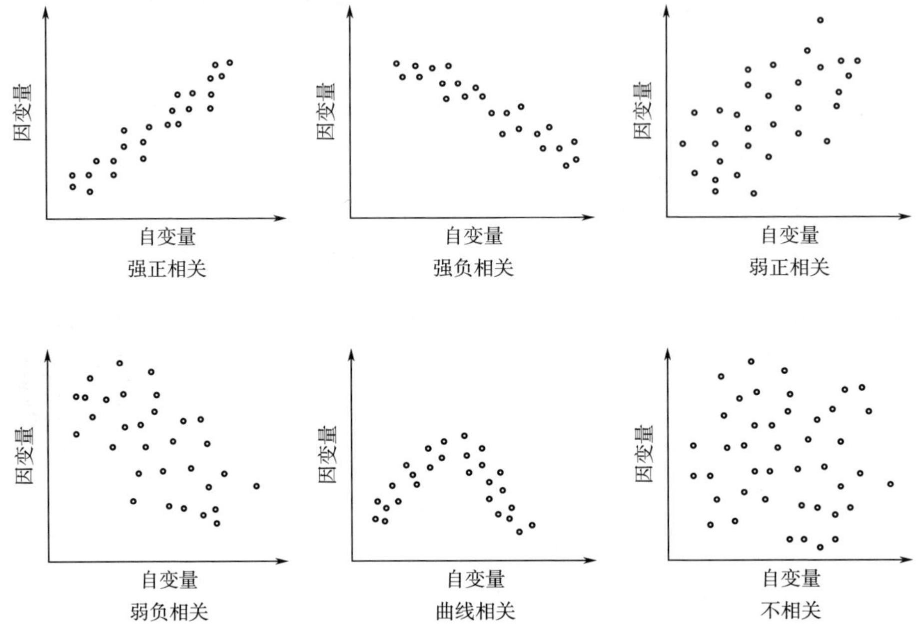

图 2-9　相关图的几种情况

（一）强相关

（1）强正相关　x 变量增大时，y 变量明显的增大。

（2）强负相关　x 变量增大时，y 变量明显的较少。

强相关包括强正相关和强负相关，特点是点集中落在一条直线上。当 x 变量与 y 变量之间存在强相关，x、y 之间可以用直线关系表示。对此，一般控制住 x，y 也得到相应的控制；或者通过一个变量也可推算出另一个变量。

（二）弱相关

（1）弱正相关　y 变量随 x 变量增大有增大的趋势，但不很明显。

（2）弱负相关　y 变量随 x 变量增大有减小的趋势，但不很明显。

弱相关包括弱正相关和弱负相关，特点是点比较分散，但还是能看到线性关系。通常这种情况除 x 因素影响 y 外，还要考虑其他的因素（一般可进行分层处理，寻找 x 以外的因素）。

（三）不相关

（1）曲线相关　y 随变量 x 的变化没有单一的增大或减小的趋向，但两变量的量值变化呈曲线式的对应关系，即存在着非线性的相关关系。

（2）不相关　x 变量与 y 变量之间没有相关关系。

不相关特点是点呈无规则分散或曲线，无法呈现直线关系。对此，可以考虑 x 变量与 y 变量之间不存在相关关系，不必要计算相关系数。

二、相关图的作图方法

在质量管理活动中，经常需要绘制相关图。相关图的绘制步骤如下：

（1）选定分析对象　分析对象的选定，可以是质量特性值与因素之间的关系，也可以是质量特性值与质量特性值之间的关系，还可以是因素与因素之间的关系。

（2）收集数据　将收集到的数据填入数据表，数据一般要在30组以上，且数据必须是对应的，并记录收集数据的日期、取样方法、测定方法等有关事项。

小贴士

做相关图的数据一般应搜集30组以上，数据太少，相关就不太明显，会导致判断不准确；数据太多，工作量又太大。一般取30~50组数据为宜。

（3）坐标纸上建立直角坐标系

①为便于分析相关关系，两个坐标数值的最大值与最小值之间的范围应基本相当。

②若分析对象的关系属于因素与质量特性的关系，则x轴表示因素，y轴表示质量特性值。

③描点：把数据组（x，y）分别标在直角坐标系相应的位置上。如两组数据相同，则其点必重合。

④检查：当相关图上出现明显偏离其他数据点时，应查明原因，以便决定是否删除或校正。

三、相关图的观察分析与注意事项

根据测量的两种数据做出相关图后，就可以从相关图上点的分布状况与图2-9相比较，看出两种数据之间是否有相关关系，以及关系的密切程度如何。当两个变量相关程度很大时（强相关），则可以找出它们的关系式，然后借助这一关系式，只需观察其中一个变量就可以推断出另一个变量；还可以从控制一个变量，估计另一个变量的数值。

相关图在应用时注意以下问题：

①应将不同性质的数据分层作图，否则将会导致不真实的判断结论。

②相关图相关性规律的适用范围一般局限于观测值数据的范围内，不能任意扩大相关判断范围。

③相关图中出现的个别偏离分布趋势的异常点，应在查明原因后予以剔除。

【例题】 某酒厂为了研究中间产品酒醅中的酸度和酒度 2 个变量之间存在什么关系，对酒醅样品进行了化验分析，结果如表 2-4 所示。请利用相关图对数据进行分析、研究和判断。

表 2-4 酒醅中酸度和酒度分析数据表

序号	酸度/%	酒度/%vol	序号	酸度/%	酒度/%vol
1	0.5	6.3	16	0.7	6.0
2	0.9	5.8	17	0.9	6.1
3	1.2	4.8	18	1.2	5.3
4	1.0	4.6	19	0.8	5.9
5	0.9	5.4	20	1.2	4.7
6	0.7	5.8	21	1.6	3.8
7	1.4	3.8	22	1.5	3.4
8	0.8	5.7	23	1.4	3.8
9	0.9	5.0	24	1.3	4.3
10	0.7	6.3	25	1.0	5.3
11	0.6	6.4	26	1.5	4.4
12	0.5	6.4	27	0.7	6.6
13	0.5	6.6	28	1.3	4.6
14	1.2	4.7	29	1.0	4.8
15	0.6	6.5	30	1.2	4.1

【解析】

（1）搜集数据　本例中搜集了 30 组酒醅中的酸度和对应酒度的数据，填入数据表（表 2-4）中，把酸度定为自变量 x 值，对应的酒度为应变量 y 值，使用相关图法分析二者的关系。

课堂讨论：

1. 酒醅中的酸度和酒度的关系是哪种关系？（质量特性值与因素之间的关系，质量特性值与质量特性值之间的关系，因素与因素之间的关系）

2. 可不可以把酒度定为自变量 x 值，酸度为应变量 y 值，为什么？

（2）作坐标图　画纵坐标和横坐标。横坐标为自变量，取值范围应包括自变量数据（x值）的最大值和最小值，越往右取值越大。本例中 x 值最小值为 0.5，最大为 1.6，则横坐标值从 0.4 取到 1.8 为宜；纵坐标为因变量，应包括因变量（y值）的最大值与最小值，越往上取值越大。本例中 y 值最小是 3.4，最大是 6.8，则纵坐标值取 3.0~7.0 为宜。

（3）描点　把数据表中的各组数据对应数据一一按坐标位置用标点表示出来。如果碰上一组数据和另一组数据完全相同，则在点上加一个圈表示（⊙），如碰上 3 个数据相同，则加上两重圈表示（◎）。将表中的各组数据一一描点在坐标系中，如图 2-10 所示。

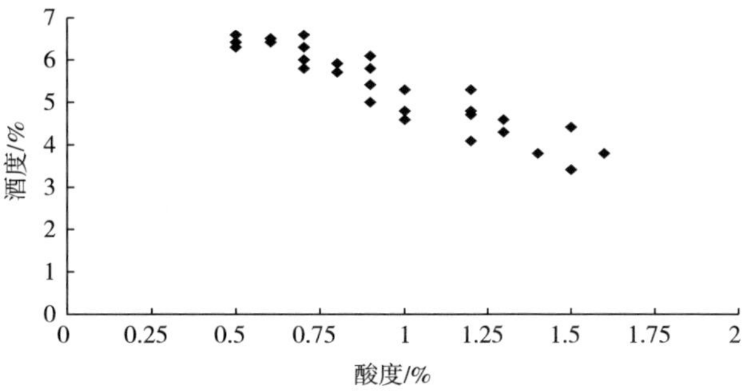

图 2-10　酒度与酸度相关图

（4）比较分析　将图 2-10 与图 2-9 典型相关图进行比较，可以得出酒醋酸度与酒度呈弱负相关的结论。

任务实施

应用相关图寻找因素间的关系

目的：

通过任务训练掌握相关图的作图步骤，会应用相关图对企业的实际问题进行分析，并培养用事实和数据说话的质量管理意识。

要求：

学生根据相关图的学习内容，能独立进行作图并分析因素之间是否存在关系以及存在什么关系。

任务内容：

某乳品企业对收购回来的生鲜牛乳进行进厂检验，收集菌落总数与美兰褪色时间共 30 组数据。具体数据见表 2-5。

1. 请画出相关图（注意哪个是自变量 x 轴，哪个是因变量 y 轴）。
2. 请找出菌落总数与美兰褪色时间是否存在关系以及什么关系。
3. 根据作图结果，说出在企业中的实际应用意义。

表 2-5 美兰褪色时间和菌落数据分析表

序号	美兰褪色时间/min	菌落总数/($\times10^4$CFU/mL)	序号	美兰褪色时间/min	菌落总数/($\times10^4$CFU/mL)	序号	美兰褪色时间/min	菌落总数/($\times10^4$CFU/mL)
1	18	225	11	120	40	21	270	35
2	20	200	12	140	37	22	280	14.6
3	25	180	13	160	32	23	290	11.2
4	30	155	14	180	30	24	300	10
5	35	133	15	190	28.7	25	320	8.2
6	40	100	16	200	25.1	26	350	6.9
7	50	77	17	210	23.8	27	390	5
8	60	50	18	220	22	28	410	3.8
9	80	47	19	240	20	29	450	2.6
10	100	44	20	260	17.8	30	490	1

巩固与提高

一、单选题

1. 在不知道两个因素之间的关系或两个因素在认识上比较模糊而需要对这两个因素之间的关系进行调查和确认时，可以通过（　　）法来确认二者之间的关系。

A. 因果图　　B. 相关图　　C. 直方图　　D. 排列图

2. （　　）时，x 变量增大时，y 变量明显的增大。

A. 强负相关　　B. 强正相关　　C. 弱负相关　　D. 弱正相关

3. 在相关图中，曲线相关属于下列关系中的（　　）。

A. 强相关　　B. 弱相关　　C. 不相关　　D. 曲线相关

二、判断题

1. 弱相关说明影响因素较多，还应找其他影响质量的因素。(　　)

2. 做相关图时，数据收集的越多越好。(　　)

3. 相关图适用于计数值数据。(　　)

子任务4　应用直方图判断生产过程的稳定性

任务要求

1. 陈述直方图的概念和作用。
2. 确定直方图的作图步骤。
3. 能应用直方图判断生产过程的稳定性。

2.1.2.4　直方图

知识准备

一、直方图的概念

直方图又称频数分布图，是整理数据、描写质量特性数据分布状态的常用工具。直方图是从总体中随机抽取样本，将从样本中获得的数据进行整理后，用一系列宽度相等、高度不等的矩形表示数据分布的图。

二、直方图的作图方法

（一）收集直方图的质量数据

画直方图需要收集大量准确的质量特性数据，怎样取得这些数据，需要收集多少个数据都是需要明确的。

那么，做直方图采用多大的样本为宜呢？一般来说，应该取得30~250个样本。在实际应用中，企业多采用50个，这对大多数工业频数分布的分析是足够可靠了。在个别情况下，当收集数据的成本很低或需做准确分析时，可采用100个或更多个。

（二）直方图的制作

画直方图时，首先要整理收集的质量特性数据，把相近的值分在同一组里，再统计各组各有几个数据数，这称为频数；然后在横坐标上标出分组点，纵坐标对应为频数，以组距为底边，画出高度为频数的矩形，便得到一张直方图。下面以具体案例来说明直方图的作图步骤。

【例题】市场销售的带有包装的产品所给出的标称质量，法律规定其实际质量只允许比标称质量多而不允许少。而为了降低成本，灌装量又不能超出标称质量太多。某植物油生产厂使用灌装机，灌装标称质量为5000g的瓶装色拉油，要求溢出量为0~50g。现应用直方图对灌装过程进行分析。

【解析】

1. 收集数据

作直方图要求收集的数据，一般为50个以上，最少不得少于30个，本例收集

100 个数据，列于表 2-6。

表 2-6　溢出量数据表　　单位：g

43	40	28	28	27	28	26	12	33	30
34	42	22	32	30	34	29	20	22	28
24	29	29	18	35	21	36	46	30	14
28	28	32	28	22	20	25	38	36	12
38	30	36	20	21	24	20	35	26	20
29	31	18	30	24	26	32	28	14	47
24	34	22	20	28	24	48	27	1	24
34	10	14	21	42	22	38	34	6	22
39	32	24	19	18	30	28	28	16	19
20	28	18	24	8	24	12	32	37	40

2. 计算数据的极差

极差反映了样本数据的分布范围，在直方图应用中，极差的计算用于确定分组范围。通过查表 2-5 可知，最大值（X_{max}）为 48，最小值（X_{min}）为 1，代入计算极差（R）可得：

$$R = X_{max} - X_{min} = 48 - 1 = 47\text{g}$$

3. 确定组距

先确定直方图的组数，然后以此组数去除极差，可得直方图每组的宽度，即组距（h）。

组数（k）的确定要适当，组数太少会掩盖各组内的变化情况，引起较大的计算误差，组数太多则会造成各组的高度参差不齐，影响数据分布规律的明显性，反而难以看清分布的状况，而且计算工作量大。组数的确定要适当，组数 k 的确定见表 2-7。

表 2-7　组数选用表

样本量（n）/个	推荐组数（k）/组	常用组数/组
50~100	6~10	10
100~250	7~12	
250 以上	10~20	

该例取：$k = 10$。

$$h = R/k = 47/10 = 4.7 \approx 5$$

组距一般取测量单位的整数倍，以便分组。

4. 确定各组的边界值

为避免出现数据在组的边界上，并保证数据中最大值和最小值包括在组内。组的边界值单位应取为最小测量值减去最小测量单位的一半作为第 1 组的下界限之后再按所计算的组距推算各组的分组界限。

本例中第 1 组下界限 X_{min}-最小测量单位/2=1-1/2=0.5。

第 1 组上界限与第 1 组下界限加组距：0.5+5=5.5。

第 2 组下界限与第 1 组上界限相同：5.5。

第 2 组上界限与第 2 组下界限加组距：5.5+5=10.5……其他以此类推，即第 2 组的下界限就是第 1 组的上界限值，第 1 组的上界限值加上组距是第 2 组的上界限值。照此类推，定出各组的组界。

5. 编制频数分布表

填入组顺序号及上述已计算好的组界，计算各组组中值并填入表中。各组的组中值为：$X_{中}$=（上界限值+下界限值）/2。

本例中第 1 组的组中值为（0.5+5.5）/2=3。

实际上组的组中值加上组距就是下一组的组中值。

统计各组频数，将其填写在频数统计表里。频率为统计频数与总数据量的比值，具体情况见表 2-8。

表 2-8　溢出量频数统计表

组号	组界	组中值	频数统计	频率
1	0.5~5.5	3	1	0.01
2	5.5~10.5	8	3	0.03
3	10.5~15.5	13	6	0.06
4	15.5~20.5	18	14	0.14
5	20.5~25.5	23	19	0.19
6	25.5~30.5	28	27	0.27
7	30.5~35.5	33	14	0.14
8	35.5~40.5	38	10	0.10
9	40.5~45.5	43	3	0.03
10	45.5~50.5	48	3	0.03
合计			100	1.00

6. 画直方图

（1）建立平面直角坐标系　先画纵坐标，再画横坐标。纵坐标表示频数，定纵坐标刻度时，考虑的原则是把频数中最大值定在适当的高度。本例中频数最大为 27，可以将适当高度定为 30，原点为 0，均匀标出中间各值。

横坐标表示质量特性值。定横坐标刻度时要同时考虑最大、最小值及规格范围（公差）都应含在坐标值内。本例中 $X_{max}=48$，$X_{min}=1$，规定下限 T_L 为 0，上线 T_U 为 50，因而坐标值范围应包括从 0~50g。

（2）画直方图　以组距为底、各组的频数为高，分别画出所有各组的长方形，即构成直方图。其中矩形的宽度表示数据范围的间隔，矩形的高度表示在给定间隔内的数据频数。

（3）标记　在图上标图名，记入搜集数据的时间和其他必要的记录。总频数 n、统计特征 $\overline{X}$ 值与标准差 S 是直方图的重要数据，一定要标出。在直方图上还可以标出公差范围、规格上限、规格下限、样本量、样本平均值、样本标准差和样本平均值的位置等。具体见图 2-11。

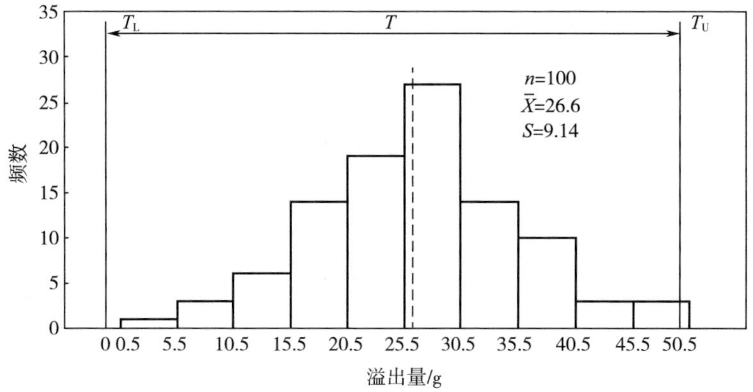

图 2-11　植物油溢出量直方图

（三）直方图的作用

直方图时在生产中是经常使用、简便易行且能发挥很大效果的统计方法，其主要作用是：

（1）比较直观地反映出质量特性分布状态，便于及时掌握质量分布状况，判断一批已加工完毕的产品的质量。

（2）验证产品质量的稳定性。

（3）考查工序能力，估算生产过程不合格品率，了解工序能力对产品质量的保证情况。

（4）从统计角度鉴定产品质量特性分布类型，以便针对不同分布进行管理。

（四）绘制直方图的注意事项

（1）确定组数要恰当。画直方图确定的组数可以不同，即对一批数据来说，组数可以不是同一个值，如在上面的例题中，确定的组数是 10 组，如果分成 9 组也是可以的，但组数虽然不是唯一确定的，也是有一定标准的。一般样本数与分组数有表 2-7 对应关系。分组是否恰当，直接影响直方图的观察分析。当分组数太少时，会掩盖各组内数据的变动情况；当分组数太多时，会使各组数据量的多少差别悬殊，有时还可能使其中一组无数据，因而看不出分布的规律。

（2）确定组界时，注意要比数据值精确一个小数点，必要时可在算出的组界上加上或减去 0.5，这样做的目的是使每个数据都能准确归组。

（3）直方图的比例尺寸一般是：频数最多的组的高度与尺寸范围，即横坐标宽的比例为 1∶1（或 0.6∶1）为好，否则画出的频数直方图会出现太“胖”或太“瘦”的现象，在对直方图分析时容易发生误解。

（4）完整的直方图不可缺少的必要的标注。在直方图的左上方或右上方要标上样本数 n，平均值 $\overline{X}$ 和标准差 S。

三、直方图的观察分析

2.1.2.5 直方图的观察分析

直方图反映一个数列的各个数值出现的频数演变情况，以便形象地表示被观察数值的特征和分布状态，它是质量管理的统计控制方法之一。这种方法比较简单直观，图像化地帮助人们分析判断总体的变化。一个有经验的质量管理人员，往往可以凭借经验，通过对直方图的直接观察来判断质量变化状况和生产过程是否稳定，并预测生产过程的不合格品率。

（一）对图形形状的观察分析

对直方图形状的分析，是为了考察分布状态，看分布状态是否正常，如不正常，则判断其不正常的类型原因。

1. 正常型

正常型直方图只有一个高峰，高峰的两边，基本上对称且快而单调地下降，如图 2-12 所示。此时可判定工序运行正常，处于稳定状态。

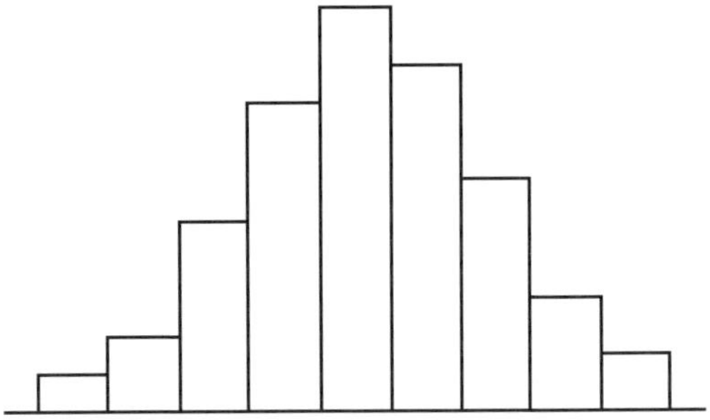

图 2-12　正常型直方图

2. 锯齿型

这种图形的形成，大都由于分组不当或者是因为测量方法或读数有问题引起的，如图 2-13 所示。

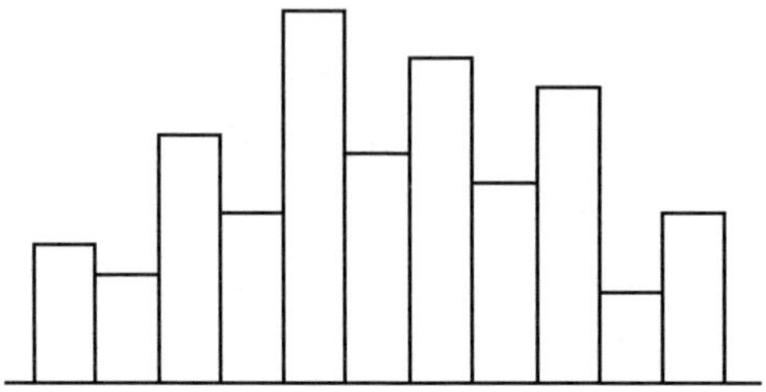

图 2-13 锯齿型直方图

3. 偏向型

直方图的高峰偏向一端分布，如图 2-14 所示。此时有两种情况：一种是数据本身就遵从这种分布，如百分比数据就是如此；另一种是由于加工习惯造成的，由于加工者想留有余量，便于返修，所以孔加工习惯造成的特性值分布常呈左偏型；轴加工习惯造成的特性值分布常呈右偏型。

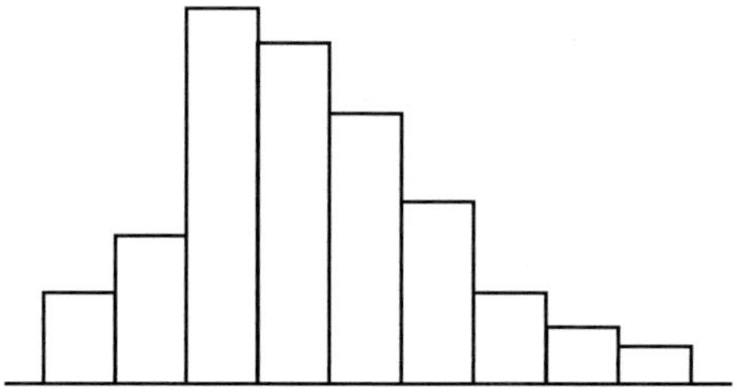

图 2-14 偏向型直方图

4. 双峰型

在分布中心附近频数少，左右形成峰状，如图 2-15 所示。

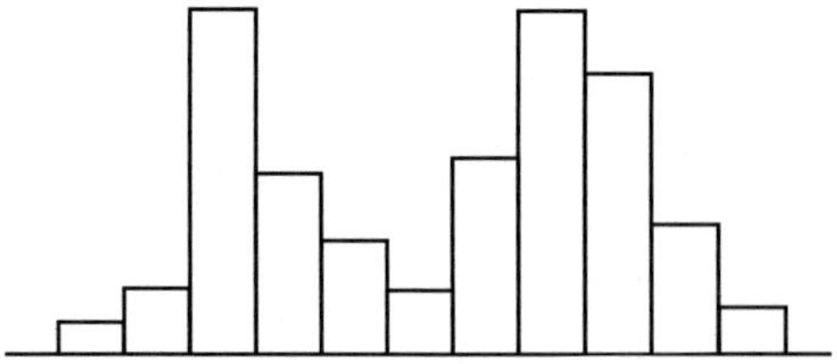

图 2-15 双峰型直方图

这是平均值不同的两个分布混在一起时出现的情况。这种情况由于数据来自不同的总体，如来自两个工人（或两批材料、或两台设备）生产出来的产品混在一起造成的。

5. 孤岛型

在直方图旁边有孤立的小直方图出现，如图 2-16 所示。

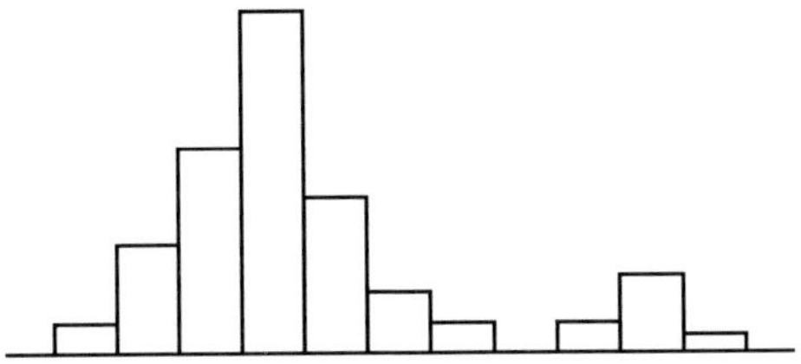

图 2-16　孤岛型直方图

这说明出现了某种检验错误，或生产过程有某种异常。这是由于测量工具有误差、原材料一时的变化、刀具严重磨损、短时间内有不熟练工人替岗、操作疏忽、混入规格不同的产品等造成的。

6. 平顶型

直方图没有突出的峰顶，呈平顶型，如图 2-17 所示。此时有三种情况：一个是多个总体混在一起；二是由于生产过程中某种缓慢的倾向在起作用，如工具的磨损、操作者的疲劳等影响；三是质量指标在某个区间中均匀分布。

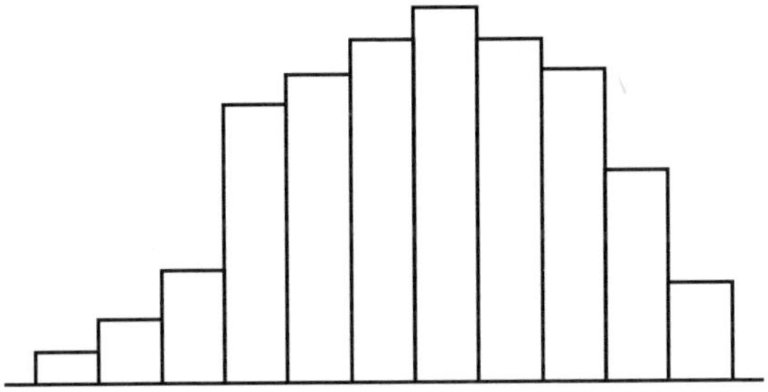

图 2-17　平顶型直方图

（二）直方图与公差限的比较

以上各种类型的直方图，除了正常型之外，其余的都属于异常性直方图。对于异常性直方图，应当进一步利用其他质量管理的方法分析异常的原因。对于正常型直方图，则应标上质量标准的公差限，进一步比较分析，看看质量是否满足标准要求，即判断过程满足规范要求（标准要求）的程度。

设质量标准规格上线为 T_U，下限为 T_L，则规格范围（又称公差限）$T=[T_U, T_L]$，则公差限中心 $M=[T_U+T_L]/2$。

质量特性观测数据中最大值为 L，最小值为 S，数据范围为 $B=[S, L]$，观测的质量数据分布中心为 $\overline{X}=(L+S)/2$。

直方图与公差限 T 比较，其结果分为以下几种形式。

1. 理想型

图形对称分布，且两边有一定余量，且分布中心 $\bar{X}$ 与公差中心 M 重合，见图 2-18。此时产品全部合格，工序处于稳定管理状态。

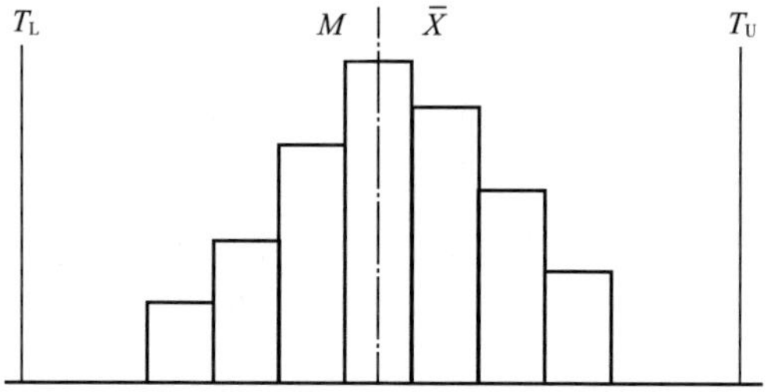

图 2-18　理想型直方图

2. 偏心型

见图 2-19，此时必须调整分布中心，$\bar{X}$ 使分布中心 $\bar{X}$ 与公差中心 M 重合。

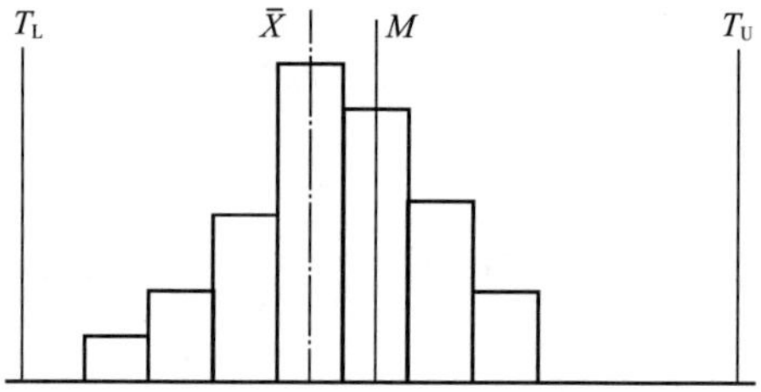

图 2-19　偏心型直方图

3. 无富裕型

直方图能满足公差要求，但不充分。由于数据的分布较分散，已出现少量废品，见图 2-20。此时如果工序状态稍有变化，就会出现大量的不合格品。这种情况下，应考虑采取措施，减少波动。

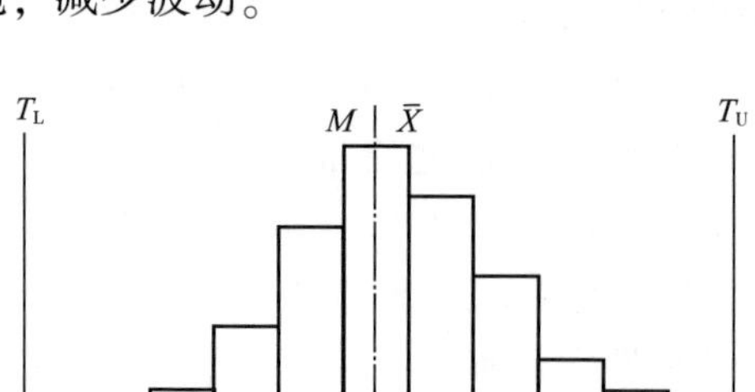

图 2-20　无富裕型直方图

4. 能力富裕型

工序能力出现过剩，经济性差，见图 2-21。可考虑改变工艺，适当放宽加工精度或减少检验频次，以降低成本。

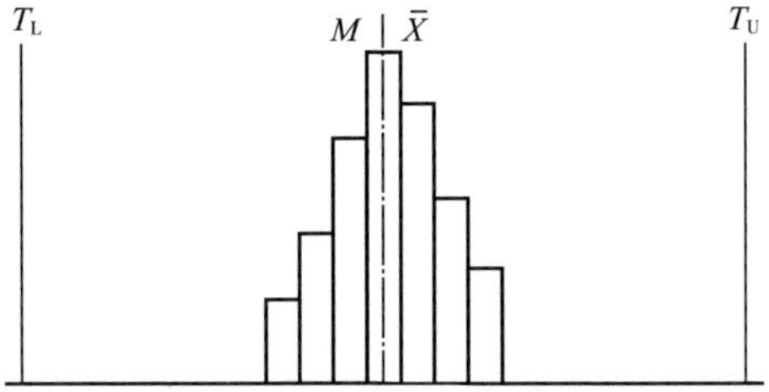

图 2-21　能力富裕型直方图

5. 能力不足型

由于数据过于分散，双侧超出公差界限，已出现大量不合格品，见图 2-22。应多方面采取措施，减少标准差 S 或放宽过严的公差范围，缩小质量波动。

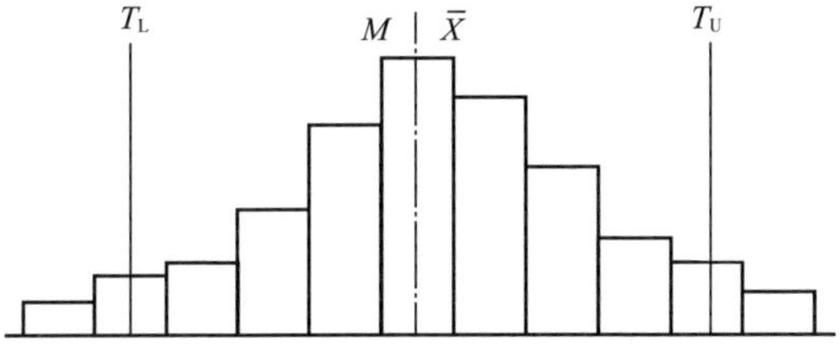

图 2-22　能力不足型直方图

事实上，在对直方图进行分析时，对于非正常的图形多少有些参差不齐不必太注意，而应着眼于整个图形的形状。在工业上应用统计方法，重要的是所用的数据是否精确。即使所用数据是正确的，它所代表的情况也会随着时间的推移而有所改变。因此，质量分布的数学分析大部分作为工业生产的指导，而绝非精确的、最终的计算。

课堂讨论：

直方图在食品企业生产中有什么实际应用意义？

四、过程能力指数（工序能力指数）

（一）相关概念

（1）工序　是产品制造过程的基本环节、生产过程的基本单位、质量检验的基本环节。生产工艺流程即由众多的工序构成。

（2）过程能力（B） 也称工序能力，是指一定时间内处于稳定状态下工序实际加工能力，用波动幅度 6σ 表征（图 2-23），即 $B=6\sigma$。

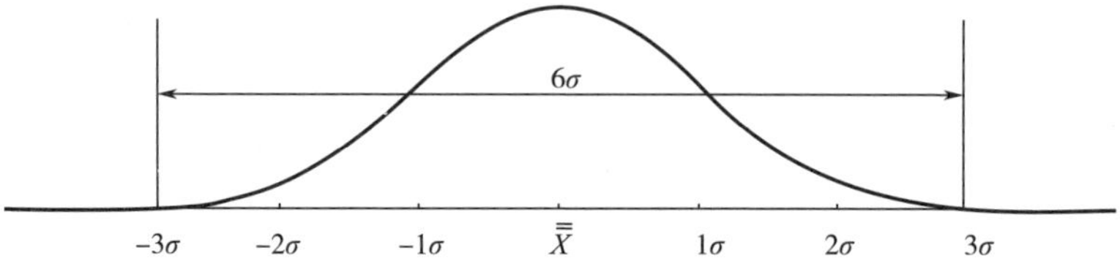

图 2-23 过程能力

（3）技术要求（T） 质量特性值的允许波动范围，用公差范围来表示，$T = T_U - T_L$，如图 2-24 所示。

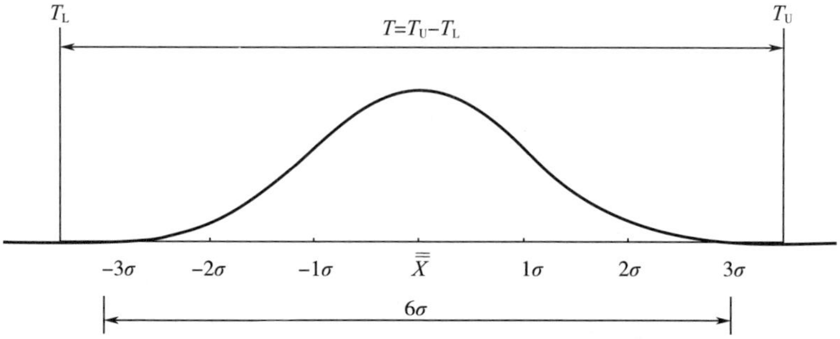

图 2-24 公差范围

（4）过程能力指数（PCI） 也称工序能力指数（Cp），是指产品公差范围（T）与过程能力（B）之比，即 $PCI=T/B$。

（二）计算

1. 符号说明

① $\overline{X}$：质量数据分布中心。

② T：公差范围 $T = T_U - T_L$。

③ M：公差中心 $M = \dfrac{T_U + T_L}{2}$。

④ ε：质量数据分布中心与公差中心的中心偏移量 $\varepsilon = |M - \overline{X}|$。

⑤ S：表征了工序加工的质量特性值分散程度，可作为 σ 的估计值，即 $\sigma \approx S$。

2. 计算公式

①当给定双向公差、质量数据分布中心与公差中心不一致时：$PCI = \dfrac{T - 2\varepsilon}{6S}$。

②当给定双向公差、质量数据分布中心与公差中心相一致时：$PCI = \dfrac{T}{6S} =$

$\frac{T_U - T_L}{6S}$。

③当只给定给定公差上限，如有毒物质或重金属含量：$PCI = \frac{T_U - \overline{X}}{3S}$。

④当只给定给定公差下限，如产品某种成分含量不能低于多少：$PCI = \frac{\overline{X} - T_L}{3S}$。

3. 范例

【例题 1】强化面包中，某营养素加入量的标准要求是每 100g 加（2±0.2）g，测得样本平均值=2.05g，标准差 S=0.05。计算过程能力指数。

【解析】

$$PCI = \frac{(T_U - T_L) - 2\varepsilon}{6S} = \frac{(2.2 - 1.8) - 2 \times |2.05 - 2.00|}{6 \times 0.05} = 1$$

【例题 2】某产品含某一杂质要求最高不能超过 12.2mg，样本标准差 S 为 0.038，样本平均值为 12.1，求过程能力指数。

【解析】

$$PCI = \frac{T_U - \overline{X}}{3S} = \frac{12.2 - 12.1}{3 \times 0.038} = 0.877$$

（三）评定分级

根据 PCL 的数值评价生产过程能力，具体见表 2-9。

表 2-9 过程能力指数的评价标准

PCI	等级	评价	应采取的行动
PCI≥1.67	特级	过程能力过高	允许较大外来波动；改用经济型设备
1.67>*PCI*≥1.33	一级	过程能力足够	允许一定的外来波动 简化检验工作
1.33>*PCI*≥1	二级	过程能力尚可，可能发生不合格品	须用控制图加强管理
1>*PCI*≥0.67	三级	过程能力不足	对产品进行全检
0.67>*PCI*	四级	加工能力严重不足	停止生产，追查原因并加以改进；如果是质量标准过高，则修正标准

通常取 *PCI*=1.33 为最小可接收值。

（四）提高过程能力指数的途径

（1）调整工序加工的分布中心，减少偏移量 ε。

（2）提高过程能力，减少分散程度 σ。

（3）调整质量标准（公差范围 T）。

课堂讨论：

根据前面两道例题的过程能力指数的判断结果，评价一下工序生产能力，并应采取哪些相应的措施？

任务实施

应用直方图进行判断生产是否处于稳态

目的：

通过任务训练掌握直方图的应用做步骤，会应用直方图对生产过程的情况进行判定，并培养用事实和数据说话的质量管理意识。

要求：

学生根据直方图的学习内容，独立完成此次任务。

任务内容：

1. 某食品企业，针对某质量参数［要求（35±5）g］随机抽取 100 个质量数据，数据见表 2-10。

表 2-10　××质量数据表　　单位：g

37	38	34	39	38	35	32	33	30	36
39	29	36	41	30	40	31	33	41	35
35	39	36	36	30	35	32	33	35	34
32	40	37	35	34	37	38	36	35	37
35	35	33	36	38	39	37	34	31	35

（1）计算平均值和标准差。

（2）画出直方图。

（3）根据直方图形状判断生产过程是否稳定。

（4）判断过程能力情况。

2. 了解送到顾客餐桌上咖啡的温度应如何用直方图法分析。要求温度在 55~60℃。

巩固与提高

一、单选题

1. 下列哪种直方图可以判断出现了不合格品（　　）。

A. 理想型直方图　　B. 能力富裕型直方图

C. 能力不足型直方图　　　　D. 偏心型直方图

2. 对直方图形状的分析，是为了考察分布状态，看分布状态是否正常，下面（　　）直方图可以说明生产过程稳定，处于受控状态。

A. 正常型　　B. 锯齿型　　C. 平顶型　　D. 孤岛型

3. 关于直方图描述正确的是（　　）。

A. 离岛型：主要是特定方法有某种偏差，或分组过多或测量读数错误

B. 绝壁型：一端切掉的分配状态，制程能力不足，进行了全数检验（人为将不合格品稍微修改使其合格等）

C. 锯齿型：原料或制程发生异常时的分配状态（立即对策）

D. 偏锋型：异质的集团（型体）混合在一起（如两台机器，两个作业员）

4. 关于过程能力指数表述正确的是（　　）。

A. $PCI \geq 1.67$，过程能力充分，表示技术管理能力已经很好，应继续维持

B. $1.33 > PCI \geq 1$，过程能力不足，表示技术管理能力已经很差，应采取措施立即改善

C. $0.67 > PCI$，过程能力严重不足，表示应采取紧急措施和全数检验，必要时进行停工检查

D. $1.67 > PCI \geq 1.33$，过程能力过高（应视具体情况而定，有可能导致材料的浪费）

5. 当产品质量特性分布的均值与公差中心不重合时，（　　）。

A. 不合格品率增大，过程能力指数不变

B. 不合格品率增大，过程能力指数增大

C. 不合格品率增大，过程能力指数减小

D. 不合格品率不变，过程能力指数减小

6. 若 $1 > PCI \geq 0.67$，对重要质量特性而言，则可判断工序能力（　　）。

A. 不足　　B. 尚可　　C. 充足　　D. 过剩

7. 显示产品质量波动分布状态可采用（　　）。

A. 直方图　　B. 排列图　　C. 因果图　　D. 相关图

8. 在直方图出现孤岛时，可能是由于（　　）。

A. 加工习惯　　　　B. 测量工具有误

C. 分组过多　　　　D. 数据来自两个整体

9. 在画直方图时，组距的计算 $C=P/K$，结果计算结果为 $C=4.38$ 时，我们一般取 $C=$（　　）。

A. 4　　B. 5　　C. 6　　D. 7

二、多选题

1. 以下是做直方图必须标注的内容有（　　）。

A. 样本量　　　　B. 样本平均值

C. 样本标准差　　　　　　　　D. 样本标准方差

2. 制作直方图要确定以下哪些数据（　　）。

A. 计算数据极差　B. 计算组距　C. 确定组数　　D. 确定各组边界值

三、判断题

1. 直方图的分布中心 $\overline{X}$ 与公差中心 M 一定是重合。（　　）

2. 无富裕型直方图能满足公差要求，不必采取措施。（　　）

3. 工序能力指数可以定量表示为：$B=6\sigma$。（　　）

4. 6σ 越大，表明工序能力越大。（　　）

子任务5　应用调查表进行统计

任务要求

1. 陈述调查表的概念和作用。
2. 确定调查表的种类。
3. 能在实际工作中应用调查表。

2.1.2.6　调查表

知识准备

一、调查表的概念和作用

调查表又称检查表、核对表、统计分析表，是利用统计图进行数据整理和粗略的原因分析的一种工具，在应用时，可根据调查项目和质量特性采用不同格式。由于它简便易用，直观清晰，所以在质量管理活动中得到广泛的应用。

检查表是用来检查有关项目的表格，具有以下优点：①收集、积累数据比较容易；②数据使用、处理起来也比较方便；③可对数据进行粗略的整理和分析。

小贴士

调查表和其他质量管理工具的很大差别在于：调查表需要根据调查内容事先设计出表格，这也是QC七大工具中唯一一个需要先做出的表格。

二、调查表的种类

调查表的形式多种多样，根据需要调查的项目不同而采用不同格式，常用的调查表有不合格品项目调查表、缺陷位置调查表、质量分布调查表、矩阵调查表等。

1. 工序分布调查表

工序分布调查表又称质量分布检查表，是对计量值数据进行现场调查的有效工具。质量分布调查表是通过对现场抽查质量数据的加工整理，找出其分布规律，从而判断整个生产过程是否正常。具体是根据以往的资料，将某一质量特性项目的数据分布范围分为若干区间而制成的表格，用以记录和统计每一质量特性数据落在某一区间的频数（表 2-11）。从表格形式看，质量分布调查表与直方图的频数分布表相似。所不同的是，质量分布调查表的区间范围是根据以往资料，首先划分区间范围，然后制成表格，以供现场调查记录数据；而频数分布表则是首先收集数据，再适当划分区间，然后制成图表，以供分析现场质量分布状况之用。

表 2-11　产品质量实测值分布调查表

产品名称：糖水菠萝罐头　生产线：A　调查者：张三　日期：20××-××-××								
质量/g	频数							小计
	5	10	15	20	25	30	35	
495.5~500.5								
500.5~505.5	/							1
505.5~510.5	//							2
510.5~515.5	/////	///						8
515.5~520.5	/////	/////						10
520.5~525.5	/////	/////	/////	/////	/			21
525.5~530.5	/////	/////	/////	/////	/////	////		29
530.5~535.5	/////	/////	/////					15
535.5~540.5	/////	///						8
540.5~545.5	////							4
545.5~550.5	//							2
550.5~555.5								
合计								100

注：样品随机抽取并称重，根据称重结果在相应的质量区间画“/”表示 1 个样品在此质量区间，“//”表示 2 个样品在此质量区间，以此类推。

2. 不合格项调查表

不合格品项目调查表主要用来调查生产现场不合格项目频数和不合格品率，以便继而用于排列图等分析研究。

表 2-12 是某食品企业在某月玻璃瓶装酱油抽样检验中外观不合格项目调查记

录表。从外观不合格项目的频次可以看出，标签歪和标签擦伤的问题较为突出，说明贴标机工作不正常，需要调整、修理。

表 2-12　玻璃瓶装酱油外观不合格项目调查表

调查者：李四				地点：包装车间				日期：　年　月			
批次	产品规格	批量/箱	抽样数/瓶	不合格品数/瓶	不合格品率/%	外观不合格项目					
						封口不严	液高不符	标签歪	标签擦伤	沉淀	批号模糊
1	生抽	100	50	1	2			1	1		
2	生抽	100	50	0	0						
3	生抽	100	50	2	4			2	1		
4	生抽	100	50	0	0						
…											
250	生抽	100	50	1	2		1		1		
合计		25000	12500	175	1.4	5	10	75	65	10	10

3. 不合格位置调查表

某些产品的外观质量是考核的指标之一，外观的缺陷可能发生在不同的位置，且有多种类型。不合格位置调查表又称缺陷位置调查表，就是先画出产品平面示意图，把画面划分成若干小区域，并规定不同外观质量缺陷的表示符号。

调查时，按照产品的缺陷位置在平面图的相应小区域内打记号，最后统计记号，可以得出某一缺陷比较集中在哪一个部位上的规律，这就能为进一步调查或找出解决办法提供可靠的依据。

现以某企业对乳粉包装袋的印刷质量缺陷位置调查为例说明，具体情况见表 2-13。调查结果表明色斑最严重，而且集中在 E、F、H 区；条状纹其次，主要集中在 A 区；排在第三位的是套色错误，集中在 B、C、D 区。接下去就可以用因果图首先对色斑问题进行分析，找出原因，制订改进措施；然后依次对条状纹和套色错误进行分析。

表 2-13　乳粉包装袋印刷质量缺陷位置调查表

品名	工序	调查目的
乳粉包装袋	印刷	彩印质量
检查起止日期	检查者	检查件数
3 月 10—20 日	×××	500 件

续表

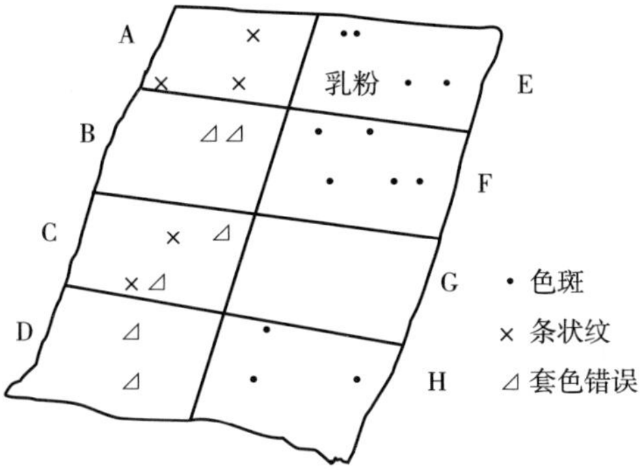

区域		A	B	C	D	E	F	G	H	合计
缺陷	色斑					34	40		20	94
	条状纹	30		7						37
	套色错误		16	12	7					35

4. 矩阵调查表

矩阵调查表，又称不合格原因调查表，是一种多因素调查表，它要求把生产问题的对应因素分别排列成行和列，在其交叉点上标出调查到的各种缺陷和问题以及数量。这种方法是通过多元思考，明确解决问题的方法，它主要用来寻找新产品开发方案、分析产生不合格原因等。矩阵图有多种形式，下面见具体案例：表2-14是某饮料厂PET瓶生产车间对两台注塑机生产的PET瓶制品的外观质量的调查表。

表 2-14　PET 瓶外观不合格原因调查表

设备	操作者	2月1日		2月2日		2月3日		2月4日		2月5日	
		上午	下午	上午	下午	上午	下午	上午	下午	上午	下午
1号	A	○○ ●	○× ×□	○× ●	○○ ×□	○○ ●○ ○○ ×	○○ ○○ ×○	○○ ××	○× □	○× △△	×● □
	B	○● ××	○○ ●× ×	×× ●△	○× ×	○○ ○○ ○○ ●× ×	○○ ○○ ○○ ●×	○● ●○ ××	○○ ●● ×× △	○○ ●×	○× ×× ○

续表

设备	操作者	2月1日		2月2日		2月3日		2月4日		2月5日	
		上午	下午	上午	下午	上午	下午	上午	下午	上午	下午
2号	A	○×	□	○×	●	○○ ○○ ○×	○○ ○○ ×	○△	○● ×	○	○
	B	○□	○● ×	○	○△	○○ ○× □	○○ ○○	○● □	○×	○	○

注：○气孔；△裂纹；×变形；●疵点；□其他。

从表2-14中可以看出：1号机发生的外观质量缺陷较多，操作工B生产出的产品不合格最多。对原因进行分析表明，1号注塑机维护保养较差，而且操作工B不按规定及时更换模具。从2月3日两台注塑机所生产的产品的外观看质量缺陷都比较多，而且气孔缺陷尤为严重，经调查分析是当天的原料湿度较大所致。

课堂讨论：

1. 上述调查表中，哪些可用于生产现场调查，哪些是事后调查用？它们各自有什么应用？

2. 在实际生产中，能否凭借感觉说哪个操作工好或者不好？如果想判断操作工的能力时，应该怎样做？

任务实施

应用调查表进行调查

目的：

通过任务训练掌握调查表的情况，会对数据进行初步整理与分析，并培养用事实和数据说话的质量管理意识。

要求：

学生根据调查表的学习内容，以小组为单位进行学习并讨论，完成任务内容。

任务内容：

1. 请根据调查表的学习内容，进行讨论并总结各个类型的调查表并填写于表2-15。

表 2-15　调查表的分析比较表

调查表名称	应用	特点
工序分布调查表		
不合格项调查表		
不合格位置调查表		
矩阵调查表		

2. 某食品企业生产糖水水果罐头，其杀菌温度要求控制在 (95±3)℃，现在想对杀菌这一工序的能力进行调查，请你设计一份杀菌温度的调查表。

3. 应用不合格项调查表，请自行查找 4 份食品包装，对食品包装材料进行调查并填写在表 2-16 中。

表 2-16　食品包装材料缺陷调查表

包装名称	规格	包装材质	是否存在缺陷	缺陷数	备注 （几种缺陷）

根据上面的调查情况，选择缺陷最多的一种包装材料，画出不合格位置调查表。

小贴士

在应用调查表进行调查取证时，可以几个调查表同时应用。

巩固与提高

一、单选题

1. 能够用来对数据进行粗略整理和收集的是（　　）。

A. 因果图　　B. 调查表　　C. 相关图　　D. 排列图

2. 不合格品项目调查表主要用来调查生产现场不合格项目频数和不合格品率，以便继而用于（　　）等分析研究。

A. 因果图　　B. 调查表　　C. 相关图　　D. 排列图

3.（　　）是通过对现场抽查质量数据的加工整理，找出其分布规律，从而判断整个生产过程是否正常。

A. 矩阵调查表　　B. 不合格项调查表

C. 缺陷调查表　　D. 质量分布调查表

4. 检查表主要应用于（　　）。

A. 数据采集　　B. 数据整理与分析　　C. 过程分析　　D. 原因分析

二、判断题

1. 质量分布调查表与直方图的频数分布表相同。（　　）

2. 可以先用缺陷调查表进行调查最主要的缺陷，接下来就可以用因果图首先对色斑问题进行分析，找出原因，制订改进措施。（　　）

三、单项实训

某生产饮料企业，张三和李四同时进厂，同时操作同一灌装工序，但张三操作 A 设备，李四操作 B 设备，经过对张三和李四连续一周的不合格调查，发现张三出现 4 次不合格，李四出现 3 次不合格，能否认定李四的操作水平高于张三，为什么？

子任务 6　应用分层法进行分析

任务要求

1. 陈述分层法的概念和分层方法。
2. 能应用分层法对各种因素进行正确分层和分析。

2.1.2.7　分层法

知识准备

一、分层法的概念和分层方法

分层法又称分类法、分组法，是分析影响质量（或其他问题）原因的一种方法。它是把搜集到的质量数据依照使用目的，按其性质、来源和影响因素等进行分类，把性质相同、在同一生产条件下收集到的质量特性数据归在一组，把划分的组称作“层”，通过数据分层，把错综复杂的质量数据加以归类汇总，使之更能确切地反映客观事实，以便采取措施加以解决。

数据分层与收集数据的目的性紧密相连，目的不同，分层的方法和粗细程度也不同。另外，还与对生产情况掌握的程度有关，如果对生产过程的了解甚少，分层就比较困难。所以，分层要结合生产实际情况进行。分层法经常同质量管理中的其他方法一起使用，可将数据分层后再进行加工、整理成分层排列图、分层直方图、分层控制图和分层相关图等。

在实际工作中，能够收集到许多反映质量特性的数据，如果只是简单地把这些数据放在一起，是很难从中看出问题的；而通过分层，把收集来的数据按不同的目的和要求加以分类，把性质相同，在同一生产条件下收集的数据归在一起，就可以使杂乱无章的数据和错综复杂的因素系统化和条理化，使数据所反映的问题明显、突出，便于抓住主要问题并找出对策，一般按5M1E行分层。

二、分层法应用案例

某食品厂的糖水水果旋盖玻璃罐头经常发生漏气，造成产品发酵、变质。经抽检100罐产品后发现，一是由于A、B、C三台封罐机的生产厂家不同（表2-17）；二是所使用的罐盖是由2个制造厂提供的（表2-18）。在用分层法分析漏气原因时采用按封罐机生产厂家分层和按罐盖生产厂家分层两种情况。

表2-17　按封罐机生产厂家分层

封罐机生产厂家	漏气/罐	不漏气/罐	漏气率/%
A	12	26	32
B	6	18	25
C	20	18	53
合计	38	62	38

表2-18　按罐盖生产厂家分层

罐盖生产厂家	漏气/罐	不漏气/罐	漏气率/%
一厂	18	28	39
二厂	20	34	37
合计	38	62	38

由表2-17可知，为降低漏气率，应采用B厂的封罐机。由表2-18可知，为

降低漏气率，应采用二厂的封罐机。但事实并非如此，同时采用 B 厂的封罐机，选用二厂的罐盖，漏气率不但没有降低，反而由原来的 38%增加到 43%。这样的简单分层是有问题的。

因此，运用分层法时，不宜简单地按单一因素分层，必须考虑各因素的综合影响效果。由表 2-19 可知，正确的方法应该是：①当采用一厂生产的罐盖时，应采用 B 厂的封罐机。②当采用二厂生产的罐盖时，应采用 A 厂的封罐机。这时它们的漏气率平均为 0。

表 2-19　多因素分层法

封罐机生产厂家	漏气情况	罐盖生产厂家		合计
		一厂	二厂	
A	漏气/罐	12	0	12
	不漏气/罐	4	22	26
B	漏气/罐	0	6	6
	不漏气/罐	10	8	18
C	漏气/罐	6	14	20
	不漏气/罐	14	4	18
小计	漏气/罐	18	20	38
	不漏气/罐	28	34	62
合计		46	54	100

在分析时，要特别注意各原因之间是否存在着相互影响，有无内在联系，严防不同分层方法的结论混为一谈。

分层法必须根据所研究问题的目的加以灵活运用。事实上，分层法被广泛应用于工业企业和商业、事业单位和服务行业等。实践证明，分层法是分析处理质量问题成败的关键，使用时必须具有一定的经验和技巧才能分好层。

课堂讨论：

多因素分层法和矩阵调查表都强调了对多种因素同时考虑，讨论一下，这两种工具有什么区别？

任务实施

应用分层法进行分析

目的：

通过任务训练对各种因素进行正确分层，会考虑多因素之间的联系并进行正确分层，培养用事实和数据说话的质量管理意识。

要求：

学生根据分层法的学习内容，以小组为单位进行学习并讨论，完成任务内容。

任务内容：

某食品生产企业有两条生产线设为A线、B线，每条生产线两班倒，A生产线上有甲、乙两个操作工，B生产线有丙、丁两个操作工，企业想对操作工的操作故障率进行分层调查，如何用分层法进行设计。

巩固与提高

一、单选题

1.（　　）通过数据分层，把错综复杂的质量数据加以归类汇总，使之更能确切地反映客观事实，以便采取措施加以解决。

A. 直方图　　B. 调查表　　C. 分层法　　D. 因果图

2. 分层法一般按5M1E行分层，下面不属于具体的分层方法的是（　　）。

A. 按不同的班组分　　B. 按使用设备分

C. 按原材料分　　D. 按季节分

二、判断题

1. 分层法经常同质量管理中的其他方法一起使用，可将数据分层后再进行加工、整理成分层排列图、分层直方图、分层控制图和分层相关图等。(　　)

2. 运用分层法时，不宜简单地按单一因素分层，必须考虑各因素的综合影响效果。(　　)

子任务7　应用控制图进行生产过程监控

任务要求

1. 陈述控制图的作用。
2. 确定控制图的原理、基本形式和种类。
3. 能应用控制图进行生产过程监控。

知识准备

控制图又称管理图、管制图、休哈特控制图，它是用于分析和判断工序是否处于控制状态所使用的带有控制界限的图。

控制图是通过图形的方法，显示生产过程随着时间变化的质量波动，并分析判断它是由于偶然性原因还是由于系统性原因所造成的质量波动，从而提醒人们及时作出正确的对策，消除系统性原因的影响，保持工序处于稳定状态而进行的动态控制的统计方法。

一、控制图的原理

当生产条件正常、生产过程处于控制状态时（生产过程只有偶然性原因起作用），产品总体的质量特性数据的分布一般服从正态分布规律。由正态分布的性质可以知道，质量指标值落在$\mu\pm3\sigma$范围内的概率约为99.73%，落在$\mu\pm3\sigma$以外的概率只有0.27%。按照小概率事件原理，在一次生产实践中超出落在$\mu\pm3\sigma$的范围的小概率事件几乎是不会发生的，若发生了，则说明工序已不稳定。也就是说，生产过程中一定有系统原因再起作用。这时提醒我们应追查原因，采取措施，使工序恢复到稳定（控制）状态。

利用控制图来判断工序是否稳定，实际是一种统计推断的方法。进行统计推断就会产生两类错误（图2-25）：

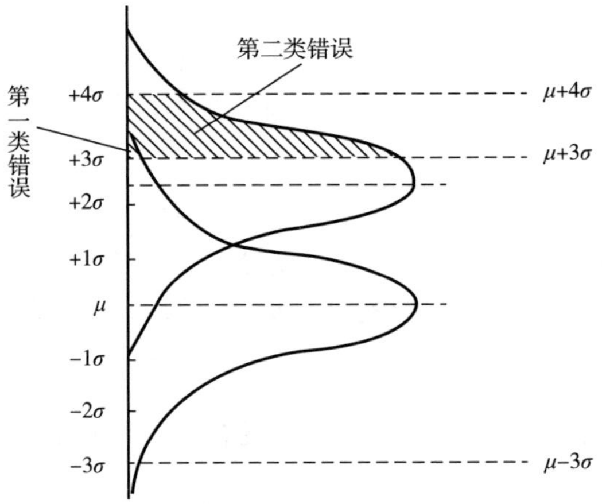

图2-25　控制图的两类错误

注：μ：平均值，表示分布中心；σ：标准差，表示分散程度。

第一类错误（记为α）：虚发警报。是将正常判为异常，因为落在$\pm3\sigma$的范围虽然只有0.27%，而落在一侧的概率只有0.135%，这个概率值虽然很小，但这类事件还不是绝对不可能发生，此时会出现实际过程没有失控而虚报失控的情况，这类错误发生的概率记为α。这种错误将造成虚惊一场、停机检查劳而无功、延误生产等损失。

第二类错误（记为β）：漏发警报。是将异常判为正常，及工序虽然已经存在系统性因素的影响，但因某种原因，质量波动并没有超过界限线，因此认为生产仍旧处于控制状态而没有采取相应的措施加以改进。这样由于“漏报警”而导致产生大量不合格品，因而给生产造成损失。

要完全避免这两种错误是不可能的，一种错误减少，另一种错误就要增大。但是可以设法把这两种错误造成的总损失降低到最低程度。也就是说，将两项损失之和是最小的地方取为控制界限之所在。以 $\mu\pm3\sigma$ 为控制界限，在实际生产中广泛应用时，两类错误造成的总损失为最小，3σ 方法确定的控制界限被认为是最经济合理的方法。因此，中国、美国、日本等世界大多数国家都采用这个方法，通常称为“3σ 原理”。“3σ 原理”（或称“千分之三法则”）反映的是两类错误是不可避免的，一般把控制范围定在平均值的$\pm3\sigma$。具体见图 2-26。

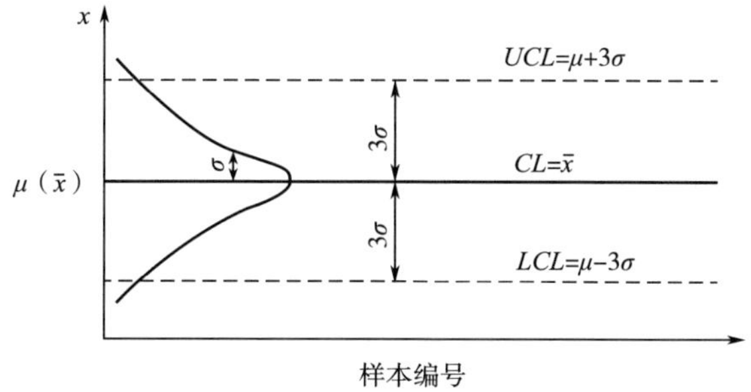

图 2-26　3σ 原理控制图

小贴士

美国、日本和我国等世界大多数国家都采用 $\mu\pm3\sigma$ 方式；而英国和北欧等少数国家采用所谓概率界限方式（即将控制界限定为 0.1%、0.25%、0.5%等整齐的数值）。实际上，这两种方式的实际结果相差无几。

二、控制图的基本形式

现在把带有 $\mu\pm3\sigma$ 线的正态分布曲线旋转一定的位置（即正态分布曲线向右旋转 90°），即得到了控制图的基本形式。再去掉正态分布的概率密度曲线，就得到了控制图的轮廓线。其演变过程如图 2-27 所示。

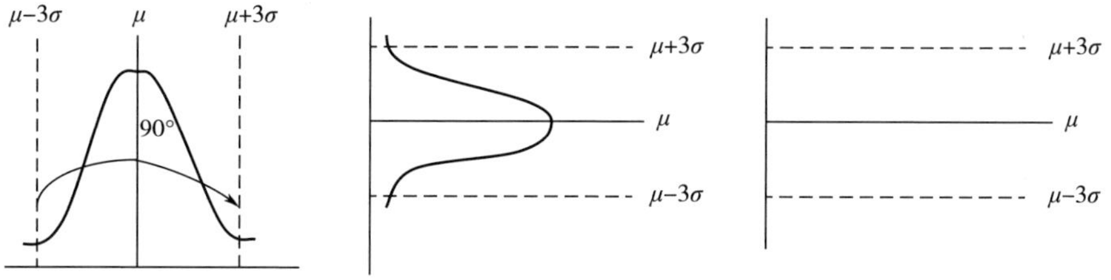

图 2-27　控制图轮廓线的演变过程

通常把上临界线（图中 $\mu+3\sigma$ 线）称为控制上界，记为 UCL（upper control limit），平均值（图中的 μ 线）称为中心线，记为 CL（central line），下临界线（图中 $\mu-3\sigma$ 线）称为控制下界，记为 LCL（lower control limit）。控制上界与控制下界统称为控制界限。这三条线是通过搜集过去在生产稳定状态下某一段时间的数据计算出来的。按规定抽取的样本值用点按时间或批号顺序标在控制图中称为描点或打点。各点之间用实线连接起来，以便看出生产过程的变化趋势。若点超出控制界限，便可认为生产过程有变化，就要告警。控制图的构造见图 2-28。

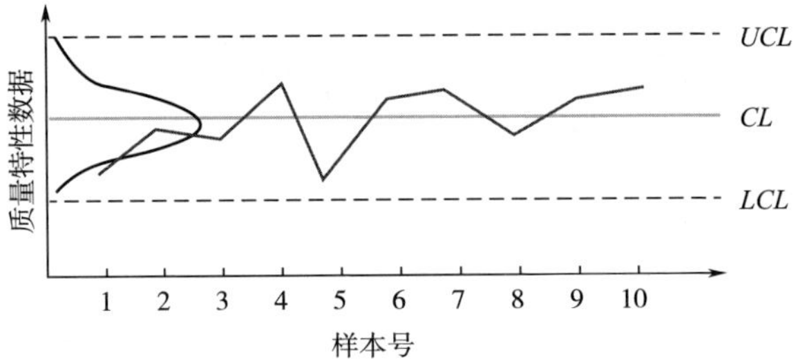

图 2-28　控制图的构造

三、控制图的分类

按测量定值性质的不同，控制图大致可分为计量值控制图和计数值控制图两大类，每类又可分若干中，具体见表 2-20。

表 2-20　常规控制图的分类

分布	控制图代号	控制图名称	分布	控制图代号	控制图名称
正态分布（计量值）	$\overline{X}-R$	均值-极差控制图	二项分布（计件值）	p	不合格品率控制图
	$\overline{X}-S$	均值-标准差控制图		np	不合格品数控制图
	M_e-R	中位数-极差控制图	泊松分布（计点值）	u	单位不合格数控制图
	$X-R_s$	单值-移动极差控制图		c	不合格数控制图

四、控制图的判断准则

控制图对过程异常的判断以小概率事件原理为理论依据。

小贴士

控制状态

仅受偶然因素的影响，其产品质量特性的分布（均值与方差）基本上不随时间而变化的状态为控制状态，反之为非控制状态或异常状态。

（一）判断稳态的准则

过程状态的判稳准则有两点：①点排列在上下控制线之间，没有越出控制界限线的点；②点排列没有异常状态出现。只有当这两点都得到满足时，过程状态为稳定，否则，过程状态就不稳定。或者有下列情况出现时也可判定为稳态：连续 25 点，出界点数为 0；连续 35 点，出界点数小于等于 1；连续 100 点，出界点数小于等于 2。

（二）判断异常的准则

判断异常的准则有两类：一是点出界就判异；二是界内点排列不随机就判异。界内点排列不随机的模式包括点屡屡接近控制界限、链、间断链、倾向、点集中在中心线附近、点呈周期性变化等。若过程不判异，则过程处于统计控制状态。《控制图　第 2 部分：常规控制图》（GB/T 17989. 2—2020）中规定了常规控制图有 8 种判异准则，具体见图 2-29。为了应用这些准则，将控制图等分为 6 个区域，每个区域宽 1σ。这六个区的标号分别为 A、B、C、C、B、A。其中两个 A 区、B 区和 C 区都关于中心线 CL 对称。

准则 1：一点落在 A 区以外。在许多应用中，准则 1 甚至是唯一的判异准则。准则 1 可对参数 μ 的变化或参数 σ 的变化给出信号，变化越大，则给出的信号就越快。准则 1 还可对过程中的单个失控作出反应，如计算错误、测量错误、原材料不合格、设备故障等。在 3σ 原则下，准则 1 犯第一类错误的概率为 $\alpha=0.0027$。

准则 2：连续 9 点落在中心线同一侧。此准则是为了补充准则 1 而设计的，以改进控制图的灵敏度。选择 9 点是为了使其犯第一类错误的概率 α 与准则 $\alpha=0.0027$ 大体相仿。

准则 3：连续 6 点递增或递减。此准则是针对过程平均值的趋势进行设计的，它判断过程平均值的较小趋势要比准则 2 更为灵敏。产生趋势的原因可能是工具逐渐磨损、维修逐渐变坏、操作人员技能逐渐提高等，从而使得参数 α 大体与准则 1 的 $\alpha=0.0027$ 相当。

准则 4：连续 14 点相邻上下交替。此准则是针对由于轮流使用两台设备或由两位操作人员轮流进行操作而引起的系统效应。实际上，这就是一个数据分层不够的问题。选择 14 点是通过统计模拟试验得出的，也是为了使其 α 大体与准则 1 的 $\alpha=0.0027$ 相当。

准则 5：连续 3 点中有 2 点落在中心线同一侧的 B 区以外。过程平均值的变化

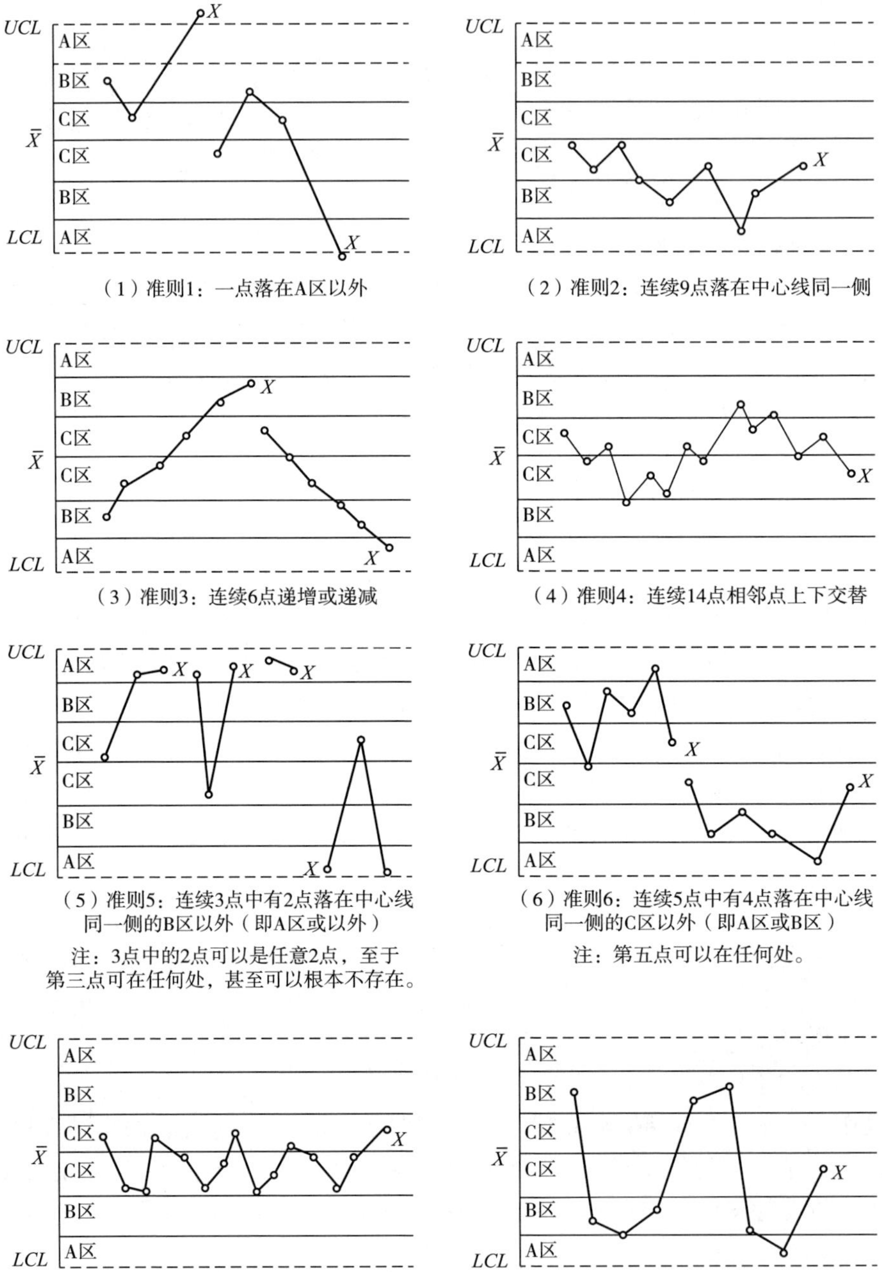

（1）准则1：一点落在A区以外

（2）准则2：连续9点落在中心线同一侧

（3）准则3：连续6点递增或递减

（4）准则4：连续14点相邻点上下交替

（5）准则5：连续3点中有2点落在中心线同一侧的B区以外（即A区或以外）

注：3点中的2点可以是任意2点，至于第三点可在任何处，甚至可以根本不存在。

（6）准则6：连续5点中有4点落在中心线同一侧的C区以外（即A区或B区）

注：第五点可以在任何处。

（7）准则7：连续15点在C区中心线上下

注：不要被这种现象的良好“外观”所迷惑，注意它的非随机性。

（8）准则8：连续8点在中心线两侧，但无一点落在C区中

图 2-29　控制图判异准则图

通常可由本准则判定，它对于变异的增加比较灵敏。需要说明的是：3 点中的 2 点可以是任何 2 点，至于第 3 个点可以在任何处，甚至可以根本不存在。出现准则 5 的现象是由于过程参数 μ 发生了变化。

准则 6：连续 5 点中有 4 点落在中心线同一侧的 C 区以外。与准则 5 相类似，这第 5 个点可以在任何处。本准则对于过程平均值的偏移也是较灵敏的，出现本准则的现象也是由于过程参数 μ 发生了变化。

准则 7：连续 15 点在 C 区中心线上下。出现本准则是由于参数 σ 变小。对于这种现象不要被它良好的外貌所迷惑，而应该注意到它的非随机性。造成这种现象的原因可能是有效数据虚假或数据分层不够等。在排除上述两种可能性之后才能总结现场减少标准差 σ 的先进经验。

准则 8：连续 8 点在中心线两侧，但无一在 C 区中。造成这种现象的主要原因也是因为数据分层不够，本准则即为此设计。

五、常规控制图的应用案例

2.1.2.8 控制图应用案例

1. 均值-极差控制图

对于计量值数据而言，这是最常用、最基本的控制图。它用于控制对象为长度、质量、强度、纯度、时间、收率、生产量、水分含量、营养物质成分等计量值数据。$\overline{X}$ 控制图主要用于观察正态分布的均值的变化，R 控制图观察正态分布的波动情况或变异度的变化。而控制图将二者联合运用，用于观察正态分布的变化。$\overline{X}-R$ 通常在样本大小 $n \leq 10$ 时使用，是一种最常用的计量值控制图。

【例题】某植物油企业，采用灌装机灌装，每桶标称质量为 5000g，要求溢出量为 0~50g。采用 $\overline{X}-R$ 控制图对生产过程进行质量控制。控制对象为溢出量，单位为 g。见表 2-21。

表 2-21　溢出量控制图数据表

组号	测定值					$\overline{X}$	R
	X_1	X_2	X_3	X_4	X_5		
1	47	32	44	35	20	35.6	27
2	19	37	31	25	34	29.2	18
3	19	11	16	11	44	20.2	33
4	29	29	42	59	38	39.4	30
5	28	12	45	36	25	29.2	33

续表

组号	测定值					$\overline{X}$	R
	X_1	X_2	X_3	X_4	X_5		
6	40	35	11	38	33	31.4	29
7	15	30	12	33	26	23.2	21
8	35	44	32	11	38	32.0	33
9	27	37	26	20	35	29.0	17
10	23	45	26	37	32	32.6	22
11	28	44	40	31	18	32.2	26
12	31	25	24	32	22	26.8	10
13	22	37	19	47	14	27.8	33
14	37	32	12	38	30	29.9	26
15	25	40	24	50	19	31.6	31
16	7	31	23	18	32	22.2	25
17	38	0	41	40	37	31.2	41
18	35	12	29	48	20	28.8	36
19	31	20	35	24	47	31.4	27
20	12	27	38	40	31	29.6	28
21	52	42	52	24	25	39.0	28
22	20	31	15	3	28	19.4	28
23	29	47	41	32	22	34.2	25
24	28	27	22	32	54	32.6	32
25	42	34	15	29	21	23.2	27
合计						746.6	686

【解析】

步骤 1：预备数据的取得。

随机抽取 k 组（一般为 20~25 组），大小为 n（一般为 4~6，常取 5）。理论上讲，预备数据的组数应大于 20 组，在实际应用中最好取 25 组数据。

当个别组数据属于可查明原因的异常时，经剔除后所余数据依然大于 20 组时，仍可利用这些数据作分析用控制图。若剔除异常数据后不足 20 组，则须在排除异因后重新收集 25 组数据。

取样分组的原则是尽量使样本组内的变异小（由正常波动造成），样本组间的变异大（由异常波动造成），这样控制图才能有效发挥作用。

因此，取样时组内样本必须连续抽取，而样本组间则间隔一定时间。

按工艺文件规定，本例每间隔 30min 在灌装生产线连续抽取 $n=5$ 的样本量计量溢出量。共抽取 25 组样本，将溢出量数据记入数据表。

步骤 2：计算统计量。

计算每一组数据的平均值和极差，记入表中；然后计算 25 组数据的总平均值（$\overline{\overline{X}}$）和极差平均值（$\overline{R}$）。

得：

$$\overline{\overline{X}} = \frac{\sum_{i=1}^{k}\overline{X}_i}{k} = \frac{\sum_{i=1}^{25}\overline{X}_i}{25} = 29.86 \qquad \overline{R} = \frac{\sum_{i=1}^{k}R_i}{k} = \frac{\sum_{i=1}^{25}R_i}{25} = 27.44$$

步骤 3：计算控制界限、作控制图、打点并判断。

①先计算 R 图的控制界限，计算公式见表 2-22。

$$UCL = D_4\overline{R} \qquad CL = \overline{R} \qquad LCL = D_3\overline{R}$$

注：D_4、D_3 为随着样本容量 n 而变化的系数，可由控制图系数选用表中 2-18 选取。

由表 2-22 可知，当 $n=5$ 时，

$$UCL = D_4\overline{R} = 2.114 \times 27.44 = 58.01$$

$$CL = \overline{R} = 27.44 \qquad LCL = D_3\overline{R} = 0 \times 27.44 = 0$$

表 2-22　常规控制图控制线公式

项目	控制图名称及符号	控制限公式
计量值	均值-极差图 $\overline{X}-R$ 图	$\overline{X}$ 图：$UCL=\bar{\bar{x}}+A_2\overline{R}$　$CL=\bar{\bar{x}}$　$LCL=\bar{\bar{x}}-A_2\overline{R}$ R 图：$UCL=D_4\overline{R}$　$CL=\overline{R}$　$LCL=D_3\overline{R}$
	均值-标准差图 $\overline{X}-S$ 图	$\overline{X}$ 图：$UCL=\bar{\bar{x}}+A_3\overline{S}$　$CL=\bar{\bar{x}}$　$LCL=\bar{\bar{x}}-A_3\overline{S}$ S 图：$UCL=B_4\overline{S}$　$CL=\overline{S}$　$LCL=B_3\overline{S}$
	单值-移动极差图 $X-R_s$ 图	X 图：$UCL=\overline{X}+2.66\overline{R}_s$　$CL=\overline{X}$　$LCL=\overline{X}-2.66\overline{R}_s$ R_s 图：$UCL=3.27\overline{R}_s$　$CL=\overline{R}_s$　$LCL=0$
计数值	不合格品率图 p 图	$UCL=\bar{p}+3\sqrt{\frac{\bar{p}(1-\bar{p})}{n_i}}$　$CL_p=\bar{p}$　$LCL=\bar{p}-3\sqrt{\frac{\bar{p}(1-\bar{p})}{n_i}}$
	不合格品数图 np 图	$UCL=n\bar{p}+3\sqrt{n\bar{p}(1-\bar{p})}$　$CL_{np}=n\bar{p}$ $LCL=n\bar{p}+3\sqrt{n\bar{p}(1-\bar{p})}$

表 2-23　控制系数选用表

n	2	3	4	5	6	7	8	9	10
A_2	1.880	1.023	0.729	0.577	0.483	0.419	0.373	0.337	0.308
D_4	3.267	2.575	2.282	2.114	2.004	1.924	1.864	1.816	1.777
E_2	2.660	1.772	1.457	1.290	1.134	1.109	1.054	1.010	0.975
m_3A_2	1.880	1.187	0.796	0.691	0.549	0.509	0.430	0.410	0.360
D_3	—	—	—	—	—	0.076	0.136	0.184	0.223
d_2	1.128	1.693	2.059	2.326	2.534	2.704	2.847	2.970	3.087

以这些参数作 R 控制图，并将表 2-21 中的 R 数据在图上打点，结果如图 2-30 所示。

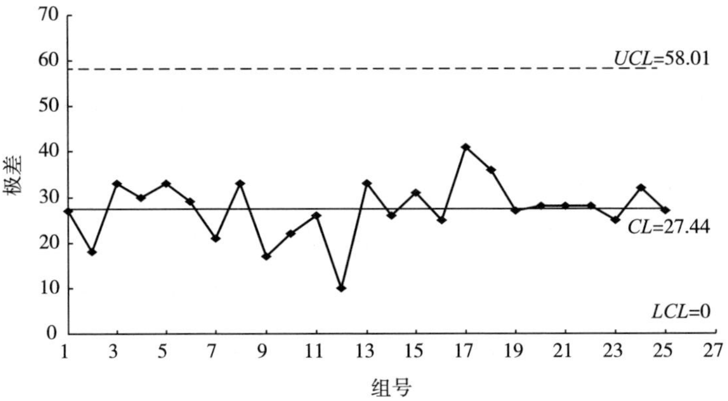

图 2-30　极差控制图（R 图）

对照常规控制图的判异准则，可判 R 图处于稳态。因此，可以接着建立平均值控制图。

②计算 $\overline{X}$ 图的控制界限

$$UCL = \overline{\overline{X}} + A_2\overline{R} \qquad CL = \overline{\overline{X}} \qquad LCL = \overline{\overline{X}} - A_2\overline{R}$$

注：A_2 为随着样本容量 n 而变化的系数，可由控制图系数选用表中选取。

由表 2-22 可知，当 $n=5$ 时

$$UCL = \overline{\overline{X}} + A_2\overline{R} = 29.86 + 0.58 \times 27.44 = 45.78$$

$$CL = \overline{\overline{X}} = 29.86$$

$$LCL = \overline{\overline{X}} - A_2\overline{R} = 29.86 - 0.58 \times 27.44 = 13.94$$

以这些参数作平均值控制图，并将表 2-21 的数据 $\overline{X}$ 在图上打点，结果如图 2-31 所示。

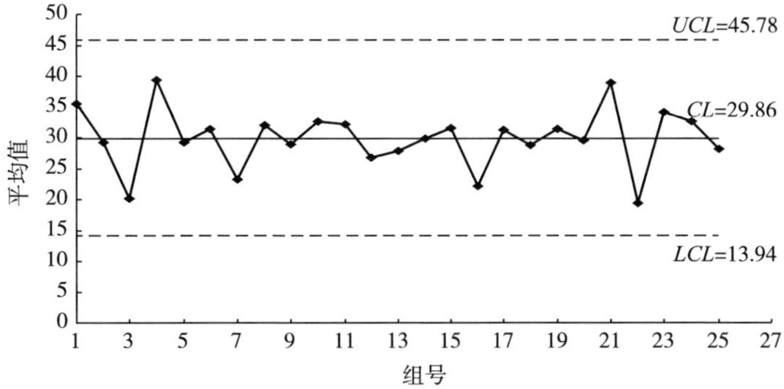

图 2-31　平均值控制图（$\bar{X}$ 图）

对照常规控制图的判异准则，可判均值控制图无异常。因此可以判定灌装过程处于稳定受控状态。

小贴士

计量值控制图需要同时做两个控制图进行联合运用观察，而计数值控制图只需做一个控制图即可。

2. 单值-移动极差控制图

单值-移动极差（$X - R_s$）控制图多用于下列场合：对每一个产品都进行检验，采用自动化检查和测量的场合；取样费时、昂贵的场合；以及如发酵等气体与液体流程式过程，样品均匀的场合。

3. 不合格品控制图

不合格品（np）控制图用于控制对象为不合格品数的场合。设 n 为样本量，p 为不合格品率，则 np 为不合格品数。由于当样本量 n 变化时 np 控制图的控制线都成为凹凸状，不但作图难，而且无法判异、判稳，故只在样本量相同的情况下，方才应用此图。

4. 控制图应用中常见错误

（1）在 5M1E 因素未加控制，工序处于不稳定状态时就使用控制图管理工序。

（2）在 $CP<1$ 的情况下，就使用控制图。

（3）用公差代替控制界限，或用压缩的公差线代替。

（4）仅打点而不做分析判断。

（5）不及时打点而不能及时发现工序异常。

（6）当 5M1E 发生变化时，而未及时调整控制界限。

（7）画法不规范、不完整。

小贴士

质量管理传统七大工具小结

质量管理传统七大工具使用小结见表 2-24。

表 2-24　质量管理传统七大工具

序号	工具	应用
1	因果图	分析和表达因果关系，通过识别症状、分析原因、寻找改进措施，促进问题的解决
2	排列图	按重要性循序表示每一项目对整体的影响，排列改进的顺序
3	相关图	分析两组数据间的关系，确定因果关系，确认改进效果
4	直方图	显示数据波动的形态，直观表达过程状态，传达需在何处进行改进
5	调查表	收集数据以得到事实的真实状况
6	分层法	根据数据产生的特征（层）将数据进行分类
7	控制图	监控过程状态，诊断过程是否稳定，确定过程改进点

任务实施

应用单值-移动极差进行判定

目的：

通过任务训练对控制图进行作图，会根据控制图对过程进行判定，并培养用事实和数据说话的质量管理意识。

要求：

学生根据分层法的学习内容，以小组为单位进行学习并讨论，完成任务内容。

任务内容：

某发酵厂每半小时对发酵醪进行温度测定，结果如表 2-25 所示，表中 X 表示测定的温度值，R_s 代表移动极差，请制作单值-移差控制图并对过程进行判定。

表 2-25　发酵醪移动温度测定表

序号	1	2	3	4	5	6	7	8	9	10	11	12	13
X	36.8	36.9	37.5	37.8	39.6	38.0	37.4	37.1	36.9	36.5	36.0	36.9	36.8
R_s		0.1	0.6	0.3	1.8	1.6	0.6	0.3	0.2	0.4	0.5	0.4	0.4

续表

序号	14	15	16	17	18	19	20	21	22	23	24	25	平均
X	36.9	37.5	37.8	37.3	37.7	36.8	36.0	34.0	36.8	37.6	38.0	37.5	37.10
R_s	0.1	0.6	0.3	0.5	0.4	0.9	0.8	2.0	2.8	0.8	0.4	0.5	0.72

1. 根据表2-25计算单值控制图、移差控制图的控制界限。
2. 打点作图，分别做出单值控制图和移差控制图。
3. 根据判稳准则，判定生产过程的稳定性。

巩固与提高

一、单选题

1. 对于计量值数据而言，最常用、最基本的控制图是（　　）。

A. 均值-极差控制图　　B. 均值-标准差控制图

C. 单值-移动极差控制图　　D. 中位数-极差控制图

2. （　　）用于监控过程状态，诊断过程是否稳定，确定过程改进点。

A. 调查表　　B. 控制图　　C. 直方图　　D. 因果图

3. 在正态分布情况下，工序加工产品的质量特性值落在 6σ 范围内的概率或可能性约为（　　）。

A. 99.73%　　B. 95.45%　　C. 68.27%　　D. 80.25%

4. 控制图的上、下控制限可以用来（　　）。

A. 判断产品是否合格

B. 判断过程是否稳定

C. 判断过程能力是否满足生产要求

D. 判断过程中心与技术中心是否发生偏移

5. 控制图的控制界限，一般都取（　　）。

A. 2倍的标准差　　B. 3倍的标准差　　C. 4倍的标准差　　D. 6倍的标准差

6. 属于计量值控制图的有（　　）。

A. 不合格品数控制图　　B. 不合格品率控制图

C. 中位数一极差控制图　　D. 缺陷数控制图

7. $\overline{X}$ 控制图中连续（　　）点落在中心线两侧的C区判为异常。

A. 15　　B. 14　　C. 9　　D. 6

二、判断题

1. 当生产的产品的合格率在99.73%以上时，可以认为生产是稳定的。（　　）
2. 只要点不落在控制界限以外，生产一定处于稳态。（　　）

3. 生产进入日常管理后，关键是保持所确定的状态。因此主要使用控制用控制图。(　　)

4. 控制图是生产现场较常用的一种图表，采用它就能提高产品的合格率。(　　)

5. 控制图上出现异常点时，就表示有不良品发生。(　　)

6. 运用控制图，有利于维持生产过程处于稳态。(　　)

7. 控制图的控制线就是规格界限。(　　)

8. 在控制图中，只要点都在上、下控制界限内，就说明生产过程处于控制状态。(　　)

项目2-2

HACCP体系

项目导学

近30年来，危害分析与关键控制点（HACCP）已经成为国际上共同认可和接受的食品安全保障体系，主要是对食品中微生物、化学和物理危害进行的安全控制。近年来，政府及消费者对食品安全性的普遍关注和食品传染病的持续发生，是HACCP体系得到广泛应用的动力。HACCP是对可能发生在食品加工环节中的危害进行评估，进而采取控制的一种预防性的食品安全控制体系，有别于传统的质量控制方法。HACCP是对原料、各生产工序中影响产品安全的各种因素进行分析，确定加工过程中的关键环节，建立并完善监控程序和监控标准，采取有效的纠正措施，将危害预防、消除或降低到消费者可接受水平，以确保食品加工者能为消费者提供更安全的食品。

学习目标

【素质目标】

1. 遵守食品安全管理体系要求，保证食品链安全。
2. 树立诚信做人、诚信做食品的职业道德。

【知识目标】

1. 掌握食品企业安全生产的前提和基础要求。
2. 掌握危害分析的过程。
3. 熟悉HACCP计划的内容。

【能力目标】

1. 团队合作能根据食品企业实际生产过程制订HACCP工艺流程图。

2. 能根据生产工艺流程进行危害分析。
3. 完成 HACCP 计划的编写。

思政融合

课程思政点：科学态度——灵活性和敏感性

案例引入：氟虫腈是首个用于有害生物防治的苯吡唑类化合物，从 1987 年被发现以来，已被广泛用在农业和兽医等多个领域，成为一个重要的杀虫剂品种。尽管氟虫腈可用于各类别的作物害虫及卫生害虫防治，但氟虫腈氧化还原或光降解后形成 4 种有毒代谢产物。人若大剂量食用可致肝功能、肾功能和甲状腺功能损伤，它被世卫组织列为“对人类有中度毒性”的化学品。我国已于 2009 年 10 月 1 日起禁用。

“毒鸡蛋”事件 2017 年 6 月初首先在比利时发现，该国食品安全局最先发现从荷兰进口的鸡蛋中含有氟虫腈，荷兰随后启动调查。氟虫腈的污染源头直指荷兰一家“鸡之友”的农场杀虫服务公司，其客户不仅包括荷兰 180 家农场，也涉及法国、英国、德国和波兰的农场。“毒鸡蛋”的复杂性还在于，荷兰是欧洲禽类产品主要出口国，有许多国家进口荷兰鸡蛋，还有许多国家的农场使用“鸡之友”杀虫服务，而该公司从 2016 年 6 月起使用的抗虱杀虫剂中就含有氟虫腈。“毒鸡蛋”事件导致荷兰、比利时、德国等国下架数以百万计受杀虫剂氟虫腈污染鸡蛋。

请根据上面案例，如果你所在的食品企业需要使用鸡蛋作为原料，你认为鸡蛋有没有可能引入安全危害呢？

案例分析：根据上面的案例可知，原料鸡蛋有可能存在食品安全危害——氟虫腈。因此在进行危害分析时，需要我们对食品安全事件保持敏感性，关注食品安全事件；具有灵活性，即积极主动地接受经证实的结论和重新考虑自己的认识。只有具备了科学的态度才能对食品安全事件进行科学分析。

任务一　GMP 和 SSOP 在食品企业的应用

情境导入

小王在品控部实习工作中，每天都要接触许多食品安全管理的文件、记录、表格，这些文件种类多、数量大，且常常标记着良好操作规范（GMP）、卫生标准操作程序（SSOP）、HACCP 等字样。小王觉得难以准确掌握并区分这些文件，便向老员工请教。经询问，原来企业采用的是 ISO 22000 食品安全管理体系，它是建立在 HACCP、GMP、SSOP 基础上，同时整合了 ISO 9001 标准的部分要求，有力地保证了食品安全。小王听后理出了头绪，马上开始了对食品安全管理体系的学习。

任务要求

1. 叙述 GMP 的原则和内容。
2. 运用企业 SSOP 文件对企业的卫生状况进行监控记录及纠偏。

知识准备

GMP 是建立食品安全管理体系的必要管理措施，与质量管理体系、食品安全管理体系的关系见图 2-32。

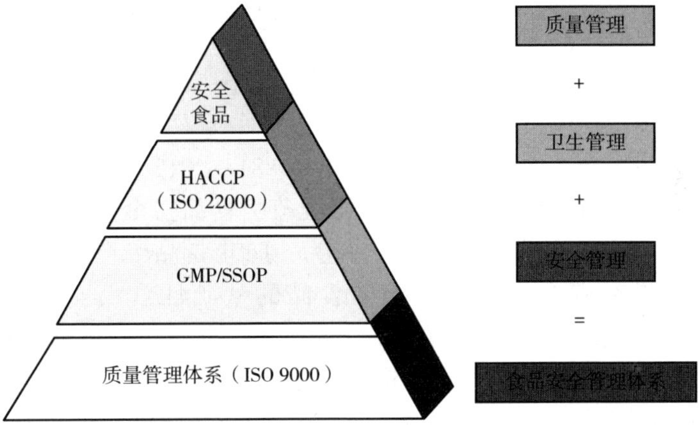

图 2-32　各管理体系之间的关系

一、食品良好操作规范（GMP）

（一）GMP 概述

"GMP" 是英文 good manufacturing practice 的缩写，中文意思是"良好操作规范"，或是"优良制造标准"，是一种特别注重在生产过程中实施对产品质量与卫生安全的自主性管理制度。它是一套适用于制药、食品等行业的强制性标准，要求企业从原料、人员、设施设备、生产过程、包装运输、质量控制等方面按国家有关法规达到卫生质量要求，形成一套可操作的作业规范帮助企业改善企业卫生环境，及时发现生产过程中存在的问题，加以改善。简要地说，GMP 要求食品生产企业应具备良好的生产设备，合理的生产过程，完善的质量管理和严格的检测系统，确保最终产品的质量（包括食品安全卫生）符合法规要求。

（二）GMP 在我国的发展

我国食品质量管理自建国以来就备受重视，尤其改革开放以后发展迅速。1979 年 7 月 31 日国务院颁发了《标准化管理条例》，到 1992 年底，已发布有关食品标准1374项，其中国家标准占62%。1982年11月29日五届人大第25次会议通过《中华人民共和国食品卫生法》，对食品、食品添加剂、食品容器、包装材料和食品用工具、设备的卫生、食品卫生标准和管理办法的制定、食品卫生管理、食品卫生监督、法律责任等作出规定，是我国食品生产必须遵守的法律。2009年《中华人民共和国食品安全法》颁布前，原卫生部以食品卫生国家标准的形式发布了近20项“卫生规范”和“良好生产规范”。有关行业主管部门制定和发布了各类“良好生产规范”和“技术操作规范”等400余项生产经营过程标准。

2009年6月1日实施《中华人民共和国食品安全法》，明确食品生产经营者对其生产经营食品的安全负责。食品安全法中明确要求食品生产经营者应当依照法律、法规和食品安全标准从事生产经营活动，保证食品安全，诚信自律，对社会和公众负责，接受社会监督，承担社会责任。2013年以来，原国家卫生计生委通过整合食品生产经营过程的卫生要求标准，形成以《食品安全国家标准　食品生产通用卫生规范》（GB 14881—2013）为基础的40余项涵盖主要食品类别的生产经营规范类食品安全标准体系。GB 14881—2013是规范食品生产行为，防止食品生产过程的各种污染，生产安全且适宜食用的食品的基础性食品安全国家标准。GB 14881—2013规定了食品生产过程中原料采购、加工、包装、贮藏和运输等环节的场所、设施、人员的基本要求和管理准则，适用于各类食品的生产，如确有必要制定某类食品生产的专项卫生规范，应当以GB 14881—2013作为基础。GB 14881—2013既是规范企业食品生产过程管理的技术措施和要求，又是监管部门开展生产过程监管与执法的重要依据，也是鼓励社会监督食品安全的重要手段。

2.2.1.1 《食品生产通用卫生规范》（GB 14881—2013）

我国制定的专项强制性的良好操作规范：

- 《食品安全国家标准　乳制品良好生产规范》（GB 12693—2023）
- 《食品安全国家标准　粉状婴幼儿配方食品良好生产规范》（GB 23790—2023）
- 《食品安全国家标准　特殊医学用途配方食品良好生产规范》（GB 29923—2023）
- 《保健食品良好生产规范》（GB 17405—1998）

我国部分现行食品生产经营卫生规范类食品安全标准见表2-26。

表2-26　我国部分现行食品生产经营卫生规范类食品安全国家标准

序号	标准号	标准名称
1	GB 14881—2013	《食品安全国家标准　食品生产通用卫生规范》
2	GB 31621—2014	《食品安全国家标准　食品经营过程卫生规范》
3	GB 8950—2016	《食品安全国家标准　罐头食品生产卫生规范》

续表

序号	标准号	标准名称
4	GB 8951—2016	《食品安全国家标准　蒸馏酒及其配制酒生产卫生规范》
5	GB 8952—2016	《食品安全国家标准　啤酒生产卫生规范》
6	GB 8953—2018	《食品安全国家标准　酱油生产卫生规范》
7	GB 8954—2016	《食品安全国家标准　食醋生产卫生规范》
8	GB 8955—2016	《食品安全国家标准　食用植物油及其制品生产卫生规范》
9	GB 8956—2016	《食品安全国家标准　蜜饯生产卫生规范》
10	GB 8957—2016	《食品安全国家标准　糕点、面包卫生规范》
11	GB 12694—2016	《食品安全国家标准　畜禽屠宰加工卫生规范》
12	GB 12695—2016	《食品安全国家标准　饮料生产卫生规范》
13	GB 13122—2016	《食品安全国家标准　谷物加工卫生规范》
14	GB 17403—2016	《食品安全国家标准　糖果巧克力生产卫生规范》
15	GB 17404—2016	《食品安全国家标准　膨化食品生产卫生规范》
16	GB 18524—2016	《食品安全国家标准　食品辐照加工卫生规范》
17	GB 31646—2018	《食品安全国家标准　速冻食品生产和经营卫生规范》
18	GB 20799—2016	《食品安全国家标准　肉和肉制品经营卫生规范》
19	GB 19304—2018	《食品安全国家标准　包装饮用水生产卫生规范》

（三）食品 GMP 的主要内容

GMP 是一种特别注重在生产过程中实施对产品质量与卫生安全的自主性管理制度。食品的种类很多，情况很复杂，本内容只介绍所有食品企业都应遵照执行的通用的良好操作规范，主要包括以下内容。

1. 食品原材料采购、运输和贮藏过程中的要求

（1）食品原料采购

①采购食品原料的一般原则：采购人员应熟悉原、辅料的品种及卫生标准和卫生管理方法，了解各种辅料可能存在的卫生问题；采购食品原辅料时，应对其进行初步的感官检查，合格方可采购；采购食品原辅料，应向供方索取同批产品的检验合格证或化验单，采购食品添加剂时，还必须索取定点生产证明材料；采购的原辅料必须验收合格后才能入库，按品种分批存放；原辅料的采购应根据企业的加工和贮藏能力有计划的进行，防止一次采购过多，短期内用不完而造成积压变质。

②采购原辅料的要求：目前，我国主要的食品原料、食品辅料、食品包装材料多数有国家卫生标准、行业标准或地方标准，少数有企业标准或无标准。在订

购、采购食品原料、包装材料时，应尽量按国家卫生标准执行；无国家标准的，依次执行行业标准、地方标准、企业标准；无标准原材料的，可参照类似食品的标准及卫生要求。

③食品原料的验收：验收各种原辅料时，除了向供货方索取产品的检验合格证或化验单外，还必须通过对原辅料色、香、味、形等感官性状的检查来判断其新鲜程度，必要时采用理化或细菌学方法来判定。同时，检查原辅料是否受到有毒有害物质污染也是很重要的。

课堂讨论：

请同学们讨论一下，众所周知的“三鹿乳粉”事件，是由于原料乳中含有三聚氰胺，根据 GMP 的要求，这个事件不符合哪一项要求？

（2）原料的运输

①运输工具应符合卫生要求：食品原辅料必须使用专用的车、船等运输工具，严禁与农药、化肥、化工产品及其他有毒有害化学物质混载，也不得使用运输过上述物品的车、船及其运输工具。如做不到运输工具专用，在运输食品原料前必须彻底清洗干净，确保无有毒有害物质污染，无异味。运输工具应定期清洗、消毒，保持洁净卫生。

为防止运输途中雨淋、灰尘，使食品包装及食品原辅料受潮，车、船应设置顶棚，最好采用封闭式的车厢和舱，不具备上述条件的运输工具应用油布覆盖。

②选择合适的运输工具：根据原辅料的特点和卫生要求，选择合适的运输工具。例如大米、面粉、油料等原料，可用普通常温车（车厢）和船运输；运输家畜、家禽等动物的车、船应分层设置铁笼，通风透气，防止挤压也便于运输途中供给足够的饲料和饮水；水果、蔬菜类食品应装入箱子或篓中运输，避免挤压撞伤而腐烂；水产品、熟肉及其冰冻食品原料采用低温冷藏车储运。

运输作业应避免强烈的震荡、撞击，轻拿轻放，防止损伤产品外形；且不得与有度有害物品混装、混运。作业终了，搬运工人应撤离工作地，防止污染食品。

③食品原料的贮藏：应设置与生产能力相适应的设施；必须对食品原辅料的贮藏卫生管理。

课堂讨论：

根据以下情况，讨论一下不符合 GMP 哪些要求？

1. 某食品企业生产豆浆，但采购回来的原料大豆中有很多“石豆子”，导致无法正常生产。

2. 某企业库房不够使用，就腾出一间办公室作为原料库房贮藏面粉，夏天由于没有关窗户，突降暴雨，靠近窗户的面粉都被雨水打湿了。

3. 夏天，某企业采购10袋（塑料袋包装）香菇作为食品原料，采购回来后随意将香菇堆放在库房中，第二天中午使用时发现，袋中的香菇大半都已经烂掉了。

2. 工厂设计与设施的要求

（1）食品工厂厂址选择　在选择厂址时，既要考虑来自外界环境的有毒有害因素对食品可能产生的污染，又要避免生产过程中产生的废气、废水和噪声对周围居民的不良影响。应综合考虑食品企业的经营与发展，食品安全与卫生以及国家有关法律、法规等诸多因素。

（2）总平面布局

①各类食品厂应根据本厂特点制订整体规划，要合理布局，划分生产区和生活区，生产区应在生活区的下风向。

②建筑物、设备布局与工艺流程三者衔接合理，建筑结构完善，并能满足生产工艺和质量卫生要求；建筑物和设备布置还应考虑生产工艺对温度、湿度和其他工艺参数的要求，防止毗邻车间受到干扰。

③原料与半成品和成品、生熟食品均应杜绝交叉污染。

④厂区道路应畅通，便于机动车通行，有条件的应修环行路且便于消防车辆到达各车间；道路由混凝土、沥青及其他硬质材料铺设，防止积水及尘土飞扬。

⑤厂房之间，厂房与外缘公路或道路之间应保持一定距离，中间设绿化带，各车间的裸露地面应进行绿化。

⑥给排水系统应能适应生产需要，设施应合理有效，经常保持畅通，有防止污染水源和鼠类、昆虫通过排水管道潜入车间的有效措施。污水排放必须符合国家规定的标准，必要时应采取净化设施达标后才可排放。净化和排放设施不得位于生产车间主风向的上方，污物（加工后的废弃物）存放应远离生产车间，且不得位于生产车间上风向。

⑦存放设施应密闭或带盖，要便于清洗、消毒。

⑧锅炉烟筒高度和排放粉尘量应符合《锅炉大气污染物排放标准》（GB 13271—2014）的规定。烟道出口与引风机之间须设置除尘装置；其他排烟、除尘装置也应达标后在排放，防止污染环境；排烟装置应设置在主导风向的下风向。季节性生产厂应设置在季节风向的下风向。

⑨实验动物待加工禽畜饲养区应与生产车间保持一定距离，且不得位于主导风的上风向。

（3）建筑设施　食品企业的生产厂房的高度应满足工艺、卫生要求，以及设备安装、维护、保养的需要。

①生产车间人均占地面积（不包括设备占位）不能小于1.50m^2，高度不低于

3m，地面应使用不渗水、不吸水、无毒、防滑材料（如耐酸砖、水磨石、混凝土等）铺砌，应有适当坡度，在地面最低点设置地漏，以保证不积水。其他厂房也要根据卫生要求进行设置。

②屋顶或天花板应选用不吸水、表面光洁、耐腐蚀、耐温、浅色材料覆涂或装修，要有适当的坡度，在结构上减少凝结水滴落，防止虫害和霉菌孳生，以便于洗刷、消毒。

③生产车间墙壁要用浅色、不吸水、不渗水、无毒材料覆涂，并用白瓷砖或其他防腐材料装修，高度不低于1.50m的墙裙，墙壁表面应平整光滑，其四壁和地面交界面要呈弯形，防止污垢积存，并便于清洗。

④车间门、窗、天窗要严密不变形，防护门要能两面开，设置位置适当，并便于卫生防护设施的设置。窗台要设于地面1m以上，内侧要下斜45°。非全年使用空调的车间，门、窗应有防蚊蝇、防尘设施，纱门应便于拆下洗刷。

⑤道路要宽敞别，便于运输和卫生防护设施的设置。楼梯、电梯传送设备等处要便于维护和清扫、洗刷和消毒。

⑥生产车间、仓库应有良好通风，采用自然通风时通风面积与地面面积之比小于1∶16；采用机械通风时换气量不应小于每小时换气3次，机械通风管道进风口要距地面2m以上，并远离污染源和排风口，开口处应设防护罩。饮料、熟食、成品包装等生产车间或工序必要时应增设水幕、风幕或空调设备。

⑦车间或工作地应有充足的自然采光或人工照明，位于工作台、食品和原料上方的照明设备应加防护罩。

⑧建筑物及各项设施应根据生产工艺卫生要求和原材料贮藏等特点，相应设置有效的防鼠、防蚊蝇、防尘、防飞鸟、防昆虫的侵入、隐藏和滋生的设施，防止受其危害和污染。

课堂讨论：

根据GMP建筑设计的要求，如果把你现在上课的教室改成食品包装车间，应该做哪些改动设计。

（4）卫生设施

①洗手设施应分别设置在车间进口处和车间内适当的地点。要配备冷热水混合器，其开关应采用非手动式。洗手设施还应包括干手设备（热风、消毒干毛巾、消毒纸巾等）。根据生产需要，有的车间、部门还应配备消毒手套，同时还应设有足够数量的指甲刀、指甲刷、洗涤液和消毒液等。生产车间进口，必要时还应设有工作靴、工作鞋、消毒池等。

②更衣室应设储衣柜或衣架、鞋箱（架），衣柜之间要保持一定的距离，离地面20cm以上，如采用衣架应另设个人物品存放柜。还应备有穿衣镜，供工作人员

自检用。

③厕所设置应有利于生产和卫生，其数量应根据生产需要和人员情况适当设置。生产车间的厕所应设置在车间外侧，并一律为水冲式，备有洗手设施和排臭装置。其出入口不得正对车间门，要避开通道；其排污管道应与车间排水管道分设。

3. 食品用工具、设备的要求

食品加工设备、工具对食品质量和安全有着很大的影响，因此所有国家均在食品 GMP 法规中明确规定了对食品加工设备、工具的要求。要求如下：

（1）材质　凡接触食品物料的设备、工具、管道，必须用无毒、无味、抗腐蚀、不吸水、不变形的材料制作。

（2）结构　要求设备、工具管道表面要清洁，边角圆滑，无死角、不易积垢，不漏隙，便于拆卸、清洗和消毒。

（3）安装　应符合工艺卫生要求，与屋顶（天花板）、墙壁等应有足够的距离。设备一般应用脚架固定，与地面应有一定的距离。传动部分应有防水、防尘罩，以便于清洗和消毒。

4. 食品用水的要求

食品企业用水按其用途分为：生活饮用水（一般生产用水）、特殊工艺用水、冷却用水等。食品企业生产用水的水质要求应满足《生活饮用水卫生标准》（GB 5749—2022）。

食品企业因产品不同，对构成食品组分的用水要求各异。水产品加工过程使用的海水必须符合《海水水质标准》（GB 3097—1997）。锅炉用水需将生产用水软化后才能供锅炉使用。冷却用水是指在食品生产中起热交换的大量冷水。因不与食品接触，对其要求是硬度适当即可。

5. 食品加工过程中的要求

食品加工过程包括从原料到成品的整个过程。食品原料经过各种形式的加工工艺，生产过程中环节多，污染的几率较大，这就要求整个生产过程中按生产工艺的先后次序和产品特点，应将原料处理、半成品处理、加工、包装材料和容器的清洗、消毒、成品包装和检验、成品贮藏等工序分开设置，防止前后工序相互交叉污染。生产设备、工具、容器、场地等在使用前后均应彻底清洗、消毒。维修、监察设备时，不得污染食品。各项工艺操作应在良好的情况下进行。防止变质和受到腐败微生物及有毒有害的物的污染。

小贴士

“食品加工过程中的要求”是 GMP 中非常重要的部分，也是食品企业现场品控员的主要工作内容。

6. 食品包装的要求

食品包装指采用适当的包装材料、容器和包装技术，把食品包裹起来，以使食品在运输和贮藏过程中保持其价值和原有状态。食品经过包装后起到保护食品，方便储运，促进销售，提高食品价值的作用。在使用食品包装材料、容器时，应该注意到包装材料本身的安全与卫生，保证食品的安全卫生问题。食品包装的GMP 包括以下内容：

（1）食品企业应设有专门的食品包装间，内设空调、紫外灭菌、二次更衣间和清洗消毒等设施。

（2）成品应有固定包装，且检验合格后方可包装。包装应在良好状态下进行，防止异物带入食品。

（3）使用食品容器和包装材料时，应完好无损，符合国家卫生标准。

（4）包装上的标签应按《食品安全国家标准　预包装食品标签通则》（GB 7718—2011）的有关规定执行。

（5）成品包装完毕，按批次入库、贮藏，防止差错。

7. 食品检验的要求

食品厂应设立于生产能力相适应的卫生和质量检验室，并配备经专业培训、考核合格的检验人员，从事卫生、质量的检验工作。卫生和质量检验室应具备所需的仪器、设备，检验室应按国家规定的卫生标准和检验方法进行检验，要逐批次对投产前的原材料、半成品和出厂前的成品进行检验，并签发检验结果单。对检验结果如有争议，应由卫生监督机构仲裁。

检验用的仪器、设备，应按期检定，及时维修，使经常处于良好状态，以保证检验数据的准确。应规定产品的品质规定、检验项目、检验标准及抽样检验的方法。同时，在试验过程中要详细记录样品名称、采样日期、采样地点及各项检验项目。操作人员、记录人员及审核人员必须签名。原始记录应齐全，并应妥善保存，以备查核。

8. 食品生产经营人员个人卫生要求

（1）食品生产人员健康要求　食品生产人员尤其是与食品直接接触的人员的健康与食品的卫生质量直接相关，我国食品卫生法规定“食品生产经营人员每年必须进行身体健康检查，新参加工作和临时参加工作的食品生产经营人员必须进行健康检查，取得健康证后方可参加工作”。上述规定明确提出了食品经营人员为健康检查的对象。要建立一人一卡的健康检查档案，以便全面掌握食品从业人员的健康状况。

（2）食品生产人员的卫生要求

①保持衣帽整洁：进入车间前，必须穿戴整洁的工作服、帽、靴、鞋等。头发不得外露于帽外，以防止头发或头屑落入食品，不再加工场所梳理头发。接触直接入口的食品还应戴口罩。工作服应每天清洗更换，不要穿工作服、鞋进入厕

所和离开生产加工场所。

②重视操作卫生：直接与食品原料、半成品和成品接触的人员不允许戴手表、戒指、手镯等饰物，以免妨碍清洗、消毒或落入食品中。进入车间前不宜浓妆艳抹、涂抹指甲油、喷洒香水，以免玷污食品。上班前不许酗酒，工作时不得吸烟、饮酒、吃零食，不要用勺直接尝味或用手抓食品销售，不接触不洁物品。操作人员手部受外伤，不得接触食品或原料，经过包扎治疗戴上防护手套后，方可参加不直接接触食品的工作。

③培养良好的卫生习惯：从业人员应该做到勤洗手和剪指甲、勤洗衣服和被褥、勤换工作服。经常保持个人卫生，努力克服不良习惯（图 2-33、图 2-34）。从业人员还应养成一天工作结束后，及时冲洗、清扫、消毒工作场所的习惯，以保持清洁的环境，有利于提高产品的质量。

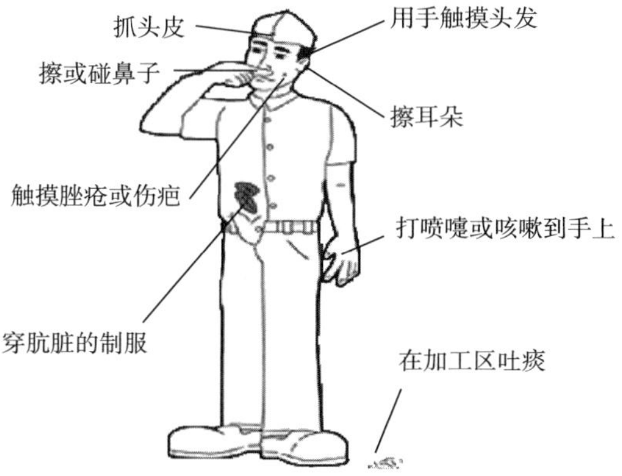

图 2-33　不良好的个人卫生习惯

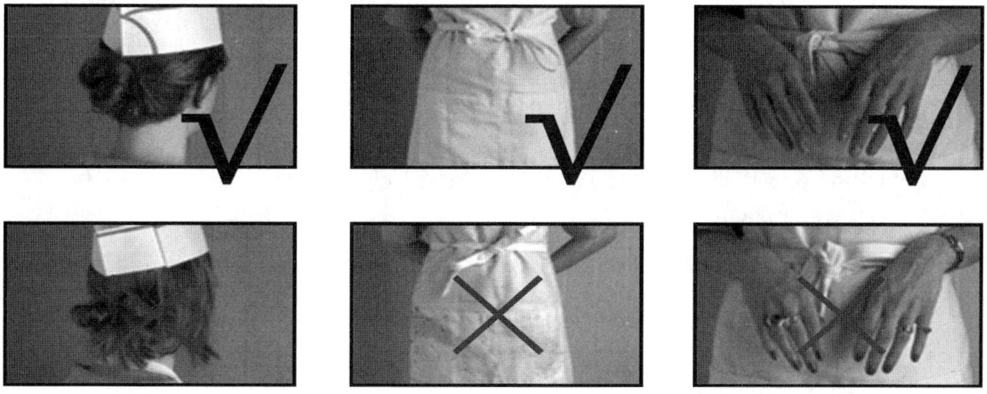

图 2-34　正确和不正确的穿着

课堂讨论：

根据下面案例讨论一下，哪些属于 GMP 范畴，哪些属于 SSOP 范畴？总结一下二者的关系及对食品企业的意义。

【案例】 某食品企业为了确保食品安全，要求食品包装车间的空气落菌数≤30 个/皿。为了达到这个要求，该企业制订了一个卫生管理文件，文件中规定，非生产人员不得入内，生产结束后紫外线灯照射半个小时，每周用过氧乙酸进行一次空气消毒。

二、 卫生标准操作程序（SSOP）

2.2.1.2 卫生标准操作程序 SSOP

（一）SSOP 概述

卫生标准操作程序（SSOP）是食品企业为了满足食品安全的要求，消除与卫生有关的危害而制订的在环境卫生和加工过程中如何实施清洗、消毒和卫生保持的操作规范，食品企业应根据法规和生产的具体情况，对各个岗位提出足够详细的操作规范、形成卫生操作控制文件。SSOP 是将 GMP 法规中有关卫生方面的要求具体化，使其转化为具有可操作性的作业指导文件。

建立和维护一个良好的“卫生计划”是实施 HACCP 计划的基础和前提。如果没有对食品生产环境的卫生控制，仍将会导致食品的不安全。事实上，对于导致产品不安全或不合法的污染源，卫生计划就是控制它的预防措施。

（二）SSOP 要求

2.2.1.3 GMP 和 SSOP 的关系

SSOP 的一般要求包括：

①加工企业必须建立和实施 SSOP，以强调加工前、加工中和加工后的卫生状况和卫生行为。

②SSOP 应该描述加工者如何保证某个方面和关键工序的卫生条件和操作得到满足。

③SSOP 应该描述加工企业的操作如何受到监控来保证达到 GMP 规定的条件和要求。

④每个加工企业必须保持 SSOP 记录，至少应记录与加工企业相关的关键卫生条件和操作受到监控和纠偏的结果。

⑤为雇员提供一种持续培训的工具，确保工厂从管理者到生产员工在内的每一个人都能理解卫生要求。

⑥官方执法部门或第三方认证机构应鼓励和督促企业建立书面的 SSOP 计划。

（三）SSOP 内容

国际上通用的 SSOP 至少包括 8 个基本内容：

1. 水（冰）的安全

加工用水是安全的以及有良好的卫生质量，符合 GB 5749—2022 及 GB 3097—1997 的要求，出口食品应符合进口国相关标准的要求；无交叉连接，有防虹吸装置，污水、废水和加工水之间不存在交叉回流；加工用水，包括用于清洁的水必须是安全的；用于制冰的水是安全的，完全符合卫生标准；水井的井沿应高出地面 50~90cm；水源要有防污染、防投毒的安全措施，井水和蓄水池要上盖加锁；对生产用水每年两次按标准全面检测，企业实验室应每月进行一次微生物指标检测，每天对余氯进行检测。

2. 与食品接触表面（包括设备、手套、工作服）的清洁度

（1）食品接触面　美国 GMP 法规中对“食品接触面”定义为：接触人类食品的那些表面，以及在正常加工过程中会将水滴溅在食品或与食品接触面的表面上的那些表面。

根据潜在的食品污染的可能来源途径，我们通常把食品接触面分成：直接与食品接触和间接与食品接触的表面。

①直接接触的表面：加工设备、工器具、操作台案、传送带、贮冰池、内包装物料、加工人员的收获手套、工作服（包括围裙）等。

②间接接触的表面：未经清洗消毒的冷库、车间和卫生间的门把手、操作设备的按钮、车间内电灯开关等。

（2）食品接触面的材料　分为安全材料和非安全材料。

①安全材料：食品接触面的材料应是符合食品安全卫生要求的“安全”材料。“安全”的材料是指无毒（无化学物的渗出）、不吸水（不积水或干燥）、抗腐蚀、不与清洁剂和消毒剂产生化学反应。

②非安全材料：通常应避免（可能是某些国家禁止）作为食品接触面的材料。如竹木产品（考虑到微生物问题）、黑铁或铸铁（考虑到腐蚀问题）、黄铜（考虑到不耐腐蚀和产生质量问题）、镀锌金属（考虑到腐蚀和化学渗出的问题）。

（3）食品接触的消毒和检查　食品设备、工器具和盛装成品的容器定期清洁和消毒，使其保持卫生状况；食品加工操作要确保防止污染，可以对一切食品接触面进行彻底的清洗消毒；食品接触面的卫生检查可用视觉检查，结合表面微生物平板计数，试纸法检查消毒液浓度。

（4）手套和工作服　手套和工作服属于食品的直接接触面。每次进入车间前和加工过程中手被污染时，必须洗手消毒。手套不得使用线手套，所用材料不易破损和脱落。工作服应保持清洁、完好、防止食品污染；工作服应统一清洗消毒和发放管理；清洁和消毒的手套，需保持完整无损的状态；应在专用的洗衣房进行集中清洗和消毒。洗衣设备、能力与实际需求相适应。不同清洁要求区域的工

作服应分开清洗。工作服必须每天清洗消毒。一般每个工人至少配备两套工作服。

注意：工作服是用来保护产品的，而不是用来保护加工人员自己衣服的。因此工人出车间、去卫生间必须脱下工作服、帽和工作鞋。更衣室和卫生间的位置应设置合理。企业对此应加强监督管理。

课堂讨论：

食品企业的员工去卫生间不更换工作服，这种行为对吗？

3. 防止发生交叉污染

食品操作者应有良好的个人卫生习惯，良好的个人清洁；保证彻底地清洁和消毒手部（图2-35），在必要的地方设置洗手设施；不戴不安全的、可能脱落的首饰，外衣和其他个人物品应限制在规定的区域内；不能在加工区域内饮食、抽烟；采取措施防止汗水、头发、化妆品等掉入食品；保证卫生操作所需的充足空间；通过适当的食品安全控制，正确操作和有效设计，减少引入交叉污染物的可能性；使用易清洁的地板、墙壁和天花板并保持良好的修缮；要防止加工过程中的产品和已完成的产品被生原料或废料污染；通过排污系统进行适当和充足地排污，以防止食品和厂区环境的污染；卫生操作程序用于所有食品加工过程。

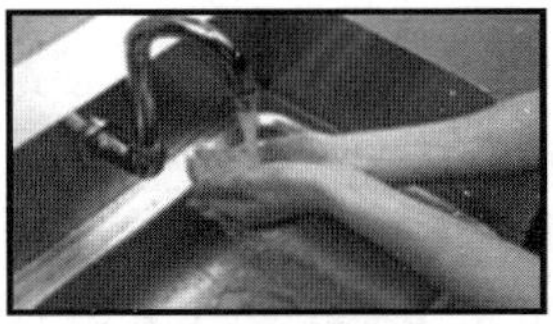

（1）温水湿润双手

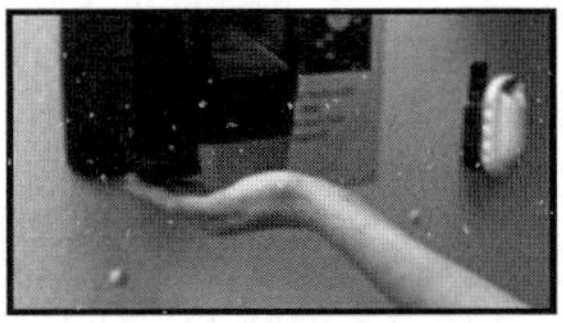

（2）使用消毒洗手液

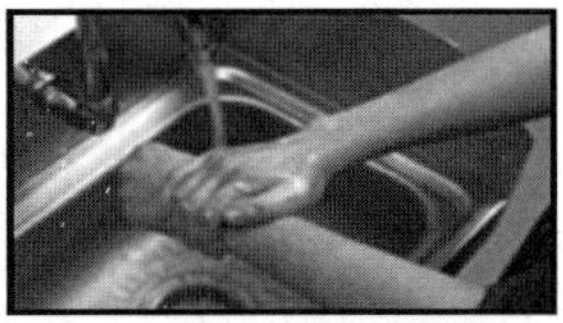

（3）搓洗手和前臂至少20s

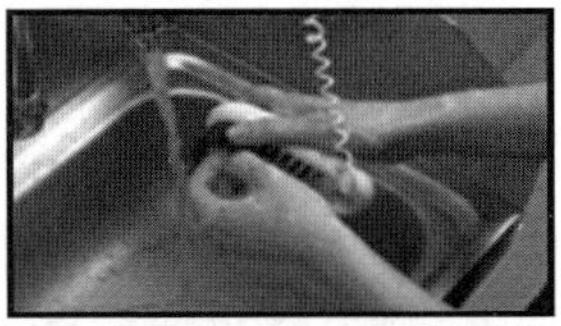

（4）用指甲刷刷洗指甲

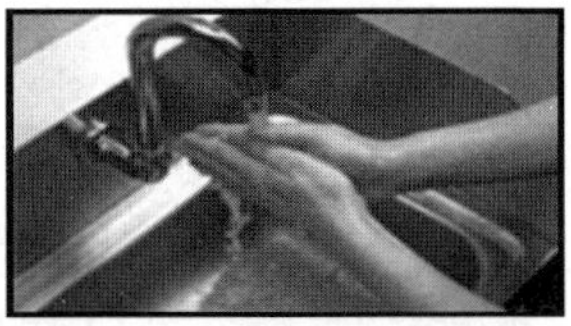

（5）用水彻底冲洗干净

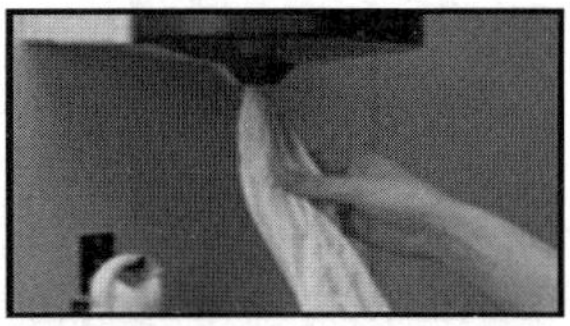

（6）用纸巾或干手器擦干双手

图2-35 洗手消毒程序

小贴士

如果食品企业有水蒸气，则棚顶要设计成拱形，以防止冷凝水的滴落造成交叉污染；现代食品企业不允许车间地面有水，不设靴消毒池，防止鞋靴将地面上的水迸溅到食品中造成交叉污染。

向员工提供充足的、方便进出的、卫生的厕所设施，门应能自动关闭，且不能朝着加工区开放；向员工提供适量、方便、具有适宜温度的流水的洗手设施；所提供的洗手设施应防止干净卫生的手被再次污染，应配备有效的洗手清洁剂，消毒剂，卫生的毛巾或干手器，以及装垃圾的容器。

4. 防止食品被污染物污染

必须以适当的方式进行作业，防止食品受污染；防止水滴和冷凝液接触食品；设备、工器具的设计、结构和使用，必须能防止润滑油、燃料、金属碎片、污水等的污染；应防止用于食品或食品接触面的压缩空气或其他气体污染食品；应在所有生产操作过程中以卫生方式使用原料或其他辅料，并在有效控制程序下防止食品污染；如果已消除污染则可允许使用返工品，但应适当存放并有明确的标记；选择适当的贮藏条件以防止食品污染；在食品加工过程中防止被污染；防止设备、用具和容器被污染；易使不良微生物和病原体快速生长的食品（如奶油、面包酱、肉汁、调味品等）应经过适当处理以防止食品腐败变质；定期清除面糊，防止微生物生长繁殖；成品的贮藏和运输应在一定的条件下，防止食品或容器被物理、化学和微生物因素污染。

5. 有毒化学物质的标识、储存和使用

必须对有毒化学物质进行适当的标识，安全储存和安全使用，盛装产品的容器不要与有毒化学物质直接临近；只有在确保食品、食品接触面和包装材料不会被污染时才可使用杀虫剂、灭鼠剂和其他的化学药剂，它们的使用应遵照相关的法律。

食品加工企业使用的化学物质有消毒剂、灭虫药物、食品添加剂、化验室使用化学药品及润滑油等。常用的消毒剂：①氯与氯制剂：漂白剂、次氯酸钠、二氧化氯。常用的浓度（余氯）：洗手液 50mg/L，消毒工器具 100mg/L，消毒鞋靴 200~300mg/L；②碘类：常用消毒工器具设备有效碘含量 25~50mg/L；③季铵化合物（新洁尔灭等）：不适用于与肥皂以及阴离子洗涤剂共用，使用浓度应不少于 200~1000mg/L；④两性表面活件剂；⑤65%~78%的酒精液；⑥强酸、强碱等。

6. 员工的健康与卫生控制

食品加工者（包括检验人员）是直接接触食品的人，其身体健康及卫生状况直接影响食品卫生质量。管理好患病或有外伤或其他身体不适的员工，他们可能成为食品的微生物污染源。对员工的健康要求一般包括：不得患有妨碍食品卫生的传染病（如肝炎、结核等）；不能有外伤，不得化妆、佩戴首饰和带入个人物品；必须穿戴工作服、帽、口罩、鞋等，并及时洗手消毒。有疾病或外伤的员工不得从事直接接触食品或与食品接触的包装材料、设施的作业；工厂要检查员工的健康情况，员工应及时报告自己的异常健康状况。

7. 虫害的防治

害虫主要包括啮齿类动物、鸟和昆虫等携带某种人类疾病病原菌的动物。通过害虫传播的食源性疾病数量巨大，因此虫害的防治对食品加工厂是至关重要的。害虫的灭除和控制包括加工厂（主要是生区）全范围，甚至包括加工厂周围，重点是厕所、下脚料出口、垃圾箱周围、食堂、贮藏室等。食品和食品加工区域内保持卫生对控制害虫至关重要。

（四）SSOP 文件的编写

卫生标准操作程序文件（SSOP 文件）是由食品生产企业自己编写。各个企业的卫生要求都是具体的，SSOP 文件应描述企业、食品卫生操作和环境清洁有关的程序和实施情况。对于编写的 SSOP 文件最重要的是易于使用和遵守，不能过于详细，也不能过松。过于详细的 SSOP 将达不到预期的目标，因为很难每次都严格执行程序，而且可能被非正式的修改。

SSOP 文件的编写所包括的主要内容为：标题、目的、范围、依据、职责、实施的程序、程序文件的审批栏、记录日期等。具体分述如下。

（1）标题　由管理对象和业务特征两部分组成。例如，“洗手消毒程序”中“洗手消毒”是管理对象的名称，“程序”是管理业务和特征。

（2）目的、范围　要简要说明文件中的主题内容——目的、范围（即 Why、Where）。例如，“与食品直接接触或与食品接触表面接触的水（冰）的安全操作程序”的目的和范围可以这样描述：“对与食品直接接触或与接触食物的加工设备的表面直接接触，或用来制冰的水进行控制，确保食品配料水、加工用水或作为清洗设备用水的卫生安全符合要求”。

（3）依据　必要时明确所定程序的依据或引用文件。例如，加工用水（冰）的 SSOP 中引用文件可以以 GB 5749—2022 为依据。

（4）职责　应明确责任部门以及责任人员的职责（即 Who）。例如，“确保食品免受交叉污染操作程序”中，根据操作内容的不同，其责任者可能是质量监督员、车间清洁员、维修人员及生产操作人员。

（5）实施的程序　实施程序应针对某一事项，按工作先后的流程规定具体的工作内容，并确定分工负责的部门及责任人；规定流程中各环节的内容，即 5W1H 以及记录表格等。

（6）记录日期　在程序文件正文之后，附上记录表格样式。

（7）文件审批　根据 SSOP 文件指令性的要求，该文件必须由负责卫生标准操作活动主管领导批准签字方可生效。

任务实施

GMP 在乳制品生产车间中的应用

目的：

通过对乳制品生产车间的现场查看，对照食品企业 GMP 要求，强化 GMP 内容的理解。

要求：

每4~6人一组，每组选出1名组长。组长负责本小组的工作分配，以组为单位进行研究讨论，组员之间互相配合，最终完成乳制品生产车间GMP检查表。

任务内容：

请以小组为单位完成下面的表2-27。

表2-27 GMP检查表

GMP要求	标准要求	实际情况	是否符合要求	改进建议
食品原料采购、运输及贮藏过程中的要求				
工厂设计与设施的要求				
食品用工具、设备的要求				
食品用水的要求				
食品加工过程中的要求				
食品包装的要求				
食品检验的要求				
食品生产经营人员个人卫生的要求				

巩固与提高

一、单选题

1. 批生产记录应按（　　）归档。

A. 生产日期　B. 批号　C. 包装日期　D. 出厂日期

2. 物料存放已超过了规定年限，应（　　）。

A. 挑选使用　B. 废弃不用　C. 监督销毁　D. 申请复检

3. 食品生产企业，人流、水流和气流的方向应为（　　）。

A. 从高密度区到低密度区　B. 从高气流区到低气流区

C. 从高污染区到低污染区　D. 从高清洁区到低清洁区

4. 采用紫外线照射法进行消毒时，消毒时间不少于（　　）。

A. 20min　B. 30min　C. 60min　D. 90min

二、多选题

1. 一般来讲，食品加工企业用水的水源有（　　）。

A. 海水　B. 城市公共用水

C. 自供水　D. 矿泉水

2. 表面样品的检测项目有（　　）。

A. 细菌总数　B. 沙门氏菌　C. 肉毒梭菌　D. 寄生虫

E. 金黄色葡萄球菌

三、判断题

1. 质检人员和机修人员进入洁净区也应按规定的程序更换相应的洁净衣。(　　)

2. 直接接触食品的生产人员每两年必须体检一次。(　　)

3. 生产管理部门应参加对主要物料供应上的质量体系评估。(　　)

四、单项实训

1. 某乳品企业，维修工在维修设备的时候不小心把机油滴在了牛乳的包装材料上，请问应由 SSOP 中哪个方面来管理？

2. 某食品企业生产员工用绿茶饮料的瓶子装设备洗洁精，瓶身没有做出特殊标识，交接班后，另一班员工以为是饮料，结果造成误服，请问是 SSOP 中哪方面的管理问题？

3. 请根据你的食品企业实习经历，回顾一下你都接触到哪些 SSOP 文件与记录。

4. 小王进入某肉制品企业，发现厂区门口的一个厕所内虫蝇乱飞，且无洗手设施。肉制品的粗、精加工区间有一通道，并看到工人直接从通道由初加工车间进入精加工车间。请根据学到的 GMP 要求以及 SSOP 管理，讨论这个肉制品企业存在哪些问题？

任务二　危害分析

任务要求

1. 描述 HACCP 的 7 个基本原理及其作用。

2. 根据某一具体的食品生产过程编制 HACCP 工艺流程图。

3. 结合生产现场对流程图进行验证与调整。

4. 会进行危害分析，并提出相应的控制措施。

2.2.2.1
HACCP 概述

知识准备

一、危害分析与关键控制点简介

危害分析与关键控制点（HACCP）是一个以预防食品安全为基础的食品安全生产、质量控制的保证体系。由食品的危害分析（HA）和关键控制点（CCP）两部分组成，是一项国际认可技术。

HACCP 体系的核心是用来保护食品在整个生产过程中免受可能发生的生物、化学、物理因素的危害。其宗旨是将这些可能发生的食品安全危害的控制方法从仅靠最终产品检验（即检验不及格）转变为对食品设计和生产的控制（即预防不及格）。

总之，HACCP 是一种质量保证体系，是一种预防性策略，是一种控制食品安全危害的预防体系而不是反应性体系，它的目的不是零风险而是用来使食品安全危害的风险降到最小或可接受的水平。

（一）HACCP 的相关术语

（1）危害　可以引起食物不安全消费的生物性、化学性或物理性的因素。

常见的危害包括：①生物性污染：致病性微生物及其毒素、寄生虫、有毒动植物；②化学性污染：杀虫剂、洗涤剂、抗生素、重金属、滥用添加剂等；③物理性污染：金属碎片、玻璃碴、石头、木屑和放射性物质等。

（2）显著危害　指可能发生的危害，一旦发生对消费者导致不可接受的健康风险。

（3）危害分析　根据加工过程的每个工序分析是否产生了显著的危害，并叙述相应的控制措施。

（4）控制　使操作条件符合规定的标准或使生产按正确的程序进行，并满足标准的各项要求。

（5）控制点（CP）　能控制生物性、物理性或化学性危害的任何点、步骤或过程。

（6）关键控制点（CCP）　可以被控制的点、步骤和过程，经过控制可以使食品潜在的危害得以防止、排除或降至可接受水平。

（7）关键限值（CL）　在关键控制点上，为防止危害发生所制定的物理或化学参数。

（8）操作限值（OL）　在充分考虑产品的消费安全性和最大限度地减少经济损失基础上，制定的比 CL 稍严格的物理或化学参数。

（9）监控　执行有计划、有顺序的观察或测定，以判定 CCP 是否在控制中。

（10）偏离　不能满足关键限值的要求。

（11）确认　验证的要素包括信息的收集和评估，以决定当 HACCP 计划正常实施时，是否能有效地控制显著的食品安全危害。

（12）控制措施　是指那些用来消除危害或将危害发生率降低至可接受水平的行为或活动。

（13）预防措施　用来防止或消灭食品危害或使其降低到可接受水平的行为和活动。

（二）HACCP 的基本原理

原理 1：进行危害分析并确定预防措施。

确定与食品生产各阶段有关的潜在危害性，它包括原材料生产、食品加工制造过程、产品储运、消费等各环节。这里的危害是一种使食品在使用时可能产生不安全的生物的、化学的或物理

2.2.2.2
HACCP 基本原理

方面的特征。进行危害分析时，还应该进行风险评估。风险是指某条件或某些条件下导致危害的可能性。每种操作方式及每个食品经营企业，都会给消费者带来不同程度的风险。对于风险极小或不可能发生的危害，不必列入 HACCP 体系。危害分析不仅要分析其可能发生的危害和危害的显著性，也要涉及有预防措施来控制这种危害。实际操作中可利用危害分析表，分析并确定潜在危害。

原理 2：确定关键控制点（CCP）。

一个关键控制点就是食品生产流程中的一个操作（规范、制备步骤或程序），这个操作（规范、制备步骤或程序）可以预防、消除或把危害降低到可接受的水平。也就是说，关键控制点是加工工序一旦失控则有可能产生对健康不可容忍危害的那些环节。如原料生产收获与选择、加工、产品配方、设备清洗、储运、雇员与环境卫生等都可能是 CCP，且每一个 CCP 所产生的危害都可以被控制、防止或将之降低至可接受的水平。关键控制点是 HACCP 控制活动将要发生过程中的点。对危害分析期间确定的每一个显著的危害，必须有一个或多个关键控制点来控制危害。只有能够控制食品安全显著危害的点，才能被认为是关键控制点。

原理 3：确定关键限值（CL）。

对于每个 CCP 点必须确定一个或多个 CL，以确保每个 CCP 限制在安全值以内。这些关键限值常常是一些食品加工保藏的有关参数，如温度、时间、物理性质、水分、pH 及有效氯等。为了确定关键控制点的关键限值，应全面地收集法规、技术标准的资料，从中找出与产品性状及安全有关的限量，还应有产品加工的工艺技术、操作规范等方面的资料。CL 应做到合理、适宜、适用。而且关键限值还要直观、易于监测。一般不用微生物指标作为 CL。

原理 4：确定监控关键控制点的措施。

监控是指一系列有计划的观察和措施，用以评估 CCP 是否处于控制中，并且为将来验证时使用作出准确记录。应尽可能通过各种物理及化学方法对 CCP 进行连续的监控。当无法在连续的基础上对一个关键限值进行监控时，间隔进行的监控次数必须频繁，以确保 CCP 是在受控中。

监控是 HACCP 体系最重要的行为之一，其目的是收集数据作出有关关键限值的决定。监控要在最接近控制目标的地方进行，如果一个操作被确定为关键控制点，并为其建立了关键限值，但执行时没有在合适的地方设置监控系统，那么这个操作实际并没有被纳入 HACCP 体系。

原理 5：确立纠偏措施。

HACCP 体系是用于防止计划中的工序发生偏差，但要完全避免 CCP 偏离关键限值是几乎不可能做到的。因而，必须在每一个 CCP 上都应确立合适的纠偏计划来确保对在产生偏差过程中所生产的食品进行适当的处置，来确定和改正产生偏差的原因，以确保 CCP 再次受控，并保留所采取的维持纠偏动作的记录。

原理 6：验证程序。

通过制订验证程序来验证 HACCP 体系的正确运作。包括审核关键限制是能够控制确定的危害，保证 HACCP 计划正常执行。审核的记录文件应反映不管在任何点上执行计划的情况都可随时被检出。

原理 7：确立有效的记录保存程序。

要求把 HACCP 计划和用于制订计划的支持性文件、关键控制点、监控记录、纠偏行动记录、验证活动记录及其他与执行 HACCP 计划有关的信息、数据记录文件完整地保存下来。

二、预备步骤

（一）成立 HACCP 计划小组

HACCP 小组的成员不仅应具备本企业产品相关专业知识和技能，还必须经过 GMP、SSOP、HACCP 原理的培训并经考试合格。HACCP 小组的组长应具备以下基本技能和知识：①有食品生产过程或处理操作方面的实际工作经验；②有微生物学及食品安全控制方面的基本知识；③对良好的环境卫生和良好的生产环境以及卫生操作程序的理解；④能够理解和识别生物危害、化学危害及物理危害；⑤对食品加工设备的了解及控制或消除潜在危害方式的理解；⑥具有一定的领导能力。

小组成员需获得主管部门的批准或委任，要经过严格的培训，具备足够的岗位知识。中高层管理人员和部门经理也是方案拟定研究小组理想的成员，每个小组可由 5~6 名成员组成。

（二）描述产品

因为不同的产品、不同的生产方式，其存在的危害及预防措施也不同，对产品进行描述可帮助识别在产品形成过程中使用的原料成分，包括包装材料中可能存在的危害，便于考虑和决定人群中敏感个体能否消费该产品。在这一阶段，HACCP 小组必须正确说明：①产品的性能、用途以及使用方法：如即食或加热后食用、适宜人群；②相关的安全信息：包括成分、物理或化学特性，如 pH 等；③加工方式：如热处理、冷冻、盐渍、烟熏等；④包装类型及包装条件：如散装、纸箱、桶装、气调包装、真空包装等；⑤保质期和贮藏条件：应说明产品应怎样贮藏才能最大限度地减少危害、降低风险、延长保质期，包括适宜的贮藏温度、湿度、环境条件；⑥储运方式：包括各种用于减少危害影响和风险的特殊要求，如冷藏车的温度、干燥的运输工具中运输。

（三）确定产品用途及消费对象

食品的最终用户或消费者对产品的使用期望即是用途。实施 HACCP 计划的食品应确定其最终消费者，特别要关注特殊消费人群，如儿童、妇女、老人、体弱者、免疫功能不健全者。食品的使用说明书要明示由何类人群消费、食用目的和如何食用

(如生食、即食、加热食用等)，有时还应考虑易受伤害的消费人群应注意的事项。

（四）编制流程图

2.2.2.3 HACCP 工艺流程图

生产工艺流程图是一张按序描述整个生产过程的流程图，它清晰、准确、扼要地描绘了产品的整个生产工艺过程的每一步骤。生产流程图是 HACCP 计划的基本组成部分，有助于 HACCP 小组了解生产过程，进行危害分析，生产流程图包括生产过程中所有的要素以及从生产到消费者整个过程的细节。流程图还可以包括食品链加工前和加工后的步骤，消费者的行为也应归纳于生产流程图中。HACCP 工作小组应对生产工艺流程图中所涉及的每一加工步骤进行详细的文字说明。

（五）流程图现场验证

生产工艺流程图绘制之后，HACCP 小组应结合实际生产工序现场逐项对照检查，防止遗漏，以保证生产工艺流程图的完整性和准确性。流程图中所列的每一步操作，应与实际操作过程进行比较确认，如果有误，HACCP 小组应加以修改调整。如改变操作控制条件、调整配方、改进设备等，应将原流程图偏离的地方加以纠正，以确保流程图的准确性、适用性和完整性。

完成了危害分析的预备步骤后，进入了食品安全管理的核心——危害分析。通过危害分析，找出关键控制点。

三、进行危害分析，提出控制措施

危害分析是 HACCP 最重要的一环。按食品生产的流程图，HACCP 小组要列出各工艺步骤可能会发生的所有危害及其控制措施，包括有些实际可能发生的事，如突然停电而延迟加工，半成品临时储存等。危害包括生物性（微生物、昆虫及人为的)、化学性（农药、毒素、化学污染物、药物残留、合成添加剂等）和物理性（杂质、软硬度）的危害。在生产过程中，危害可能是来自原辅料的、加工工艺的、设备的、包装储运中的、人为的等方面。在危害中尤其是不能允许致病菌的存在与增殖及不可接受的毒素和化学物质的产生。因而危害分析强调要对危害的出现可能、分类、程度进行定性与定量评估。

危害分析和确定相关控制措施有三个目的：①识别危害并确定显著危害和相关的控制措施；②识别加工过程中危害的产生并确认加工过程或产品是否需要改进，从而进一步确保产品的安全；③为确定 CCP 提供基础和依据。

危害分析的过程一般分为三个阶段：第一阶段，由 HACCP 小组对产品的组成和成分、每一加工步骤和使用设备、最终产品及其贮藏和销售方式、预期用途和消费人群进行审查分析，在此基础上，列出各步骤可能引入、增加或需要控制的生物的、化学的、物理的潜在危害。对历史上曾经发生过的食品安全事件要予以充分考虑，同时要注意吸收最新的食源性疾病与食品安全研究成果。第二阶段，HACCP 小组对潜在危害进行评价，确定必须控制并列入 HACCP 计划的危害。对危害的严重性和发生的可能性进行评价，以确定哪些危害是必须控制的。危害发生的可能性的评价要建立在经验、流行病学数据和技术文献的基础上。在危害分析期间，要把对食品安全的关注同对食品的品质、规格、数量、包装和其他卫生方面有关的质量问题的关注分开。第三阶段是提出安全危害的控制措施。将危害分析的过程和结果列入危害分析表（表 2-28）。

表 2-28　××企业危害分析表

企业名称： 企业地址： 预期用途和消费者： 制单人：			产品说明： 销售和贮藏方法： 包装： 制单日期：		
加工工序	确定在这个工序中引入的控制的或增加的潜在危害	潜在的危害是否显著	对第 3 列的判断依据	防止显著危害的措施	是否为关键控制点
	生物危害				
	化学危害				
	物理危害				
	生物危害				
	化学危害				
	物理危害				
	生物危害				
	化学危害				
	物理危害				

（一）识别危害需考虑的因素

在进行危害分析时，要系统地分析食品中可能存在的各种危害并判断其严重性。危害的“严重性”通常是指危害因素存在的多少或所致后果程度的大小。一般引起疾病的危害可分为二类：①威胁生命：如肉毒梭菌毒素、鼠伤寒沙门氏菌、单核细胞增生李斯特菌、霍乱弧菌、创伤弧菌、麻痹性贝类毒素、遗忘性贝类毒素；②引起后果严重或慢性病：如布鲁氏菌、弯曲杆菌、致病性大肠杆菌、沙门氏菌、志贺氏菌、A 型链球菌、副溶血性弧菌、结肠耶氏菌、甲肝病毒、真菌毒素等；③引起中等或轻微疾病，如杆菌属、产气荚膜杆菌、蜡样芽孢杆菌、金黄色葡萄球菌、多数寄生虫、腹泻性贝类毒素、组胺类等。

能引起人类食品安全危害的主要因素有生物因素、化学因素、物理因素三大类，这三大类危害因素可以发生在食品生产和加工的任何阶段。

1. 生物性危害

生物性危害包括致病菌或产毒的微生物、病毒、寄生虫等，这一类危害可以通过动植物本身染病带菌、带毒或带虫，也可以通过环境而获得，加工过程中人为因素、病媒害虫的交叉污染也是一个重要污染路径。对生物性危害，最好的控制措施是高温处理，一般的低温控制、清洗、防腐剂、消毒剂等也有一定效果。

2.2.2.4
食品危害

2. 化学性危害

化学性危害主要包括农兽药残留物、天然毒素（有毒蘑菇、有毒鱼贝类等）、环境污染物、清洗剂、消毒剂、食品添加剂及来自包装物、工器具的化学性有毒有害物质。也包括误用或恶意投毒而进入食品的化学性有毒物。对化学性危害的控制比较困难，特别是对已经进入食品的化学污染物难以清除。所以加强源头控制、强化预防措施是最有效的方法。

3. 物理性危害

物理性危害主要包括存在于食品中的各种异物，如玻璃碎片、金属碎屑、砂石、鱼骨、木屑、竹签等。消除这些危害的主要措施是使用金属探测仪、X 射线机、去砂石机、网筛、磁选机及人工挑拣等。

课堂训练

试分析以下几种情况属于哪种危害，可以采取怎样的措施对其进行控制。

1. 面粉中发现了塑料。
2. 纯净水瓶口内发现虫卵。
3. 牛肉中发现磺胺类药物残留物。

（二）提出控制措施

通过详细的危害分析，列出各加工工序可能存在或产生的危害，识别危害并提出相应的控制措施。能通过 SSOP 进行控制的危害则通过 SSOP 加以控制，采用 SSOP 等措施不能有效控制的危害则可列入 HACCP 计划予以重点控制。控制措施是用以防止或消除食品安全危害或将其降低到可接受的水平所采取的任何行动和活动。在实际生产过程中，可以采取许多措施来控制食品安全危害。有时一种危害需要向时用几种方法来控制，有时一种控制方法可同时控制几种不同的危害。例如高温既可杀灭细菌、病毒、寄生虫和寄生虫卵，又可灭活一些毒素和酶。

1. 生物危害的控制措施

（1）运用时间/温度控制机制　适当地控制加工和贮藏的时间以及环境温度可以抑制致病菌的生长，预防毒素的产生。具体措施如下：①加热和蒸煮：通过加热处理产品，可有效杀灭细菌、病毒、寄生虫和寄生虫卵等有害生物；②冷却或冷冻。冷却或冷冻可以抑制致病菌的生长；冷冻可使寄生虫死亡。

（2）运用 pH 或水分活度及其他控制机制　具体措施：①发酵或 pH 控制：产酸菌株产生乳酸可抑制部分不耐酸致病菌的生长；②添加盐、糖：利用渗透压和水活度原理抑制某些致病微生物的生长；③干燥：干燥也是降低食品水分含量，减少微生物生长所需水分的供给，高温干燥过程可以杀死致病微生物，低温干燥可抑制致病菌的生长；④添加防腐剂：防腐剂可抑制某些致病菌的生长，但防腐剂本身的安全性问题应同时考虑；⑤利用来源控制机制：从非污染区域和合格的供应商那里收购原料，控制原料中的有害生物。

2. 化学危害的控制措施

（1）源头控制　选择土壤、水域、空气环境优良的区域，有土壤本底资料、水质有监测合格证明，原料污染物和残留物的监测合格证明。

（2）加工过程控制　合理使用食品添加剂，采取合理的工艺控制，防止加工过程中可能产生的外源性污染。

（3）标识控制　在产品包装或标签上标识配料和已知过敏物质。

3. 物理危害的控制措施

（1）来源控制　由供应商提供证明和必要时进行原料检测。

（2）生产过程控制　通过磁铁、金属探测仪、筛网、比重分选机、过滤器、X 射线设备的使用以及感官检查等措施检测控制。

四、确定关键控制点

食品加工过程中有许多可能引起危害的环节，但并不是每一个都是 CCP，只有这些点作为显著的危害而且能够被控制时才认为是关键控制点。对危害的控制有以下几种情况：①危害能被预防：例如，通过控制原料接收步骤（要求供应商提供产地证明、检验报告等）预防原料中的农药残留量超标；②危害能被消除：例如，杀菌步骤能杀灭病原菌；金属探测装置能将所有金属碎片检出、分离；③危害能被降低到可接受的水平：例如，通过对贝类暂养或净化使某些微生物危害降低到可接受水平。原则上关键控制点所确定的危害是在后面的步骤不能消除或控制的危害。

关键控制点应根据不同产品的特点、配方、加工工艺、设备、GMP 和 SSOP 等条件具体确定。一个危害可由一个或多个关键控制点控制到可接受水平；同样，一个关键控制点可以控制一个或多个危害。一个 HACCP 体系的关键控制点数量一般应控制在 6 个以内。

小贴士

如果本步骤或工序可以由前提方案或操作性前提方案来控制，则此步骤不是关键控制点（CCP）。例如，某企业清洗用水的卫生控制由“操作性前提方案”来控制，则水的卫生控制不列为CCP。

任务实施

HACCP工艺流程图的制订与危害分析

目的：

掌握HACCP工艺流程图的绘制方法，会通过对生产现场的工艺流程的实际操作情况绘制HACCP流程图。并能根据实际生产操作的生产工艺流程图进行危害分析，通过危害分析能够确定关键控制点。

要求：

每4~6人一组，成立HACCP工作小组，每组选出1名组长。组长负责本小组的工作分配，以组为单位进行研究讨论，组员之间互相配合，最终完成HACCP工艺流程图的制订和危害分析单。

任务内容：

1. 请结合乳制品生产现场绘制液态乳生产工艺流程图，并进行现场验证。

2. 依据制订的液态乳生产工艺流程图，结合前面任务的HACCP生产工艺流程图来进行液态乳的生产过程的危害分析，并填写在表2-29中。

表2-29　危害分析单

工艺步骤	可能存在的危害	是否是显著性危害	判断依据	用来控制危害的控制措施	是否是关键控制点

巩固与提高

一、单选题

1. 以下不属于 HACCP 的七个原理之一的是（　　）。

A. 危害分析和预防措施　　B. 确定关键控制点

C. 建立关键限值　　D. 控制与措施

2. 食品危害主要包括生物性的、化学性的和（　　）。

A. 物理性的　　B. 生理性的　　C. 生物性的　　D. 生化性的

3. 不属于微生物性外来污染物的是（　　）。

A. 污染的水滴和冷凝水　　B. 空气中的灰尘、颗粒

C. 唾沫、喷嚏污染　　D. 因头发外漏而脱落的头发

4. 潜在不安全产品是指（　　）。

A. 产品的安全性能超过目标要求

B. 目前合格，但可能在下一环节不合格

C. 超出关键限值的条件下生产的产品

D. 产品的安全性能不符合顾客要求

二、判断题

1. 食品容器可使用竹制品、纤维。（　　）

2. 企业要有固定的场所或区域，对工器具进行清洗、消毒。（　　）

3. 一个关键控制点不能用于控制一种以上的危害。（　　）

4. 生物性危害是指致病菌和寄生虫两方面的危害。（　　）

5. 危害分析包括危害识别和评价，控制措施的识别和评价不属于危害分析。（　　）

6. 关键控制点越多，则食品质量越有保证。（　　）

任务三　建立 HACCP 计划

任务要求

1. 列举 HACCP 计划中的内容。

2. 根据某一具体的食品生产过程制订 HACCP 计划。

知识准备

2.2.3.1
HACCP 计划

一、 HACCP 计划的确定与完成

根据危害分析中所确定的关键控制点，可以制订并采用 HACCP 计划表（表 2-30）。计划表中含有关键控制点、显著危害内容、预防措施及限值、监控方法内容、纠偏措施、记录与验证方法等。在实际工作中，可以根据所生产食品的特点，自行确定便于操作的 HACCP 计划表。

表 2-30　HACCP 计划表

<table>
<tr><td colspan="10">企业名称：　　　　　　　　　　　　产品名称：
企业地址：　　　　　　　　　　　　贮藏及分销方式：
计划用途和消费者：</td></tr>
<tr><td rowspan="2">关键控制点（CCP）</td><td rowspan="2">显著危害</td><td rowspan="2">关键限值</td><td colspan="4">监控</td><td rowspan="2">纠偏措施</td><td rowspan="2">验证措施</td><td rowspan="2">档案记录</td></tr>
<tr><td>内容</td><td>方法</td><td>频率</td><td>监控者</td></tr>
<tr><td></td><td></td><td></td><td></td><td></td><td></td><td></td><td></td><td></td><td></td></tr>
<tr><td></td><td></td><td></td><td></td><td></td><td></td><td></td><td></td><td></td><td></td></tr>
<tr><td></td><td></td><td></td><td></td><td></td><td></td><td></td><td></td><td></td><td></td></tr>
<tr><td colspan="10">企业负责人签名：　　　　　　　　　　　　日期：</td></tr>
</table>

二、 HACCP 计划的构成

HACCP 计划的确定与完成，主要由以下几部分组成：

（一）确定关键限值

为每个 CCP 建立的 CL，通常是一个或多个必须有效的规定量，若这些 CL 中的任何一个失效，则 CCP 失控，并存在一个潜在的危害。CL 最常使用的判断指标（表 2-31）是温度、时间、相对湿度、水分活度、pH、滴定酸度、防腐剂、有效氯、黏度等所规定的物理或化学的极限性状，以及感官指标，如外观和气味等。

建立 CL 应做到合理、适宜、适用和可操作性强，如果过严，会造成即使没有发生影响食品安全的危害，也采取纠正措施。如果过松，又会产生不安全产品。好的 CL 应是直观、易于监测、能使只出现少量不合格产品就可通过纠正措施控制

并且不是 GMP 或 SSOP 程序中的措施。

表 2-31　CL 的常用指标

常用指标	食品安全界限
温度	保持食品处于 5℃或 5℃以下条件；处于 57℃或 57℃以上条件；保持明确的食品烹调、冷却、再加热和保持温度
时间	在食品制备和供应阶段，食品处于危险温度带内的时间不能超过 4h
水分活度	水分活度为 0.85 或低于 0.85 的食品，不支持有害细菌生长
pH	pH 低于 4.6 的食品，不支持有害细菌生长

在实际生产中，为对 CCP 进行有效控制，可以在 CL 内设定 OL 和操作标准。OL 可作为辅助措施用于指示加工过程的偏差，这样在 CCP 超过 CL 以前就进行调节以维持控制。例如，在某出口肉制品的加热工序，国外企业规定的 CL 为加热时蒸柜内温度保持在 100℃，产品的中心温度不低于 70℃，持续 1min；OL 设为蒸柜内温度保持在 100℃，产品的中心温度不低于 75℃，持续 1.5min。由此可见，OL 要比 CL 更严格。在监视测量时，当发现 CCP 超过 OL 时，操作人员应采取相应调整措施予以控制。但此时的措施不是纠偏行动。要确保所有人员理解 OL 并懂得如何使用，并用来指导对 CL 的操作，要避免 CL 与 OL 相互混淆。确定 OL 时，应考虑正常的误差，如油炸锅温度最小偏差为 2℃，OL 确定比 CL 相差至少大于 2℃，否则无法操作。

（二）建立监控程序

确立了 CCP 及其 CL 后，随之而来的就是对其实施有效的监控措施，这是 CCP 成败的关键。通过监控、观察和测量关键控制点，将结果与 CL 进行比较，从而判定其是否处于控制之下（或是否发生失控），并及时发现失控情况。

1. 监控的目的

（1）对确定的 CCP 操作的跟踪测量，使加工过程在 CL 或 OL 发生偏离之前回复到控制状态。

（2）监控用于确定 CCP 上的偏差和采取适当的纠偏行动。

（3）为验证提供书面文件。如某工序未予准确控制并发生偏离，有可能造成食品不安全。

2. 监控的内容

监控是指对 CCP 的有计划的测定或观察，以确定是否符合 CL 的要求。监控的内容可以是生产线上的，如时间与温度的测量；也可以是非生产线上的，如盐、pH、总固形物、化学成分、微生物总数等的测定。如果是原辅料，则要查验供货商的产品质量证书。

3. 监控的方法

监控方法有在线检测和终端检测两类方法。要求使用快速检测方法，因为CL的偏差必须快速判定，确保及时采取纠偏行动以降低损失。监控可以通过观察和采用物理或化学的测量来实现，对每个CCP的具体监控过程取决于CL或OL以及监控设备和监控方法，选择的监控方法必须能够及时测量或观察到失控之处。

（1）观察　通过视觉、嗅觉和味觉感觉器官来进行观察。当用观察进行监控时，应对监控人员进行培训，保证监控人员判断的一致性。

（2）测量　用物理或化学方法测量，这要比通过观察进行监控更客观真实。

例如，时间-观察法、温度-温度计测量法、pH-pH计测量法。

4. 监控的人员

明确监控责任是保证HACCP计划成功实施的重要手段，因此必须指定专人来执行监控。监控人员选择与HACCP计划是否得到贯彻实施关系重大。监控人员可以是流水线上工人、设备操作工、工序监督员、维修人员、品管人员等。

监控结果必须记录（表2-32）与CCP有关的全部记录和文件，然后根据这些信息资料作出判断，为今后采取某些措施提供依据，也可对失控的加工过程提出预警，即使当加工完成时，监控也可以帮助指出失控问题的原因。

表2-32　××企业××工序关键控制点监控记录表

CCP名称		监控设备及方法	
监控对象		监控频率	
监控人员		监控时间	
监控位置		生产批号	
生产线号		包装规格	
关键限值（CL）		操作限值（OL）	
观察测定结果			
操作记录人：	时间：	复核人：	时间：

（三）建立纠偏行动

当监控结果指出一个CCP失控时，也就是监控指标超过了CL时，可能会产生严重后果。此时，HACCP体系应立即采取纠正措施，而且必须在偏差导致安全危害发生之前采取措施甚至停止生产流程。当所有的CCP处于控制之下时，重新启动生产流程。纠偏行动由两部分组成。

1. 阻止偏离的措施，使生产过程恢复有效控制

纠正措施必须把 CCP 尽可能快地恢复到有效控制状态。为了避免继续生产不良产品和过多地产生不合格的产品，有时需要停止生产。查出原因并予以消除，防止以后再次发生。

2. 纠正偏离的措施，要确定对发生偏离时所生产产品的处理方法

在超出 CL 时，必须把生产的产品和正常的产品分离，直到产品经过检测和评估并确定了处理方法时为止。

对于关键控制点偏差的调查结果也要形成文字记录，并随同纠偏行动的详细情况记录归档保存，这有助于认识重复出现的不合格现象以便采取相应的措施，使 HACCP 方案得到持续改进而完善。

整个纠偏行动过程应做详细的记录，内容包括：①产品描述、隔离或扣留产品数量；②偏离描述；③所采取的纠偏行动（包括失控产品的处理）；④纠偏行动的负责人姓名；⑤必要时提供评估的结果。

（四）建立验证程序

验证（审核）是了解所规定并实施的 HACCP 系统是否处于准确的工作状态中，能否做到确保食品安全。“验证才足以置信”，这是验证原理的核心。验证程序是 HACCP 计划实施过程中最复杂的程序之一。HACCP 体系的验证包括：①确认；②CCP 验证；③HACCP 系统的验证。

（五）建立文件和记录管理程序

“没有记录就等于没有发生”，记录是采取措施和行动的书面证据，应用 HACCP 体系必须有效、准确地保存各种记录。文件和记录的保存与实际情况相适应，不但可用来确证企业是按既定的 HACCP 计划执行的，而且可利用这些信息建立产品流程档案，一旦发生问题，能从中进行追溯性查询。此外，记录还提供了一个有效的监控手段，使企业能够及时发现并调整加工过程中偏离 CCP 的趋势，防止生产过程失去控制。

任务实施

根据液态乳生产加工过程编写 HACCP 计划

目的：

通过任务实施训练掌握 HACCP 计划编写的步骤和方法以及注意事项。

要求：

每 4~6 人一组，每组选出 1 名组长。组长负责本小组的工作分配，以组为单位进行研究讨论，组员之间互相配合，最终完成 HACCP 计划。

任务内容：

请根据上个任务危害分析单，编写生产的 HACCP 计划，完成表 2-33。

表 2-33　　HACCP 计划

关键控制点	显著性危害	关键限值	监视				纠正及纠正措施	验证	记录
			对象	方法	频率	监控人			

巩固与提高

一、单选题

1. 纠偏行动是用来（　　）。

A. 当超过关键限值时恢复控制　　B. 判断一个 CCP 的危害是否已被控制

C. 避免对最终产品的验证　　D. 防止危害发生

2. HACCP 计划需保持的记录数随（　　）的不同而不同，并依赖于食品加工的种类。

A. 食品经营地区　　B. 食品经营企业

C. 食品经营人员　　D. 食品营销模式

二、判断题

1. 形式检验属于常规检验，需要每个批次都进行检验。(　　)

2. OL 比 CL 更严格的限度，是操作人员用以降低偏离的风险的标准。(　　)

3. HACCP 体系所阐述的纠偏措施即纠正措施。(　　)

4. HACCP 计划实施后，若产品或加工过程没有发生变化，则不需要再次采取确认行动。(　　)

三、单项实训

1. 对于关键控制点失控期间生产的产品，应采取哪些纠偏措施?

2. 如果你是某食品加工企业的 HACCP 小组的组长，应该如何计划和实施 HACCP 体系的内部审核工作?

项目2-3

食品安全数字化追溯系统控制

项目导学

“食品安全追溯体系”是一个能够连接生产、检验、监管和消费各个环节，让消费者了解符合卫生安全的生产和流通过程，提高消费者放心程度的信息管理系统。采用生产环境信息实时在线采集技术等，为实现食品安全溯源提供数据支持；通过信息编码技术、信息交换、数字化技术，构建食品生产、加工、储运、消费环节质量安全信息管理体系；通过构建食品安全可追溯平台，为消费者、监管者提供质量安全信息查询服务。利用信息物理系统（CPS）实现信息系统和物理世界以及各信息系统之间的深度融合，通过使用产品生命周期管理（PLM）模式，形成一个从产品制造最初阶段到最终出库的所有信息集合，实现供应商、生产商、客户的实时联动，提升整体质量，优化产品使用。

学习目标

【素质目标】

1. 具有严谨的科学态度和精益求精的工匠精神。
2. 具备良好的专业技能素养和掌握专业领域学习方法、研究方法。
3. 具有良好的安全文明生产意识和节能环保意识。

【知识目标】

1. 了解食品安全追溯信息系统。
2. 认识信息物理系统，了解数字化工厂基本功能。
3. 掌握食品追溯和食品追溯体系的基本概念、设计与实施。
4. 掌握 PLM 的基本概念、分类、功能。

【能力目标】

1. 具备解决生产制造过程中监测报警及处理问题的能力。
2. 能掌握智能管理的主要方式和方法。
3. 能解析典型 PLM 系统的运行过程。

思政融合

课程思政点：工匠精神——精准

案例引入： 某食品厂某一批次的鸡肉制品在销入市场，被消费者食用后，发生了过敏现象，消费者对其进行了客诉，该厂进行了大范围的排查，对各个部门进行走访调查，历时 2 周才查出结果为配料部门进行配料时，没有严格使用称量工具，将称量过敏源辅料的工具弄混称量了正常辅料，导致消费者食用后出现过敏现象。

请思考上面案例中的处理过程，有何建议？

案例分析： 本案例中的处理过程烦琐，历时时间较长，建议采用现代化技术，利用智能化管理系统，智能化管理车间，构建完整的食品安全追溯体系，对产品生产至销售整个生产过程进行全方位管控。

任务一 食品安全追溯体系

情境导入

“食品安全追溯体系”是一个能够连接生产、检验、监管和消费各个环节，让消费者了解符合卫生安全的生产和流通过程，提高消费者放心程度的信息管理系统。现代化的生产已经步入智能化时代，如何利用智能化的追踪系统来完成食品安全各个环节的追溯呢？小王带着这些问题进入了具体的学习。

任务要求

1. 了解食品安全追溯信息系统定义、作用与意义。
2. 明确体系设计过程。
3. 能够在组织内实施可追溯体系。

知识准备

一、概述

1. 可追溯性与可追溯体系

在我国等同采用的国际标准《质量管理体系　基础和术语》（GB/T 19000—2016/ISO 9000：2015）中认为追溯是质量管理系统中的一个重要组成部分，并将“可追溯性”定义为：追溯所考虑对象的历史、应用情况或所处位置的能力。

在《食品安全管理体系　食品链中各类组织的要求》（GB/T 22000—2006/ISO 22000：2005）中引用了 ISO 9000 中的术语和定义，并提到，组织应建立且实施可追溯系统，以确保能够识别产品批次及其原料批次、生产和交付记录的关系；可追溯性系统应能够识别直接供方的进料和终产品初次分销的途径；应按规定的期限保持可追溯性记录，以便对体系进行评估，使潜在不安全产品得以处理；在产品撤回时，也应按规定的期限保持记录。

在我国等同采用的国际标准《饲料和食品链的可追溯性　体系设计与实施的通用原则和基本要求》（GB/T 22005—2009/ISO 22005：2007）中使用了与 CAC 国际食品法典委员会一致的对可追溯性的定义，即：追踪饲料或食品在整个生产、加工和分销的特定阶段流动的能力。对可追溯体系的定义是：能够维护关于产品及其成分在整个或部分生产与使用链上所期望获取信息的全部数据和作业。该标准是 ISO 22000 系列食品安全管理体系标准家族中的新成员，也为组织实施 ISO 22000 的标准提供了一种补充。

2. 食品安全追溯体系

食品安全追溯体系是一个能够连接生产、检验、监管和消费各个环节，让消费者了解符合卫生安全的生产和流通过程，提高消费者放心程度的信息管理系统。有时简称为食品追溯体系（系统）或食品追溯。

我国《中华人民共和国食品安全法》第四十二条规定，国家建立食品安全全程追溯制度，食品生产经营者应当依照本法的规定，建立食品安全追溯体系，保证食品可追溯。国家鼓励食品生产经营者采用信息化手段采集、留存生产经营信息，建立食品安全追溯体系。

食品安全追溯体系是一种基于风险管理为基础的安全保障体系。包括两个层次内容：宏观意义上指便于食品生产和安全监管部门实施不安全食品召回和食品原产地追溯，便于与企业和消费者信息沟通的国家食品追溯体系；微观上指食品企业实施原材料和产成品追溯和跟踪的企业食品安全和质量控制的管理体系。

该体系提供了“从农田到餐桌”的追溯模式，提取了生产、加工、流通、消费等供应链环节消费者关心的公共追溯要素，建立食品安全信息数据库，一旦发现问题，能够根据追溯进行有效的控制和召回，从源头上保障消费者的合法权益。也就是说，食品追溯体系是利用食品追溯技术标识每一件商品、保存每一个关键环节的管理记录，能够追踪和追溯食品在食品供应链的种植/养殖、生产、销售和消费整个过程中相关信息的体系。

食品供应链具有多主体、多环节、多渠道、跨地域等特征，其成员之间相互依赖、相互影响的复杂性，使其蕴含着很大的风险。任何一个环节出现问题都会波及整个食品供应链。如果根据行为者的主观意愿划分，可以将食品安全问题分为两种类型：一是作为行为者的食品供应链成员，在利益驱动下主观愿意而在投入物的选择及用量上违背诚信道德导致的食品安全问题；二是由于管理上的疏漏及现有技术的局限性导致的食品安全问题。食品安全追溯体系是可追溯信息在食品质量安全中的具体应用，旨在加强食品安全信息传递、控制食源性疾病危害、保障消费者利益的食品安全信息管理体系。

在图像处理、计算机、无线射频识别、电子标签、二维码和条形码技术、电子数码交换（EDI）技术以及脱氧核糖核酸（DNA）、聚合酶链反应（PCR）、抗体分析技术等关键技术的支持和应用下，食品安全追溯体系具备了标识标准化、标识唯一性、数据自动获取、关键节点管理、食品供应链成员信息共享等基本的技术条件，使其不仅能够实现追溯，而且能够客观有效地评估食品供应链各个环节的状况，能够指导食品供应链企业的生产和管理，为消费者提供安全的食品和对安全食品的信任，提升整个食品供应链的竞争力。

然而，正如过程控制的 HACCP 体系一样，食品安全追溯体系也只能是个工具，它可以帮助我们提升食品安全的管理水平，却不能保证食品一定是安全的。关键还在于从业者、管理者的良知、诚信和应担负起的责任。

3. 食品安全追溯体系的由来与发展

自 20 世纪 70 年代以来，无论是国际上还是在国内，食品安全问题日益突出(食物中毒、疯牛病、口蹄疫、禽流感等畜禽疾病以及严重农产品残药、进口食品材料激增等)，食源性疾病危害越来越大，危机频繁发生，严重影响了人们的身体健康，引起了全世界的广泛关注，尤其是 1990 年英国疯牛病“BSE”的暴发，政治上使欧盟各国产生矛盾，欧盟的权威性受到挑战，经济上使欧盟损失惨重，导致了公众对政府监督下的食品安全产生了严重的信任危机。如何对食品有效跟踪和追溯，已成为一个极为迫切的全球性课题。

虽然 ISO 9000 体系、GMP、SSOP 和 HACCP 体系等多种有效控制食品安全的管理办法纷纷被引入并在实践中运用，均取得了一定的效果。但是上述的管理办法都主要是对加工环节进行控制，缺少将整个供应链连接起来的手段。因此，非常有必要对整个供应链各个环节的产品信息进行跟踪与追溯，一旦发生食品安全问题，可以有效地追踪到食品的源头，及时召回不合格产品，将损失降到最低。

欧盟的食品可追溯系统应用最早，尤其是活牛和牛肉制品的可追溯系统。欧盟把食品可追溯系统纳入法律框架下。2000 年 1 月欧盟发表了《食品安全白皮书》，提出一个项根本性改革，以控制“从农田到餐桌”全过程为基础，明确所有相关生产经营者的责任。2002 年 1 月欧盟颁布了 178/2002 号法令，规定每一个农产品企业必须对其生产、加工和销售过程中所使用的原料、辅料及相关材料提供保证措施和数据，确保其安全性和可追溯性。据牛肉标签法，欧盟国家在生产环节要对活牛建立验证和注册体系，在销售环节要向消费者提供足够清晰的产品标识信息。

在市场经济高度发达的美国，食品可追溯系统主要是企业自愿建立，政府主要起到推动和促进作用。2003 年 5 月 FDA 公布了《食品安全跟踪条例》，要求所有涉及食品运输、配送和进口的企业要建立并保全相关食品流通的全过程记录。美国的行业协会和企业建立了自愿性可追溯系统。由 70 多个协会、组织和 100 余名畜牧兽医专业人员组成了家畜开发标识小组，共同参与制订并建立家畜标识与可追溯工作计划，其目的是在发现外来疫病的情况下，能够在 48h 内确定所有涉及与其有直接接触的企业。

日本于 2003 年 6 月通过了《牛只个体识别情报管理特别措施法》，于同年 12 月 1 日开始实施。2004 年 12 月开始实施牛肉以外食品的追溯制度。这部法律以动物出生时就赋予的 10 位识别号码为基础，建立了从“农田到餐桌”追溯体系。日本于 2005 年底以前建立了粮农产品认证制度，对进入日本市场的农产品要进行“身份”认证。根据有粮农产品认证制度的要求，申请认证的农产品必须正确地标明生产者、产地、收获和上市日期以及使用农药和化肥的名称、数量和日期等，以便消费者能够更加容易地判断农产品的安全性。

4. 中国的食品安全追溯体系

我国食品追溯体系的建立处于起步和尝试阶段，从 2002 年开始建立食品可追溯体系有关的相关法律和法规，并在一些地区和企业设立食品可追溯体系的试点，2002 年 5 月 24 日农业部令第 13 号令发布《动物免疫标识管理办法》规定对猪、牛、羊必须佩带免疫耳标，建立免疫档案管理制度。国家质检总局 2003 年启动的“中国条形码推进工程”，国内的部分蔬菜、牛肉产品开始拥有了属于自己的身份证。

2004 年 12 月国家质检总局发布实施了《食品安全管理体系要求》和《食品安全管理体系审核指南》，依据此系列标准可以加强原料提供的管理，一旦出现问题也有助于有效地追本溯源，采取应急预案，使危害降到最低。原农业部启动“城市农产品质量安全监管体系试点工作”，重点开展了农产品质量安全追溯体系建设。2007 年 8 月，我国公布并正式实施了《食品召回管理规定》。

原国家质检总局针对欧盟对水产品出口的新规定，使我国水产品出口贸易尽快适应国际规则，制定了《出境水产品追溯规程（试行）》和《出境养殖水产品检验检疫和监管要求（试行）》。

2010 年实施了等同采用的国际标准——《饲料和食品链的可追溯性 体系设计与实施的通用原则和基本要求》（GB/T 22005—2009/ISO 22005：2007）和指导性技术文件——《饲料和食品链的可追溯性 体系设计与实施指南》（GB/Z 25008—2010）。

中国物品编码中心近年来参照国际编码协会出版相关的应用指南，并结合我国的实际情况，相继出版了《牛肉产品跟踪与追溯指南》《水果、蔬菜跟踪与追溯指南》《食品安全追溯应用案例集》。

5. 食品安全追溯体系的作用和意义

追溯体系最重要的功能是在整个供应链内作为沟通和提供信息的工具。它的主要作用及意义有以下几点。

（1）可以向消费者提供食品真实可靠信息，增加信息的透明度，维护消费者知情权 食品追溯对于构建市场信用起着举足轻重的作用，它可以作为保证食品的真实质量属性，为消费者提供可靠信息，消费者能通过相关查询系统查到相关食品的来源以及整个生产流程，再决定是否购买。因此可用来保证交易的公平性，防止消费者被假冒伪劣的商品所侵害，同时避免生产经营者不正当竞争。能够加强企业与消费者和政府的沟通，增强产品的透明度和可信度。

（2）可以提高生产供应链管理的效率，减少企业的成本和损失，增加经济效益 通过对生产供应链各关键环节的及时跟踪和追溯，使上下游企业信息共享和紧密合作，提高食品质量安全水平和稳定性，增强生产供应链中各个利益攸关方的合作和沟通，优化供应链体系。食品追溯体系的实施可以有效减少食品召回，一旦发现问题又可及时将问题食品召回，从而为企业节省了大量成本和损失。

（3）可以提高食品企业的竞争力，促进相关贸易全球一体化 追溯系统在食品物流各个环节建立与国际接轨的标准标识体系，实现对供应链各个环节的正确标识，增强了农产品来源的可靠性和信息传输处理速度，为电子商务和全球贸易一体化奠定了基础。追溯系统强化了产业链各企业责任，帮助企业寻找危害的原因与风险的程度，淘汰落后的技术，促使产业升级，可将生产过程中的风险降低到最低水平，有力地保护企业信誉，有利于产品的销售和流通，符合全球贸易一体化的需求。

（4）可以提高生产企业和供应链的管理的水平 食品追溯包含着食品的某种或某些特性等信息在整个产品生产供应链中的流动。企业对信息的合理利用有利于企业对产品流动和仓储的管理以及对不合格原料和生产过程的控制，从而提高企业的管理水平和整条生产供应链的管理水平。

食品安全追溯体系概括来说就是“源头可追溯、生产（加工）有记录、流向可跟踪、信息可查询、产品可召回、责任可追究”。前三项是对食品安全追溯系统本身功能的要求，后三项是食品追溯系统所要达到的目的。

课堂互动：

我国建立食品安全可追溯体系应该怎么做？为什么？

二、食品安全追溯体系设计与实施

食品安全追溯体系需充分涵盖食品原材料生产、产品加工、储运、销售等食品供应链各个环节，通过对整个链条、各环节业务流程的分析，常采用HACCP原理及方法，研究提出食品追溯链各环节的质量安全要素及关键控制点，采用国家及行业的相关编码标准，设计食品安全追溯链编码体系，并利用信息采集、数据交换等技术获取食品追溯链上的相关信息，构建食品生产过程、加工过程、储运过程、消费过程质量安全信息管理体系，并在此基础上建设食品安全追溯平台，除满足企业日常管理及内部追溯的需要外，还要开发基于网站、短信、电话的服务接口，研发移动溯源终端，提供面向消费者、监管部门的服务。

食品安全可追溯体系还可从信息采集、信息处理、信息服务三个层面对整体架构进行分解。信息采集层次的主要功能也常是依据HACCP原理及方法确定的食品追溯链各环节质量安全要素，采用生产环境信息实时在线采集技术、生产履历信息现场快速采集技术、冷链设施环境实时采集技术等，实现对食品生产、产品加工、储运及消费环节的相关质量安全信息获取，为实现食品安全溯源提供数据支持；信息处理层面主要通过信息编码技术、信息交换、数字化技术，构建食品生产、加工、储运、消费环节质量安全信息管理体系，实现食品安全信息自产地至销售的有序、规范管理；在信息服务层面，通过构建食品安全可追溯平台，通过短信、电话、网络平台、移动溯源终端等多种方式为消费者、监管者提供质量安全信息查询服务。体系总体架构如图2-36所示。

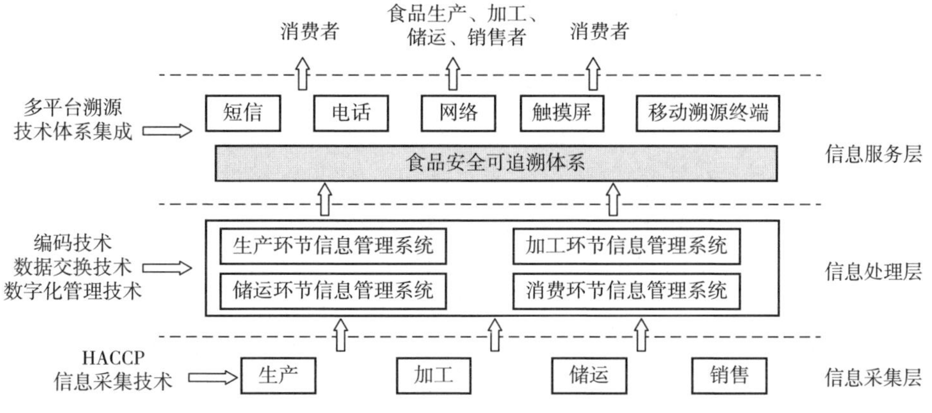

图2-36 食品安全可追溯体系架构

在食品安全追溯体系中，体系各参与方均会频繁地使用体系，生产、加工通过体系查看其生产、加工的动态信息，以及食品流向等信息；消费者通过该体系查看所购买食品的质量安全信息；监管者在出现食品安全事件时，通过体系快速找出食品安全问题发生的环节及原因。为方便追溯体系向各方提供服务，通常会开发多种服务接口，支持手机短信、电话、网站、超市触摸屏和移动溯源终端等多种方式对体系的访问，其中手机短信、电话、网站、超市触摸屏是为消费者提供服务，监管部门可通过网站、超市触摸屏和移动溯源终端等方式对食品安全进行监管。

（一）食品安全追溯体系设计

设计的原则是，要考虑可操作性，食品安全追溯体系的设计原则应采用“向前一步，向后一步”原则，即每个组织只需要向前溯源到产品的直接来源，向后追踪到产品的直接去向；要根据追溯目标、实施成本和产品特征，要适度界定追溯单元、追溯范围和追溯信息。具体包括如下步骤：确定追溯单元、明确组织在食品链中的位置、明确物料流向、确定追溯范围、确定追溯信息、确定标识和载体、确定记录信息和管理数据的要求、明确追溯执行流程等。

1. 确定追溯单元

关于组织如何建立并融入可追溯体系，ISO 22005—2009/ISO 22005：2007、GB/Z 25008—2010 和国际物品编码协会（GS1）可追溯体系中都引入一个追溯单元的概念。追溯单元是指需要对其来源、用途和位置的相关信息进行记录和追溯的单个产品或同一批次产品。该单元应可以被跟踪、回溯、召回或撤回。企业内部可追溯体系建立的基础与关键就是追溯单元的识别与控制。从追溯单元的定义来看，一个追溯单元在食品链内的移动过程同时伴随着与其相关的各种追溯信息的移动，这两个过程就形成了追溯单元的物流和信息流，组织可追溯体系的建立实质上就是将追溯单元的物流信息流之间的关系找到并予以管理，实现物流和信息流的匹配。

当希望建立可追溯体系时，以下四个基本内容是不可避免的。一是确定追溯单元，追溯单元的确定是建立可追溯体系的基础；二是信息收集和记录，要求企业在食品生产和加工过程中详细记录产品的信息，建立产品信息数据库；三是环节的管理，对追溯单元在各个操作步骤的转化进行管理；四是供应链内沟通，追溯单元与其相对应的信息之间的联系。

由于各项基本内容围绕追溯单元展开，因此追溯单元的确定非常重要。组织应明确可追溯体系目标中的产品和（或）成分，对产品和批次进行定义，确定追溯单元并对追溯单元进行唯一标识。表 2-34 是某企业原料接收过程中追溯单元的确定。该接收过程包括货物的移动、转化、储存和终止几个步骤。

每一个追溯单元在任一环节都可能包含以上一个或多个步骤。以水产品加工厂的原料接收环节为例，将接收到的某一批原料定义为一个追溯单元，那么原料从无到有的过程就是转化；在接收过程可能存在不合格的原料，这些不合格原料应该被排除出食品链，这个过程就是终止。

表 2-34 原料接收过程追溯单元确定

原料接收过程	过程特点描述	过程处理	追溯单元规模
移动	追溯单元物理位置的变化	不创建追溯单元	—
转化	追溯单元特性的变化	创建追溯单元，确定追溯码	以提单为单元
储存	追溯单元的保留	不创建追溯单元	—
终止	追溯单元的消亡	不创建追溯单元，剔除不合格品	—

从表 2-34 可以看出，并不是操作步骤中的每一个“变化”我们都将其确定为追溯单元。食品追溯单元具体可分为：食品贸易单元、食品物流单元和食品装运单元，由存在于食品供应链中不同流通层级的追溯单元构成。

食品贸易单元根据销售形式不同，分为通过销售终端（POS）销售和不通过 POS 销售的贸易单元。通过 POS 销售的贸易单元即零售贸易项目，见《商品条码 零售商品编码与条码表示》（GB 12904—2008）。不通过 POS 销售的贸易单元即非零售贸易项目，见《商品条码 储运包装商品编码与条码表示》（GB/T 16830—2008）。如农场主将番茄按筐卖给批发商，这里一筐番茄即为一个非零售的贸易项目。

食品物流单元是在食品供应链过程中为运输、仓储、配送等建立的包装单元，见《商品条码 物流单元编码与条码表示》（GB/T 18127—2009），如装有食品的一个托盘。食品物流单元由食品贸易单元构成。它可由同类食品贸易单元组合而成，也可由不同类食品贸易单元组合而成。

食品装运单元是装运级别的物理单元，由食品物流单元构成。如将 10 箱马铃薯和 8 箱番茄装运在一个卡车上，该卡车即为一个装运单元。

2. 明确组织在食品链中的位置

食品供应链涉及食品的种养殖、生产、加工、包装、贮藏、运输、销售等环节。组织可通过识别上下游组织来确定其在食品链中的位置。通过分析食品供应链过程，各组织应对上一环节具有溯源功能，对下一环节具有追踪功能，即各追溯参与方应能对追溯单元的直接来源进行追溯，并能对追溯单元的直接接收方加以识别。各组织有责任对其输出的数据，以及其在食品供应链中上一环节和下一环节的位置信息进行维护和记录，同时确保追溯单元标识信息的真实唯一性。

3. 确定食品流向和追溯范围

组织应明确可追溯体系所覆盖的食品流向，以确保能够充分表达组织与上下游组织之间以及本组织内部操作流程之间的关系。食品流向包括：针对食品的外部过程和分包工作；原料、辅料和中间产品投入点；组织内部操作中所有步骤的顺序和相互关系；最终产品、中间产品和副产品放行点。

组织依据追溯单元流动是否涉及不同组织，可将追溯范围划分为外部追溯和内部追溯。当追溯单元由一个组织转移到另一个组织时，涉及的追溯是外部追溯。

外部追溯是供应链上组织之间的协作行为（GB/Z 25008—2010 中 3.2）。一个组织在自身业务操作范围内对追溯单元进行追踪和（或）溯源的行为是内部追溯。内部追溯主要针对一个组织内部各环节间的联系（GB/Z 25008—2010 中 3.3），见图 2-37。外部追溯按照“向前一步，向后一步”的设计原则实施，以实现组织之间和追溯单元之间的关联为目的，需要上下游组织协商共同完成。内部追溯与组织现有管理体系相结合，是组织管理体系的一部分，以实现内部管理为目标，可根据追溯单元特性及组织内部特点自行决定。

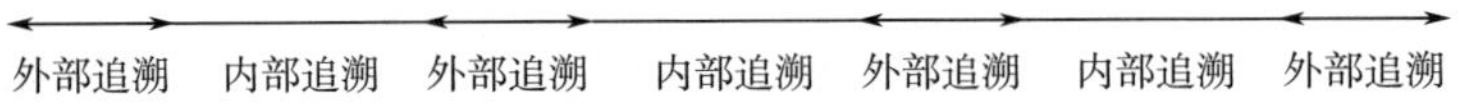

图 2-37　饲料和食品链各方追溯关系

4. 确定追溯信息

组织应确定不同追溯范围内需要记录的追溯信息，以确保食品链的可追溯性。需要记录的信息包括：来自供应方的信息；产品加工过程的信息；向顾客和（或）供应方提供的信息。当然并不仅仅局限于此。

为方便和规范信息的记录和数据管理，宜将追溯信息划分为基本追溯信息和扩展追溯信息。追溯信息划分和确定原则如表 2-35 所示。

表 2-35　追溯信息划分和确定原则

追溯信息	追溯范围	
	外部追溯	内部追溯
基本追溯信息	以明确组织间关系和追溯单元来源与去向为基本原则； 能够“向前一步，向后一步”链接上下游组织的必需信息	以实现追溯单元在组织内部的可追溯性、快速定位物料流向为目的； 能够实现组织内各环节间有效链接的必需信息
扩展追溯信息	以辅助基本追溯信息进行追溯管理为目的，一般包含产品质量或商业信息	更多地为企业内部管理、食品安全和商业贸易服务的信息
注：①基本追溯信息必须记录，以不涉及商业机密为宜。 ②宜加强扩展追溯信息的交流与共享。		

食品追溯体系的组织及位置信息主要包括追溯单元提供者信息、追溯单元接收者信息、追溯单元交货地信息及物理位置信息。

食品贸易单元基本追溯信息：贸易项目编码、贸易项目系列号和/或批次号、贸易项目生产日期/包装日期、贸易项目保质期/有效期；扩展追溯信息：贸易项目数量、贸易项目质量。

对于由同类食品贸易单元组成的物流单元，其基本追溯信息：物流单元编码、物流单元内贸易项目编码、物流单元内贸易项目的数量、物流单元内贸易项目批/次号；扩展追溯信息：物流单元包装日期、物流单元质量信息、物流单元内贸易项目的质量信息。

对于由不同类食品贸易单元组成的物流单元，其基本追溯信息：物流单元编码；扩展追溯信息：物流单元包装日期、物流单元质量信息。

食品装运单元基本追溯信息包括：装运代码；装运单元内物流单元编码。

5. 确定标识和载体

对追溯单元及其必需信息的编码，建议优先采用国际或国内通用的或与其兼容的编码，如通用的国际物品编码体系，对追溯单元进行唯一标识，并将标识代码与其相关信息的记录一一对应。见表 2-36。

表 2-36　食品追溯参与方及位置信息的编码数据结构

参与方及位置	数据结构	
	A1	GLN
追溯单元提供者	412	厂商识别码 $N_1\ N_2\ N_3\ N_4\ N_5\ N_6\ N_7\ N_8\ N_9$　位置参考代码 $N_{10}\ N_{11}\ N_{12}$　校验码 N_{13} 注： ①N 为数字字符。 ②厂商识别代码为 7~9 位数字，由中国物品编码中心统一分配。 ③位置参考代码由食品供应链参与方自行分配。 ④校验位自动生成。见《商品条码　参与方位置编码与条码表示》（GB/T 16828—2021）

食品追溯信息编码的对象包括食品链的组织、追溯单元及位置。食品链的组织为食品追溯单元提供者、食品追溯单元接收者；食品追溯单元即食品追溯对象；位置指与追溯相关的地理位置，如食品追溯单元交货地。食品追溯单元信息编码见表 2-37。

表 2-37　贸易单元信息编码数据结构

食品追溯基本信息	数据结构	
	应用标识符	具体描述
贸易项目编号	01	厂商识别代码 $N_1\ N_2\ N_3\ N_4\ N_5\ N_6\ N_7\ N_8\ N_9$　项目参考代码 $N_{10}\ N_{11}\ N_{12}\ N_{13}$　校验码 N_{14} 注： ①N 为数字字符。 ②N_1 为包装指示符。取值范围为 1~9。其中，1~8 用于定量储运包装商品，9 用于变量储运包装商品

续表

食品追溯基本信息	数据结构	
	应用标识符	具体描述
系列号	21	$A_1 \cdots A_{f(f\leq 20)}$ 注： ①A 为数字字母字符，“…”为可变长度域；f 为字符个数。 ②本代码结构应与具体贸易项目结合使用
批/次号	10	
生产日期/包装日期/保质期/有效期	11/13	年　月　日 YY　MM　DD 注： ①YY 为年的后 2 位，MM 为月，DD 为日。 ②本代码应与具体贸易项目结合使用

食品追溯物流单元信息编码的数据结构见表 2-38。

表 2-38　物流单元信息编码数据结构

食品追溯基本信息	数据结构	
	应用标识符	具体描述
物流单元编码	00	扩展位厂商识别代码　项目参考代码　校验位 N_1 N_2 N_3 N_4 N_5 N_6 N_7 N_8 N_9　N_{10} N_{11} N_{12} N_{13} N_{14} N_{15} N_{16} N_{17}　N_{18} 注： ①N_1 为扩展位，用于增加编码的容量，由编制代码的公司自行分配。 ②扩展位数字的范围为 0~9
物流单元内贸易项目编码	02	商识别代码　项目参考代码　校验位 N_1 N_2 N_3 N_4 N_5 N_6 N_7　N_8 N_9 N_{10} N_{11} N_{12} N_{13}　N_{14} 注： ①N 为包装指示符。 ②本代码应与物流单元编码结合使用
流单元内贸项目的数量	37	$A_1 \cdots A_{f(f\leq 8)}$ 注： ①A 为数字字母字符，“…”为可变长度域；f 为字符个数。 ②本代码应与物流单元编码结合使用
流单元内贸项目的质量	310A	注： ①N 为数字字符。 ②本代码应与物流单元编码结合使用

食品追溯装运单元信息编码的数据结构见表 2-39。

表 2-39 物流单元信息编码数据结构

食品追溯基本信息	数据结构	
	应用标识符	具体描述
装运代码	402	厂商识别代码 $N_1\ N_2\ N_3\ N_4\ N_5\ N_6\ N_7\ N_8\ N_9$；运输者索引（或装箱单代码）$N_{10}\ N_{11}\ N_{12}\ N_{13}\ N_{14}\ N_{15}\ N_{16}$；校验码 N_{17} 注： 装运代码由发货人分配，标识物理实体的逻辑组合
装运单元内物流单元编码	00	扩展位厂商识别代码 $N_1\ N_2\ N_3\ N_4\ N_5\ N_6\ N_7\ N_8\ N_9$；项目参考代码 $N_{10}\ N_{11}\ N_{12}\ N_{13}\ N_{14}\ N_{15}\ N_{16}\ N_{17}$；校验位 N_{18} 注： ①N_1 为位扩展位，用于增加编码的容量，由编制代码的公司自行分配，数字范围为 0~9。 ②本代码应与装运代码结合使用

根据技术条件、追溯单元特性和实施成本等因素选择标识载体。追溯单元提供方与接收方之间应至少交换和记录各自系统内追溯单元的一个共用的标识，以确保食品追溯时信息交换保持通畅。载体可以是纸质文件、条码或 RFID 标签等。标识载体应保留在同一种追溯单元或其包装上的合适位置，直到其被消费或销毁为止。若标识载体无法直接附在追溯单元或其包装上，则至少应保持可以证明其标识信息的随附文件。应保证标识载体不对产品造成污染。

6. 确定记录信息和管理数据的要求

组织应规定数据格式，确保数据与标识的对应。在考虑技术条件、追溯单元特性和实施成本的前提下，确定记录信息的方式和频率，且保证记录信息清晰准确，易于识别和检索。数据的保存和管理，包括但不限于：规定数据的管理人员及其职责；规定数据的保存方式和期限；规定标识之间的关联方式；规定数据传递的方式；规定数据的检索规则；规定数据的安全保障措施。

7. 明确追溯执行流程

食品追溯链各环节间、某环节内部的“M-O-P”结构保证了每一个环节能够识别直接原料提供商，以及产品的直接消费者的情况，并能够将操作的具体过程记录下来。食品链中的每一个组织（企业）有责任通过收集和保留它们所采购的原料信息和加工过程信息，建立贯穿食品链某一个或几个环节的可追溯体系，也就是说，在它们本身的操作范围内实现可追溯。在食品链的每一环节实行“退一步”和“进一步”的方法构建以组织为核心的食品安全可追溯体系，为实现整个食品链的可追溯提供了可能。对于一个组织来说，在组织内实施可追溯体系一般有四个关键步骤。

第一步：追溯并记录接收的原料信息。

接收的（或本厂商自己生产时使用的）原材料需要追溯。包括和接收原料有关的所有鉴定和记录，指来源于供应商的原料（前一个环节“退一步”的概念）。应记录的信息包括：有关供应商、接收日期、运货人员、批次号、数量和产品状况的信息；接收到的原料唯一的代码，并保留批次信息；对于不同的组织，其原材料的内容不一样，例如初级农产品生产组织，其原材料包括种子、化肥、农药、饲料等投入品，食品加工企业的原料是初级农产品生产者生产的产品，以及食品添加剂和包装材料等。

第二步：确定原材料贮藏的信息。

需要对组织的仓库中原料贮藏的信息进行确定，包括临时贮藏和长期贮藏的物料，存贮设施的环境、设备、卫生信息等。

第三步：规范化并记录组织生产过程信息。

组织利用购买的原材料进行加工时，通常会通过其加工工艺将原材料转化为另一种产品，此时，需要保留由原材料到产品的生产过程，建立转化产品和所使用的原料批次之间的关系，包括为制造最终产品而进行的处理，包装和加工等操作。

第四步：跟踪组织生产的产品销售给谁。

组织内部的可追溯体系应该能够鉴定其生产的产品批号及其与销售记录和直接消费者之间的关系，这就要求生产者能够鉴定他们直接的消费者，哪一批号的产品销售给谁，何时销售、如何运输出去等信息。

当有追溯性要求时，应按如下顺序和途径进行。

（1）发起追溯请求任何组织均可发起追溯请求。提出追溯请求的追溯参与方应至少将追溯单元标识（或追溯单元的某些属性信息）、追溯参与方标识（或追溯参与方的某些属性信息）、位置标识（或位置的某些属性信息）、日期/时间/时段、流程或事件标识（或流程的某些属性信息）之一通知追溯数据提供方，以获得所需信息。

（2）响应当追溯发起时，涉及的组织应将追溯单元和组织信息提交给予其相关的组织，以帮助实现追溯的顺利进行。追溯可沿饲料和食品链逐环节进行。与追溯请求方有直接联系的上游和（或）下游组织响应追溯请求，查找追溯信息。若实现既定的追溯目标，追溯响应方将查找结果反馈给追溯请求方，并向下游组织发出通知；否则应继续向其上游和（或）下游组织发起追溯请求，直至查出结果为止（图 2-38）。追溯也可在组织内各部门之间进行，追溯响应类似上述过程。

（3）采取措施若发现安全或质量问题，组织应依据追溯界定的责任，在法律和商业要求的最短时间内采取适宜的行动。包括但不限于：快速召回或依照有关规定进行妥善处置；纠正或改进可追溯体系。

（二）食品安全追溯体系实施

欧盟、美国、日本等已制定法律法规要求通过建立食品安全可追溯体系来加

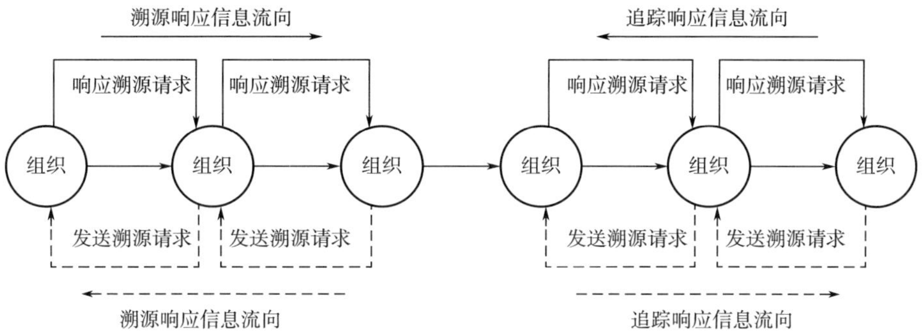

图 2-38　追溯执行流程

强对现代食品的监督管理，要求企业建立一整套从危害分析到制订预防性措施，再到召回和追溯等纠正措施的管理计划。相比发达国家，我国食品安全可追溯制度建设虽然起步较晚，但在试点推进阶段取得了一定成就，如在茶叶、肉类等重点领域成功实施了食品追溯。

1. 食品安全追溯相关平台

“国家食品（产品）安全追溯平台”是国家发改委确定的重点食品质量安全追溯物联网应用示范工程，主要面向全国生产企业，实现产品追溯、防伪及监管，由中国物品编码中心建设及运行维护，由政府、企业、消费者、第三方机构使用。该平台接收 31 个省级平台上传的质量监管与追溯数据；完善并整合条码基础数据库、监督抽查数据库等质检系统内部现有资源（分散存储、互联互通）；通过对食品企业质量安全数据的分析与处理，实现信息公示、公众查询、诊断预警、质量投诉等功能。

农业农村部在“农垦农产品质量安全信息网”基础上积极建立地方食品安全追溯平台，利用食品上的 20 位追溯码可获知食品生产流通环节的信息。农业农村部农产品质量安全中心“国家农产品质量安全追溯管理信息平台”以及商务部、国家市场监督管理总局也正在筹备组建相关食品的追溯平台。近年来，各省、自治区，还有一些城市，相继建立了食品或农产品追溯平台，如上海市由上海市食品安全办公室与上海仪电集团共同建设了“上海市食品安全信息追溯平台”，浙江省、江苏省、福建省、内蒙古自治区、武汉市的“农（畜）产品质量安全追溯平台”等，有关行业协会和企业也建立或参与追溯平台建设。如中国副食流通协会食品安全与信息追溯分会建立的“中国食品安全与信息追溯平台”该平台是在行业协会和企业的共同监督下，为食品企业提供第三方信息追溯服务和数据交换平台服务。

2. 食品安全追溯计划的实施

在食品安全追溯标准方面，国家标准化管理委员会于 2008 年 7 月底已正式批准全国食品安全管理技术标准化技术委员会下的食品追溯技术分技术委员会（SAC/TC313/SCI，简称食品追溯技术分标委）成立，以开展我国食品安全追溯领域内的标准化工作。目前我国食品安全追溯标准体系架构已初步搭建，而且已经制定了《食品冷链物流追溯管理要求》（GB/T 28843—2012）、GB/T 22005—2009/ISO 22005：2007、《畜禽肉追溯要求》（GB/T 40465—2021）、《跨境电子商务 产品追溯信息共享指南》（GB/T 40843—2021）、《食品追溯二维码通用技术要求》（GB/T 38574—2020）、《葡萄酒生产追溯实施指南》（GB/T 36759—2018）、《牛肉追溯技术规程》（GB/T 41438—2022）、《食品追溯 信息记录要求》（GB/T 37029—2018）等多项国家标准，这些标准为计划的制订提供了依据。

（1）制订可追溯计划　GB/T 22005—2009/ISO 22005：2007 和指导性技术文件 GB/Z 25008—2010 中都明确了体系实施的总则和步骤。

首先组织应制订可追溯计划，并考虑该计划与组织其他管理体系的兼容性。可追溯计划是根据追溯单元特性和追溯要素的要求制订的针对某一特定追溯单元的追溯方式、对策和工作程序的文件。可追溯计划应直接或通过文件程序，指导组织具体实施可追溯体系。可追溯计划文件一般即是可追溯体系文件的一部分。可追溯计划只需引用和明确追溯计划如何应用于具体情况，以达到计划的追溯目标。

可追溯计划至少应规定：①可追溯体系的目标；②适用的产品；③追溯的范围和程度；④如何标识追溯单元；⑤记录的信息及如何管理数据。

（2）明确人员职责　在设计食品追溯体系时，必须设定需达到的追溯目标（通常包括追溯的百分比及完成追溯的时间），而目标设定时应考虑以下因素：支持食品安全及/或质量的目标；满足顾客规格要求；确定产品来源；方便产品撤回及/或召回；识别饲料及食品链中的责任相关方；方便对产品信息进行验证；使相关股东和消费者能够共享信息；满足当地、国家或国际政策法规要求；提高组织的绩效、生产率和利润率。

组织应成立追溯工作组，明确各成员责任，指定高层管理人员担任追溯工作管理者，确保追溯管理者的职责、权限。追溯管理者应具有以下权利和义务：①向组织传达物料和食品链可追溯性的重要性；②保持上下游组织之间及组织内部的良好沟通与合作；③确保可追溯体系的有效性。

（3）制订培训计划　确定追溯目标后，食品生产经营者应收集追溯相关的法律法规，产品及/或配料，识别供应商及顾客在食品链中的位置，物料流向，来自供应商、客户及过程控制的信息要求等。

组织应制订和实施培训计划，规定培训的频次和方式，提供充分的培训资源和其他有效措施以确保追溯工作人员能够胜任，并保留追溯工作组教育、培训、技能和经验的适当记录。

培训的内容包括但不限于：相应国家标准；可追溯性体系与其他管理体系的

兼容性；追溯工作组的职责；追溯相关技术；可追溯体系的设计和实施；可追溯体系的内部审核和改进。

（4）建立监视方案　组织应建立可追溯体系的监视方案，确定需要监视的内容、时间间隔和条件。监视应包括：适合追溯的有效性、运行成本的定性和定量测量；对追溯目标的满足程度；是否符合追溯适用的法规要求；标识混乱、信息丢失及产生其他不良记录的历史证据；对纠正措施进行分析的数据记录和监测结果。

食品供应链中的企业/个人必须建立健全食品追溯体系的文件档案，包括食品追溯体系的范围、食品追溯体系的职责、食品追溯计划、食品追溯体系的详细记录、食品追溯运行的相关资料、培训记录、评估计划、食品追溯体系的验证结果及纠正措施等。

（5）使用关键绩效指标评价体系有效性　食品供应链中的企业应建立评估标准及程序，定期对食品追溯体系的有效性进行评估，以检查其运行效率及效益。

组织应建立关键绩效指标，以测量可追溯体系的有效性。关键绩效指标包括但不限于：追溯单元标识的唯一性；各环节标识的有效关联；追溯信息可实现上下游组织间及组织内部的有效链接与沟通；信息有效期内可检索。

3. 食品安全追溯体系内部审核

组织应按照管理体系内部审核的流程和要求，建立内部审核的计划和程序，对可追溯体系的运行情况进行内部审核。以是否符合关键指标的要求作为体系符合性的标准。如体系有不符合性现象，应记录不符合规定要求的具体内容，以方便查找不符合的原因以及体系的不断改进。组织应记录内部审核相关的活动与形成的文件。

内部审核计划和程序的内容包括但不限于：

- 审核的准则、范围、频次和方法；
- 审核计划、实施审核、审核结果和保存记录的要求；
- 审核结果的数据分析，体系改进或更新的需求。

可追溯体系不符合要求的主要表现：

- 违反法律法规要求；
- 体系文件不完整；
- 体系运行不符合目标和程序的要求；
- 设施、资源不足；
- 产品或批次无法识别；
- 信息记录无法传递。

导致不符合的典型原因：目标变化；产品或过程发生变化；信息沟通不畅；缺乏相应的程序或程序有缺陷；员工培训不够，缺乏资源保障；违反程序要求和规定。

4. 食品安全追溯体系评审与改进

追溯工作组应系统评价内部审核的结果。当证实可追溯体系运行不符合或偏离设计的体系要求时，组织应采取适当的纠正措施和（或）预防措施，并对纠正措施和（或）预防措施实施后的效果进行必要的验证，提供证据证明已采取措施的有效性，保证体系的持续改进。

纠正措施和（或）预防措施应包括但不限于：

- 立即停止不正确的工作方法；
- 修改可追溯体系文件；
- 重新梳理物料流向；
- 增补或更改基本追溯信息以实现饲料和食品链的可追溯性；
- 完善资源与设备；
- 完善标识、载体，增加或完善信息传递的技术和渠道；
- 重新学习相关文件，有效进行人力资源管理和培训活动；
- 加强上下游组织之间的交流协作与信息共享；
- 加强组织内部的互动交流。

综上所述，整个追溯体系的实施可以分为三个阶段。

阶段一：策划、建立阶段确定追溯目标，识别追溯体系应满足的相关法规及政策要求，识别与追溯目标相关的产品及/或配料，设计追溯体系（确定在食品链中的位置，确定并文件化物料的流向，收集来自供应商、顾客、加工过程的信息），建立追溯程序（包括产品定义、批定义及标识、追溯信息、数据及记录管理、信息获取途径、处理追溯体系不符合的纠正及预防措施），形成文件；组织设计的追溯体系要素应与其他组织协调一致。

阶段二：运行实施阶段管理层应承担相应的管理职责，并按设计的追溯程序运作；制订追溯计划，确定追溯职责并就追溯相关的培训计划与其员工进行沟通，监控实施追溯计划，以验证追溯目标及程序的有效性。

阶段三：评估与改善阶段定期进行内审，以评估追溯体系的有效性，验证其是否符合追溯目标；管理层应对追溯体系进行评审，提出适当的纠正和预防措施，持续改进过程。

课堂互动：

当有追溯性要求时，应按什么途径进行解决？

三、食品追溯信息系统

食品追溯信息系统是指运用信息技术，系统化地采集、加工、存储、交换食品企业内外部的追溯信息，从而实现食品供应链中各环节信息追溯的系统。

1. 食品追溯信息系统功能模块

食品追溯信息系统可分为生产环节追溯信息系统、物流环节追溯信息系统和销售环节追溯信息系统。

生产环节追溯信息系统模块包括：种植或养殖场地管理、投入品管理、原料管理、定义生产流程、生产计划管理、生产执行、产品包装、产品贮藏、产品管理和员工管理。各模块功能说明及相关追溯信息见表 2-40。

表 2-40 生产环节追溯信息系统模块说明及相关追溯信息

模块名称	模块功能说明及相关追溯信息
种植或养殖场地管理	记录种植或养殖的场地相关信息，包括场地位置码，环境信息，土壤信息和水质信息等
投入品管理	记录种植或养殖过程中使用或添加的物质信息，包括种子，种苗。肥料，农药，兽药，饲料及饲料添加剂等农用生产资料产品和农膜，农机，农业工程设施设备等农用工程物资产品
原料管理	记录原料采购的相关信息，包括供货商信息管理、产品用料分类（如主料、辅料、包装材料等）、原料信息管理（记录原料的编码，包装形式、包装单位等）、原料入库（记录原料的入库信息，包括入库时间、批次号、原料编号、库存信息等）
定义生产流程	为不同的产品定义个性化的追溯流程模版，包括产品生产过程中的主要阶段（如种植、收割、包装、检验等）、生产工序（每个阶段的工序，如种植中的浇水、施肥、除虫等）、生产操作管理（每个工序的操作，如施肥工序所需的操作时间、肥料名称、肥料说明等）
生产计划管理	产品生产前制订生产计划，包括产品的产品名称、商品条码、数量、班次、产品批号、用料和追溯码等
生产执行	根据生产计划核对产品的实际用料、削减原料库存
产品包装	记录包装材料、包装形式、包装负责人、日期、质量等
产品贮藏	成品入库信息，包括入库时间、商品条码、追溯码、库房信息等
产品管理	记录产品的相关信息，包括商品条码、规格型号、名称和对应的生产流程等
员工管理	记录生产阶段责任人员，包括员工信息管理，员工岗位管理，员工班次管理和员工变更管理等

物流环节追溯信息系统模块包括：车辆管理、物流管理、贮藏管理、分拣包装和员工管理。各模块功能说明及相关追溯信息见表 2-41。

表 2-41　物流环节追溯信息系统模块的详细设计

模块名称	模块功能说明及相关追溯信息
车辆管理	记录车辆信息，包括车型、车牌号、驾驶员信息等
物流管理	记录产品物流过程信息，包括车辆信息、运输环境信息、包装箱或托盘编码、始发地和目的地信息等
贮藏管理	记录产品物流过程中的贮藏信息，包括包装箱或托盘编码、来源、入/出库时间和数量、库房环境信息等
分拣包装	记录托盘卸载过程的信息，包括托盘编码与卸载后追溯码的对应关系等
员工管理	记录物流阶段责任人，包括员工信息管理、员工岗位管理、员工班次管理和员工变更管理等

销售环节追溯信息系统模块包括：入库管理、贮藏管理、货品上架、产品销售和员工管理。各模块功能说明及相关追溯信息见表 2-42。

表 2-42　销售环节追溯信息系统模块的详细设计

模块管理	模块功能说明及相关追溯信息
入库管理	记录产品在销售企业的入库信息，包括追溯码、商品条码、入库时间、库房信息等
贮藏管理	记录产品在销售企业的贮藏信息，包括库房信息、库存量、产品名称、追溯码等
货品上架	记录产品上架的信息，包括追溯码、货架号、上架时间、产品名称等
产品销售	记录产品销售信息，包括日期、追溯码、名称等
员工管理	记录销售阶段责任人员，包括员工信息管理、员工岗位管理、员工班次管理和员工变更管理等

2. 食品追溯信息系统编码

一般说来，企业的食品追溯信息系统应预留与其他信息系统的接口，可实现追溯系统之间以及与食品追溯公共信息服务平台的对接。食品追溯信息系统涉及的编码对象应尽量采用国家标准，具体的编码见表 2-43。

表 2-43　编码对象及其说明

编码对象	说明
产品编码	对每一个贸易产品或一个产品的集合体分配全球贸易项目标识代码（即商品条码），数据结构参照 GB 12904—2008
位置编码	对关键控制点涉及的位置编码，如种植或养殖所在地快、加工车间、贮藏仓库等，如涉及外部追溯需要使用 GLN，如只用于内部管理可由管理者自行编码。GLN 数据结构参照 GB/T 16828—2021

续表

编码对象	说明
供应商编码	对原料供应商的编码。如涉及外部追溯应使用GLN，如只用于内部管理可由管理者自行编码
原料编码	对原料编码，可使用原料的商品条码，没有商品条码的可以使用店内条码，数据结构参照《商品条码　店内条码》(GB/T 18283—2008)
批次编码（批号）	在生产过程中，批号是主要标识，由日期、流水号等信息组成
人员编码	可以根据班次和岗位进行标识，通常由班次、岗位和流水号组成
包装箱编码	包装箱作为销售单元时使用商品条码，作为物流单元时使用系列货运包装箱代码（SSCC）标识。SSCC数据结构参照GB 18127—2009
托盘编号	使用SSCC标识

3. 食品追溯信息系统的开发

考虑到食品可追溯性要求，食品追溯信息系统应尽量满足多方面的要求：支持多样化信息采集方式；实现内部追溯和外部追溯；支持追溯数据的汇总、挖掘和交换；提供外部接口，实现追溯系统与其他系统的对接；可向政府部门或消费者提供产品追溯信息，支持信息查溯；可对问题产品给予预警、公示等。食品追溯信息系统的实施可分为如下几个阶段和步骤。

(1) 准备阶段

步骤一：提出引入和建立食品追溯系统的计划。确立其引入和建立的目的、范围、要求及预算等。

步骤二：组建食品生产经营人员小组。

食品追溯系统的运转是建立在食品生产经营者之间相互合作的基础之上的。因而，在建立该系统时，食品供应链中各阶段或环节的生产经营者应共同参与，共同制订食品及其信息的收集、储存及交流的规则和相关政策。

步骤三：分析当前情况，形成基本方案。

分析消费者的需求、食品生产经营者的需求及现有的资源；食品追溯系统建立的基本想法、食品追溯系统发挥的作用、期望达到的效果及食品追溯系统建立的规格或规模；制订食品追溯系统建立的基本方案。

(2) 建立阶段

步骤四：建立信息系统。

食品身份单位的确定；食品进出货的岗位工作分析；计算机的使用情况。

步骤五：确定信息系统规格。

数据库的规格；输入、输出规格；外部信息交流的规格。

步骤六：汇编食品追溯程序手册。

清晰地界定供应链中岗位工作人员及责任人；每个岗位应收集的信息、收集信息的方式及要求；收集信息的时段；人员的培训及管理。

（3）运行阶段

步骤七：试运行食品追溯系统，检验和评估其系统设计及建设的情况。

步骤八：根据试运行的情况修正和进一步完善食品追溯系统。

步骤九：公布食品追溯系统及其操作手册。

步骤十：全面启用食品追溯系统。

4. 食品追溯信息系统应用

食品追溯信息系统可预留与其他信息系统的接口，可实现追溯系统之间以及与食品追溯公共信息服务平台的对接。系统本身或通过食品追溯公共信息服务平台实现追溯相关的查询，食品追溯信息系统应提供系统查询和公共查询。

2.3.1.1　条形码的原理

下面介绍基于追溯码的信息查询，追溯码是在追溯系统中，对追溯单元进行标识的唯一编码。不同类型产品可采用不同编码结构、类型和载体对追溯码进行标识。追溯码用条码表示时可使用 GS 1-128 条码，见《商品条码　128 条码》（GB/T 15425—2014）。追溯码的条码示意图如图 2-39 所示。

追溯码：0106901234456789210070601O2

（01）06901234567892（10）07060102

图 2-39　追溯码的条码示意图

追溯码在整个供应链中会经历从最初产生到最终失效的过程，称为追溯码的生命周期，由以下几个阶段构成。

在生产环节产生追溯码，编码结构见表 2-42 中的追溯码编码内容。首先确定产品的贸易项目代码，然后确定追溯码中的其他信息，最终组合成产品追溯码。在生产过程中确定该产品原料信息，使产品追溯码与原料信息形成对应关系。

在产品包装阶段打印商品条码和追溯码标签。产品装箱或装托盘时将产品的追溯码与包装箱/托盘编码关联，使产品追溯码与包装箱/托盘编码形成对应关系。

包装箱/托盘在贮藏和物流过程中将包装箱/托盘编码与所在库房、车辆等物流信息关联，并形成对应关系。

食品到达目的地分拆包装或卸载托盘时，将包装箱/托盘编码与产品的追溯码关联，使包装箱/托盘编码与产品追溯码形成对应关系。

产品销售到最终客户时，应包含清晰的追溯码标签。

根据《中华人民共和国食品安全法》规定，企业保存食品追溯信息数据期限不得少于2年。

食品追溯信息系统中通过追溯码可以查询到该产品的生产信息、物流信息以及销售信息等；通过员工姓名可以查询到该员工参与的所有追溯环节；通过原料的批号可以查询到利用该原料生产出来的产品。追溯码系统查询示意图如图2-40所示。

追溯码：010690123445678921007060102

（01）06901234567892（10）07060102

图2-40　追溯系统查询示意图

若系统具备数据发布的能力，追溯参与方可将追溯环节数据上传至食品公共追溯平台。公共追溯平台的数据查询方式应方便、快捷和实时，可利用互联网、短信、电话和超市终端等方式。追溯码公共查询示意图如图2-41所示。

追溯码：010690123445678921007060102

（01）06901234567892（10）07060102

图2-41　追溯码公共查询示意图

最后要指出的是，国际和国内的食品可追溯系统的应用都存在一定的困难和问题，表现在以下几方面。

（1）兼容性问题　当可追溯系统排在第一位时，它必须能从一个单位到另一个单位追踪产品。这要求所有涉及产品的单位能有效地进行交流与数据传送。一旦兼容建立，数据必须进行识别和标准化。国家级和国际级的可追溯系统，必须建立标准数据传送模型。

（2）商业保密问题　由于主要原料的来源和一些技术指标和有关操作过程必须在标签上标明，产品流通的每一个环节、最终消费者等重要信息都容易让同行知道；加上现在代理产品市场的混乱，生产商知道了具体的分销商，有可能直接插手，让分销商辛辛苦苦开拓的市场被收回。这种情况对中小型企业不利。因此如何解决信息与工业秘密问题，有待探讨。

（3）资金问题　要设计和采用标准化的可追溯系统，需要投入较多的资金。

为了解决资金和一些复杂的事情，欧盟筹措一个称为“水产品的可追溯能力”的基金，它是由24个出口商、加工商、进口商和研究机构的公司、机构和办事处组成的一个协会，他们的做法值得借鉴的。我国各级政府就食品、农产品追溯体系和平台的建设作出了规划和资金投入，相关机构和企业也积极地参与到这项复杂和重要的工作中来，不久的将来我国的食品安全追溯体系的建设会取得更大的成就。

课堂互动：

食品追溯信息系统可分为哪几个环节？包括哪几个模块？

任务实施

编制食品追溯信息系统的实施计划书

目的：

通过任务实施训练掌握食品追溯信息系统实施计划的步骤。

要求：

每4~6人一组，每组选出1名组长。组长负责本小组的工作分配，以组为单位进行研究讨论，组员之间互相配合，最终完成任务计划书。

任务内容：

请考虑食品可追溯性要求，制订一份食品追溯信息系统的实施计划书。首先明确分为哪几个阶段和步骤，再明确每个步骤的具体内容是什么。

巩固与提高

一、单选题

1. 食品安全追溯体系目的是（　　）。

A. 加强食品安全信息传递　　B. 控制食源性疾病危害

C. 食品安全信息管理　　D. 以上都是

2. 食品安全追溯体系，常采用（　　）原理及方法。

A. 生产许可证（SC）　B. HACCP　C. ISO 9000　D. ISO 22000

3. 信息处理层面使用的技术手段有（　　）。

A. 采集技术　　B. 移动溯源终端

C. 数字化技术　　D. 冷链设施环境实时采集技术

4. 以下哪项不是食品身份管理建立追溯的基础工作内容（　　）。

A. 确定食品追溯的身份单位

B. 对每一个身份单位的食品和原料分隔管理

C. 确定食品生产原料

D. 企业的内部检查

5. 以下哪项不是向该消费者提供的信息（　　）。

A. 食品的身份编码

B. 食品的配方

C. 食品生产经营者产品的历史声誉

D. 食品生产经营者的活动

二、判断题

1. “食品安全追溯体系”是能够连接生产、检验、监管和消费各个环节的。（　　）

2. 食品安全追溯体系只能追溯不合格产品，不能追溯原料。（　　）

3. 食品安全追溯体系只能是个工具，不能保证食品一定是安全的。（　　）

4. 各个环节都应该记录和储存信息。（　　）

5. 企业保存食品追溯信息数据期限不得少于2年。（　　）

三、思考题

1. 简述食品安全追溯体系的作用和意义。

2. 简述食品安全追溯体系的设计步骤。

3. 简述实施可追溯体系的关键步骤。

任务二　食品追溯信息系统

情境导入

小王进入企业学习，发现智能化时代企业是利用信息物理系统（cyber physical systems，CPS）来进行信息追踪的，但是此方法并没有做到普及，目前还是试运行阶段，那么如何将新技术带进大多数企业，让国内的企业也都建立自己的数字化工厂呢？小王带着任务进行了学习。

任务要求

1. 认识CPS，并理解其在食品智能加工中的意义。

2. 明确CPS基本功能单元与系统架构。

3. 理解数字化工厂在企业中的应用。

知识准备

信息物理系统（cyber physical systems，CPS）最早在2006年美国政府发布的《美国竞争力计划》中提出，同年10月，美国国家自然科学基金会将CPS列为美国未来八大关键信息技术的首位。2010年美国总统科技顾问委员会明确将其列为美国政府应当优先关注的技术之一。

德国政府2011年11月公布的《高技术战略2020》中的一项重要战略是"工业4.0"，其中核心之一是通过CPS开创新的制造方式，实现"智能工厂"。中国在2012年《十八大报一告》突出强调"推动信息化和工业化深度融合，加快传统产业转型升级"；2013年10月，工业和信息化部以工信部信［2013］317号文印发《信息化和工业化深度融合专项行动计划（2013—2018年）》；2014年10月，中德双方举行的第三轮中德政府协商后发表的《中德合作行动纲要》中宣布，两国将开展"工业4.0"合作，而工业4.0的核心就是构建CPS。

德国工业4.0涵盖了很多技术，如自动化、机器人、系统集成、工业物联网、边缘计算、雾计算、云计算以及工业安全，还包括大数据分析、增材制造、仿真技术、增强现实技术等。而美国人理解的智能制造也包括了智能的产品、智能的装备、智能的生产、智能的管理和智能的服务。智能制造是工业4.0的一个核心，企业要具有极具竞争力的产品、高度柔性化的工厂和运营，同时要带给社会可持续的影响。

网络信息技术的飞速发展以及和工业领域的深度融合，在科技与经济发展的双重推动下，促进了CPS的诞生。2006年，美国国家科学基金会的海伦·吉尔（Helen Gill）提出了CPS的概念，并将其列为重要的研究项目。由于CPS侧重于研究工业、制造业中嵌入式、自动化的信息系统，所以一开始也被直观地理解为"嵌入式物联网"（从现在的信息行业角度来看，这种理解有些片面）。

CPS是一个综合计算、网络和物理环境的多维复杂系统，通过3C［Computing（计算）、Communication（通信）、Control（控制）］技术的有机融合与深度协作，实现大型工程系统的实时感知、动态控制和信息服务。目前已有某些领域出现类似于CPS的电子控制整合系统，如航空、汽车、基础建设、能源、健康、制造、交通控制、娱乐和消费性电子产品，但目前这些系统通常都是嵌入式系统，嵌入式系统比较强调机器的计算能力，CPS则更为强调各个实体装置和计算机运算网络的连接。CPS是借用技术手段实现人的控制在时间、空间等方面的延伸，CPS系统的本质就是人、机、物的融合计算。所以，国内又将CPS称为人机物融合系统，"Cyber"指的是信息系统，"Physical"指的是物理系统（设备、环境、产品资料）。CPS强调的是物理世界和信息世界之间实时的、动态的信息回馈、循环过程。它深度融合了各类信息技术：传感器、嵌入式计算、云计算、网络通信、软件，使得各种信息化能力（3C：计算-Computer、通信-Communication和控制-

Control）高度协同和自治，实现生产应用系统自主、智能、动态、系统化地监视并改变物理世界的性状，如图 2-42 所示。

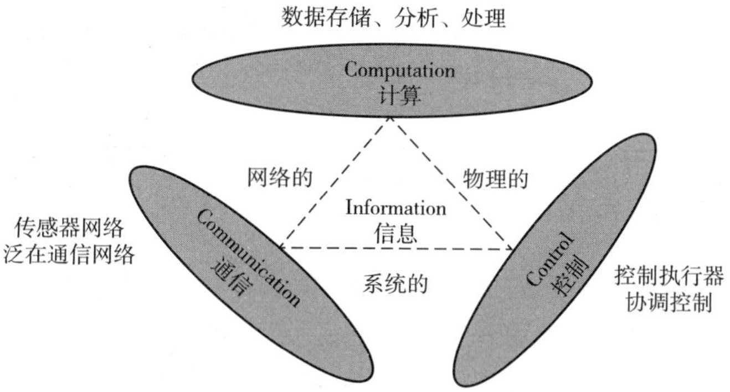

图 2-42　CPS 概念

CPS 的目标就是实现信息系统和物理世界以及各信息系统之间的深度融合：在感知、互联互通（标准的通信、应用协议）、能力开放［互联网服务接口、API-应用程序编程接口（API）］、安全可控（身份认证、安全加密）、应用计算（数据计算、信息控制）的基础上，构建出一个巨大的、融合的、智能化的生产服务系统。

CPS 所涵盖的应用范围十分广泛：从微小的纳米机器人，到庞大的工程基建设备，从城市交通信息提供到远程手术医疗系统，交通、医疗、农业、能源、国防、建筑、制造业流水线都是其涉足的领域。

在工业领域，生产系统在操控机械设备的同时，还接受并处理从物理世界反馈的信息（感知），生产操控中信息的“上传”和“下达”具有高度的实时协同性。CPS 被认定为工业领域的物联网［工业物联网（IIoT）］、下一代工业体系中的基础信息系统。CPS 由传感器节点、执行器节点、传感器与执行器组合节点、计算系统和控制系统等组成。CPS 的通信网络可以逻辑地视为由传感器网络、执行器网络、计算机网络构成的组合通信网络，如图 2-43 所示。

一、 CPS 的意义

CPS 的意义在于将物理设备联网，即连接到互联网上，让物理设备具有计算、通信、精确控制、远程协调和自治等五大功能。CPS 本质上是一个具有控制属性的网络，但它又有别于现有的控制系统。CPS 是把通信放在与计算和控制同等地位上，因为 CPS 强调分布式应用系统中物理设备之间的协调是离不开通信的。CPS 对网络内部设备的远程协调能力、自治能力、控制对象的种类和数量，特别是网络规模上远远超过现有的工控网络。美国国家自然科学基金会（NSF）认为，CPS 将让整个世界互联起来。如同互联网改变了人与人的互动一样，CPS 将会改变我们

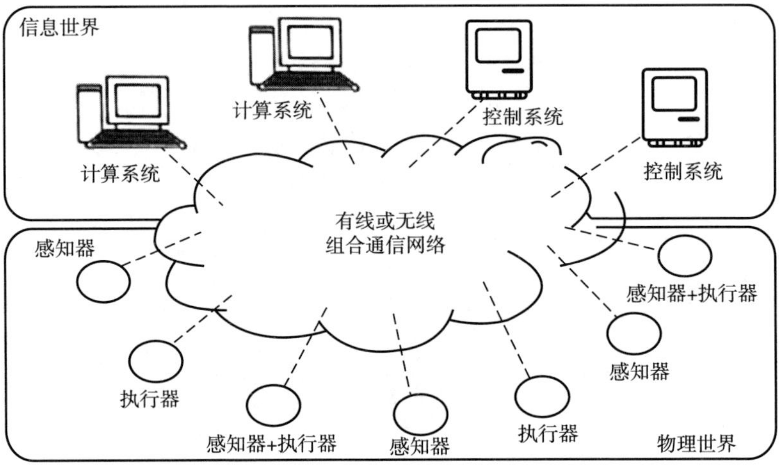

图 2-43　CPS 逻辑

与物理世界的互动。

二、 CPS 基本功能单元与系统架构

1. CPS 基本功能单元

CPS 的基本组件包括传感器、执行器和决策控制单元，如图 2-44 所示。基本组件结合反馈循环控制机制构成了 CPS 的基本功能逻辑单元，执行 CPS 最基本的监测与控制功能。传感器与执行器是物理和计算世界的接口，决策控制单元根据控制规则部署监测任务；传感器将感知信息反馈给决策控制单元，作为控制规则算法的输入经过计算得到控制指令；执行器根据控制指令操控物理对象。

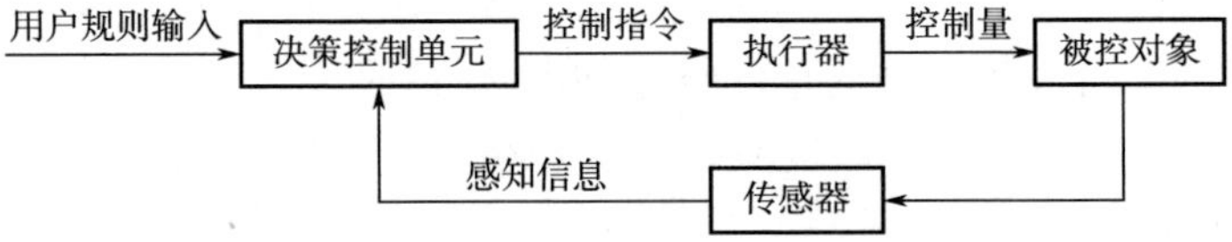

图 2-44　CPS 的反馈环

2. 系统架构

CPS 系统是由众多异构元素构成的复杂系统，对于不同行业的特定应用，通常需要构建特定的系统结构。但是从技术实现的角度分析，一般可以将其分为物理层（PL）、网络层（NL）和应用层（AL），如图 2-45 所示。这样的结构仅反映了实现技术的层次关系，实践中要包含的组成元素可能千差万别，层间的联系与信息传递关系也可能相当复杂。

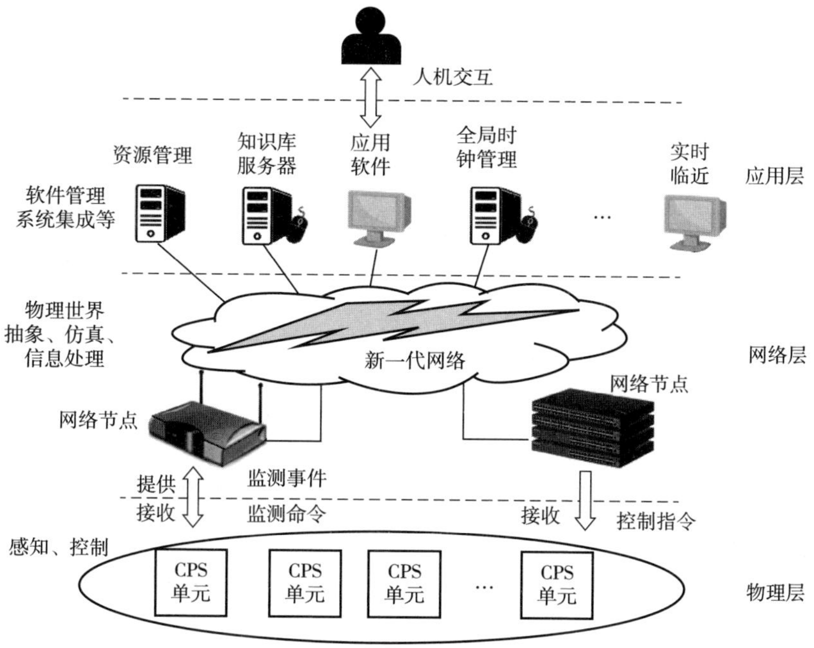

图 2-45　CPS 系统架构

物理层是 CPS 系统的基础，是联系物理世界与虚拟信息世界的纽带。它是直接与物理世界交互的部分，CPS 通过物理层感知环境，反之也通过物理层作用于环境，改变环境。物理层由地理上分布的各种 CPS 单元组成，这里的 CPS 单元可以是一个单独的 CPS 节点，如一台手持终端掌上电脑（PDA）或一部分移动手机就是一个 CPS 单元。另外，CPS 单元也可以是一组 CPS 节点集合，如一组探测仓库温度的智能传感器集合通过一个超级智能传感器组合接入新一代网络，与其他 CPS 单元交互，这一组智能传感器被认为是一个 CPS 单元，其中每个智能传感器是一个 CPS 节点。

网络层将物理层的大量异构 CPS 单元实现互联互通，并支持 CPS 单元之间的互操作。网络层是 CPS 实现资源共享的基础。CPS 网络需要屏蔽掉物理层 CPS 单元的异构性，实现无缝连接，为应用层提供资源共享的基础网络，以透明的方式为用户提供即插即用式服务。网络层是由大量的中间件服务器组成的，这里的中间件主要用于不同网络协议和网络体系结构的转换，相当于异构网络的中间转换服务器。不同公司生产的、功能各异的、甚至编码方式和硬件都不兼容的设备，通过中间件服务器可以将异质信息转化为同质信息，无障碍地进行数据交换。

应用层是面向用户的一个一体化平台，该层将网络层和物理层的详细信息封装成为不同的应用模块，使用户不用关心低层细节而直接进行业务处理。

课堂讨论：

从技术实现的角度分析，一般可以将 CPS 系统分为物理层（PL）、网络层（NL）和应用层（AL），请说出层次之间的关系和每个层次的作用。

三、数字化工厂

2.3.2.1 如何实现食品生产流程可追溯性管理

1. 数字化工厂的概念

数字化工厂是建筑信息模型（BIM）技术、现代数字制造技术与计算机仿真技术相结合的产物，数字化工厂是以产品全生命周期的相关数据为基础，根据虚拟制造原理，在虚拟环境中对整个生产过程进行仿真、优化和重组的新的生产组织方式。它是在设计建造阶段建立全面、翔实的信息，包括材料、工艺、设备运行管理等全生命周期。

数字化工厂期的信息档案数据库，利用 BIM 技术指导建筑物、构筑物及设备的科学使用和维护，为信息化、标准化管理提供数据基础平台，加上计算机辅助设计（CAD）等应用管理系统，实现工厂控制系统内部数字化信息的有效传递，既链接了生产过程的各个环节，又与企业经营管理相互联系，进而把整个企业数字化的资金信息、物流信息、生产装置状态信息、生产效率信息、生产能力信息、市场信息、采购信息以及企业所必需的控制目标都实时、准确、全面、系统地提供给决策者和管理者，帮助企业决策者和管理者提高决策的实时性和准确性以及管理者的效率，从而实现管理和控制数字化、一体化的目标。

数字化工厂是企业数字化辅助工程新的发展阶段，包括产品开发数字化、生产准备数字化、制造数字化、管理数字化、营销数字化。除了要对产品开发过程进行建模与仿真外，还要根据产品的变化对生产系统的重组和运行进行仿真，使生产系统在投入运行前就了解系统的使用性能，分析其可靠性、经济性、质量、工期等，为生产过程优化和网络制造提供支持。智能工厂正是在数字化工厂的基础上加上物联网技术、智能监控技术、绿色智能的手段和智能系统等新兴技术等构建而成的人性化工厂。

作为数字化与智能化制造的关键技术之一，数字化工厂是现代工业化与信息化融合的应用体现，也是实现智能化制造的必经之路。数字化工厂借助于信息化和数字化技术，通过集成、仿真、分析、控制等手段，可为制造工厂的生产全过程提供全面管控的一种整体解决方案。早在 2000 年前后，上汽、海尔、华为和成飞等制造企业均已开始着手建立自己的数字化工厂。近年来，随着国际竞争的不断加剧和我国制造业劳动力成本的不断上升，对设备效率、制造成本、产品质量等环节的要求不断提高，离散制造业中以汽车、工程机械、航空航天、造船为代表的大型企业已越来越重视数字化工厂的建设，食品行业工厂也应该借鉴参考使用。

数字化工厂最主要解决的是产品设计和产品制造之间的“鸿沟”。以前产品设计完成后，没有一个科学的转化渠道，仅仅凭借工艺人员、制造工程师和管理人员的经验知识进行生产工艺安排、生产计划制订，然后直接投入制造系统进行制造，对出现的问题只能在生产过程中解决。随着全球化竞争的加剧，产品的更新换代和设计制造周期缩短以及客户化定制生产方式的形成，给制造企业带来越来越大的竞争压力。

数字化工厂技术带来的好处：①缩短新产品的上市周期；②减少新产品的开发成本和风险；③优化产品设计以利于加工；④优化生产线配置和布局，减少生产线准备和停机时间；⑤增加生产线设备生产力，大幅提高生产率；⑥改善工人的劳动环境，提高产品质量。

数字化工厂是一种全新的生产制造组织方式，该方式采集产品整个生命周期的相关数据，再基于这些数据对生产的整个过程实施虚拟仿真、评估和优化，并拓展到整个产品生命周期中。数字化工厂将计算机模拟仿真技术与现代数字制造技术融合，并保留这二者的优势特点。它的出现给基础制造业带来了希望，主要起到了桥梁的作用，沟通了产品设计和产品制造之间的联系。数字化工厂的出现使得国内外学者对其发展的研究日益增多，综合这些研究可以发现，人们对数字化工厂的具体定义尚未达成一致意见。目前广泛认可的定义有两种-广义数字化工厂和狭义数字化工厂。

2. 广义数字化工厂

广义数字化工厂具体是指以提供服务和生产产品的企业为核心，将生产与经营过程中所有有联系的部分的信息数字化，其中包括核心制造企业、软件系统服务商合作伙伴、供应商、协作厂商、分销商、客户、银行等。

3. 狭义数字化工厂

狭义数字化工厂具体是指以生产操作、制造资源以及产品为中心，根据产品整个生命周期中采集的数据，通过仿真、虚拟现实、实验验证等技术，模拟产品在生产过程中的所有真实活动，并利用仿真、试验、分析、优化等技术对产品生产中的加工和装配过程进行模拟，是一种集成组织方式。数字化工厂将资源物料信息数字化、产品信息数字化和过程信息数字化三者有效地加以融合，虚拟仿真真实工厂的制造过程（包括设计、性能分析、工艺规划、加工制造、质量检测、生产过程管理和控制等）。数字化工厂是在物理工厂的基础上，采用先进的信息化技术，虚拟仿真真实工厂，实现对产品设计、生产、物流、质量管理、财务管理和供应链管理等各个阶段的规划、管理、诊断和优化，以期提高产品质量，降低各环节成本，提高工作效率。

近几年来，国内加工制造业在CAD应用方面已得到大面积普及，在生产制造阶段也普遍采用了计算机辅助制造（CAM）技术，有些企业还引入了计算机辅助工程分析（CAE）技术，对产品进行有限元特性分析。

数字化工厂作为智能化的管理与制造模式，为企业搭建了工艺制造快速响应的平台，能够对加工制造过程进行有效的设计筹划、动态仿真和综合管控，并将过程控制的信息及时反馈给系统内的管理人员进行资源共享，使设计部门对制造过程的不确定性进一步降低，实现各部门之间的协同配合与并行作业，因此数字化工厂是实现智能化制造的必由之路。

4. 数字化工厂的应用特点

数字化工厂集成了产品的模型数据库，有效地解决了制造业生产流程中的程序传输和现场管理问题，大幅压缩了生产准备时间、提高了设备的有效利用率，通过先进的可视化仿真技术和图文档管理模式，对提高产品动态特性管理、缩短产品投放市场周期起到了至关重要的作用。具体来讲，数字化工厂大致有以下几个特点：

（1）根据生产部门的不同需求，搭建多样化的网络管理系统，消除不同生产部门普通设备与数控设备相互之间信息传递的断裂，彻底扭转过去所有设备的单机通信联络模式，全面实现设备成组的集中管理与有效控制。

（2）按照生产流程对数控（NC）程序进行规范化管理，通过对程序传输和用户权限进行有效管控，实现产品质量的可追溯性以及全生命周期的跟踪服务。

（3）数据集中存放于终端服务器，任何客户端查询和调用的数据均来源于系统终端的数据服务器，如果数据服务器中的程序进行更新，在客户端查询和调用所得到的信息也将随之改变，并与之始终保持同步。

（4）系统根据生产任务和作业计划，对设备进行能力平衡计算，可减少数控设备的准备时间，最大限度地提高数控设备的有效利用率，实现均衡生产。

（5）采用集中联控手段，可有效避免程序出错和各种误判动作，从管理层面和技术手段上使产品质量有了根本的保障，确保产品的合格率不断攀升，为实现节能降耗带来好处。

（6）由于实现了远程的数据传输和集中控制，操作者能够便捷地完成对程序的远程调用、远程比较和远程上传等工作，同时生成各种即时的数据报表和计划调度单，实现协同管理与并行作业，明显降低了作业人员的劳动强度，提高了工作效率。

（7）通过对 NC 程序进行集中传输和有效管控，使得生产现场不再需要大量的台式计算机和数据传输装置，取而代之的是整洁、美观的现场触摸屏等数显装置，生产现场显得更加整洁、有序，符合现代企业精细化生产管理的要求。

（8）工厂生产现场的通信数据与企业的信息化管理系统集成应用，实现节能、高效的资源共享，为企业实现扩能改造和创新活动预留数据接口，搭建一体化的数字化工厂网络管理平台。

5. 数字化工厂技术在制造业中的应用

数字化工厂是信息化技术发展过程中出现的一种新的企业组织形式，是促进企业现代化发展的新兴技术，目前数字化工厂技术在汽车、航空航天、能源、制药、重型设备、电子和家用电器、机器人等行业得到了广泛应用并创造了可观效益，一大批著名企业和部门，如 BMW、Ford、Honda、波音公司、欧洲航天局、ABB、Robotics 都采用了数字化工厂技术。

课堂互动：

1. 为什么要进行数字化工厂建设？说说原因。
2. 数字化工厂建设的意义是什么？

任务实施

设计一份应用 GPS 系统构建数字化食品工厂的计划书

目的：

通过任务实施训练掌握 GPS 系统设计的初步构成要素。

要求：

每 4~6 人一组，每组选出 1 名组长。组长负责本小组的工作分配，以组为单位进行研究讨论，组员之间互相配合，最终完成任务计划书。

任务内容：

请依据 GPS 在食品加工应用中的意义，及其基本功能单元和系统构架的相关知识，简单设计一个食品企业应用 GPS 的初步计划书，要求能够体现出 GPS 应用的范围、作用、所需的建设单元，初步构建一个数字化食品工厂。

巩固与提高

一、单选题

1. CPS 强调的是（　　）实时的、动态的信息回馈、循环过程。

A. 化学世界和数字世界之间　　B. 物理世界和信息世界之间

C. 化学世界和信息世界之间　　D. 物理世界和数字世界之间

2. 以下哪项不是 CPS 让物理设备具有的功能（　　）。

A. 计算、通信、自治　　B. 精确控制

C. 远程协调　　D. 互动

3. 以下哪项不是 CPS 的基本组件（　　）。

A. 计算机　　B. 决策控制　　C. 执行器　　D. 传感器

4. 数字化工厂将（　　）技术与（　　）技术融合，并保留这二者的优势

特点。

A. 计算机模拟仿真、智能计算

B. 虚拟实训室、现代数字制造

C. 计算机模拟仿真、现代数字制造

D. 虚拟实训室、计算机模拟仿真

二、判断题

1. 由于 CPS 侧重于研究工业，所以食品企业不适用。(　　)

2. CPS 系统的本质就是人、机、物的融合计算。(　　)

3. 物理层是 CPS 系统的基础，是联系物理世界与虚拟信息世界的纽带。(　　)

4. 数字化工厂是在虚拟环境中对整个生产过程进行仿真、优化和重组的新的生产组织方式。(　　)

5. 数字化工厂采集产品部分生命周期的相关数据即可完成仿真操作。(　　)

三、思考题

1. 简述 CPS 系统的构架。

2. 简述数字化工厂的特点。

任务三 食品生命周期管理

情境导入

同学们是否喝过带二维码的牛乳？当你扫描二维码之后，这瓶牛乳是从哪个工厂生产出来的、生产日期、奶源产于哪个牧场哪头奶牛、质量检测是否合格等信息都能够一一显示出来，这个产品从诞生到来到你的手中被喝掉，整个生命周期的过程都会呈现在你的眼前，这个过程的实现就可以依靠计算机辅助化系统来助力，这就是产品生命周期管理所要实现的作用。

任务要求

1. 掌握 PLM 的定义和内容。
2. 掌握 PLM 的应用。
3. 能够明确说出产品的全生命周期管理内容。

知识准备

一、 PLM的定义

PLM是英文product lifecycle management的缩写，它的含义是产品生命周期管理。这种管理模式是围绕着企业生产的产品的解决方案，它依靠计算机技术，通过使用相应的软件，形成一个从产品制造最初阶段（如工业制造中的毛坯信息）到最终出库的所有信息集合。PLM由于发展的时间较短，每个使用的企业所需满足的生产需要也不尽相同，产品生命周期管理（PLM）故而没有一个统一的概念，不同的使用行业对其的定义也有一定差异。例如，IBM所定义的PLM是一种商业运营原理。通过PLM可以将每种产品的所有信息发送给企业的所有需要的部门、甚至包括客户，以进行全方位了解和使用。而UGS① 则定义PLM是一种信息集成、信息使用的载体和方法。这个系统可以容纳产品的所有从研发设计、工艺设计、零件制造到维护服务等信息。虽然不同的行业对它的认知不同，但是使用该系统的根本目的都是一致的，就是实现供应商、生产商、客户的实时联动，将数据集成后提高生产效率，提升整体质量，优化产品使用。本书将主要以沈阳机床股份有限公司所使用的PLM系统为例进行讲解和分析。

二、 PLM的内容

PLM系统的研发设计、产品制造、产品销售、售后服务的数据集成可以通过以下几个方面体现：

1. PLM与CAD集成（主要应用在研发设计方面）

在机械、建筑等行业，每天都有可能产生大量的图纸、说明书、流程图等需要使用CAD进行设计及保存的信息。如果保存的信息和最新信息不能够实时互通，就有可能出现管理偏差，所以我们将PLM系统与CAD进行集成，可以将CAD集成到PLM系统中，成为其运行的组成部分，也可以互相独立，通过网络通信进行链接，集成后就可以实现如加载浏览CAD文件、读取保存交换文件数据信息、生成读取产品结构信息等。一般建立的主要集成模块有装配结构管理模块、零件图管理模块、模型管理模块、零件工程图管理模块等。

2. PLM与ERP集成（主要应用在企业资源管理方面）

结合PLM系统的ERP系统，能够将企业资源管理信息与产品全生命周期数据信息整合集成，将从设计到制造的产品生命过程黏合在一起，实现数据互通，脱

① UGS是全球产品全生命周期管理（PLM）领域软件与服务的市场领导者。——编者注

离信息孤岛。PLM 系统的主要功能是产品的研发设计、数据整理等；ERP 系统的主要功能是原材料采购、排产计划、生产过程控制等，当二者信息共享后，可以实现从产品研发设计→工艺流程制订→工艺设计→排产计划→生产制造→产品装配→产品销售→售后及相关服务的产品全生命周期信息链接。

一般实现两个系统互通的模块：ERP 系统与 PLM 系统相互读取文件模块、PLM 系统中编制物流清单模块、ERP 系统中建立产品结构信息模块、零件物料记录读取模块等。

三、 PLM 的应用

2.3.3.1 蒙牛智能制造案例

下面以沈阳机床股份有限公司自行设计的 PLM 系统-ifactory 为例，讲解 PLM 系统的结构以及在实际生产过程中的应用。

i5 智能产品全生命周期管理系统 ifactory 集成了互联网、三维（3D）互动数字技术、3D 信息管理技术，从用户需求到用户在线定制订单、全生命周期可视化跟踪再到用户服务系统，真正实现了中国制造 2025 的智能化 PLM 系统的应用工业 4.0 制造体系，大幅减少用户从选型到实现产能转化的时间，通过全生命周期的服务体系减少企业内各流程的信息阻塞，还将极大地提高企业生产效率，降低人工成本，让每一份人力投入可计算可统计，简化企业管理负担，提升产品质量，实现产品可追溯。图 2-46 所示为该系统的数据框架图。

i5 智能产品全生命周期管理系统 ifactory 是以 i5 技术为核心，在从制造核心向工业服务转型的形势下诞生的新的管理模式。该系统以客户为中心，充分吸收先进信息及互联网技术，对现行业务、流程、管理、资源等进行优化整合，并对产生的数据和信息进行全生命周期采集、储存、分享及有效分析，构建出了高效、节能、标准化的智能工厂。图 2-47 所示为该系统的流程图。

i5 智能产品全生命周期管理系统主要分为：硬件设备、面向销售端的三维（3D）可视化机床智能选型平台（简称 3D 选型平台）、针对信息维护管理的智能后台管理平台（后台管理平台）、面向生产端的 3D 工位可视化智能管理平台（工位可视化平台）、面向管理者的移动端智能管理平台（移动端管理平台）、面向客户端的客户智能管理平台（客户管理平台）。在上述五个平台的协同下可实现产品的全生命周期管理，其中包括系统硬件设备、机床配置、商务计划端、数据信息的录入与维护、生产装配端、商检包装运输端、系统查询端七个部分。

1. 系统硬件设备

（1）前端硬件设备　系统工作人员首先通过移动终端设备（手机、平板电脑）下载 3D 选型平台（App），为客户展示和选配机床，并将选配结果通过移动设备回传给服务器。

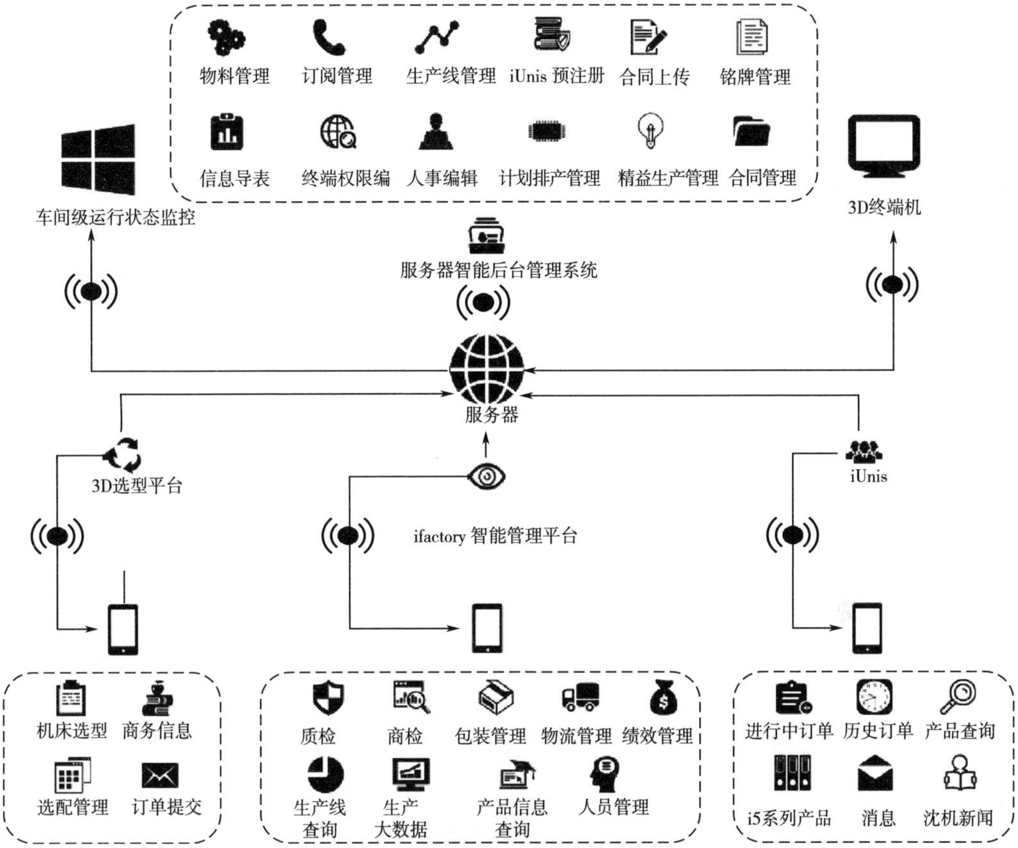

图 2-46 智能产品全生命周期管理系统数据框架

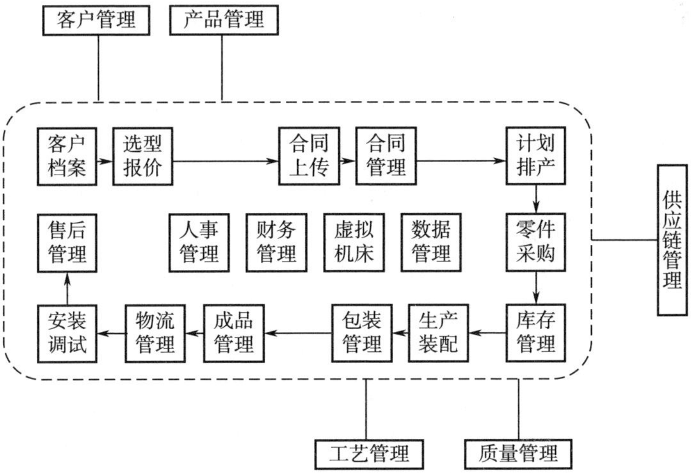

图 2-47 智能产品全生命周期管理系统的流程

3D 选型平台（App）以及 iUnis（App）下载是通过云服务器中部署的《i5 智能产品全生命周期》项目中所涉及的相关三维数据，经内容分发网络（CDN）① 在中国范围内进行快速传递，并保障数据传输的准确性和及时性。在选择使用的工厂或车间后，全生命周期管理系统的主服务器（应用服务器和数据库服务器）部署在相应的机房内，然而部分数据如单台机床的实时生产进度需要通过因特网传输到购买机床的客户（系统使用用户）的终端软件中，同时还有 3D 选型客户端的用户需要在异地更新特定机床的模型、用户界面（UI）、参数资源［即对象存储（OSS）、用于存储需要暴露在外网的静态文件（如 3D 选型平台的模型、贴图、引擎文件）、系统使用客户端软件的静态图片文件等，也需要能够从一个就近的网络节点（即云负载均衡器②）来获取相应的资源。为满足以上需求，必须有一系列专用的反向代理服务器［云服务器（ECS）×4：用四台分布在全国不同节点的 ECS 搭建内网穿透服务体系，将外网请求转发到相应的内网服务器上，并将处理结果返回给请求方］负责将外网的请求转发到内网相应的应用服务器，并将内网处理结果返回给外网请求客户端。

（2）工厂现场生产线交互设备及显示设备　车间网络搭建为满足《i5 智能产品 3D 工位可视化装配管理系统》中的一系列 3D 实时数据传输软件，能够在工厂区域将数据收集、分析、传输给相关的移动终端设备 ifactory（App）、手机（Phone）/平板电脑（Pad）等终端或者 BYODVPN 拨入内网的终端以及工位可视化终端的应用，在总装装配车间及包装车间范围内进行无线网络覆盖及有线网络覆盖，总覆盖区域为 30000m^2。搭建的无线网络信号将链接进入园区已有的主干网络，并链接进入搭建的服务器中心。部署工业级的无线接入点（AP）以及通过地下管线满足可视化终端机的网络传输以及上电需求。

工位可视化终端为实现《i5 智能产品全生命周期》项目数据及时收集的最重要节点，终端设备主要负责收集一线的所有生产相关的数据，并负责工位、工序、工步的 3D 动画展示、二维作业指导书的切换及装配过程的实时信息的记录，还有自检、巡检等环节数据的记录工作。收集的数据将通过网络传递到服务器中心进行统一的数据管理和运算，再经过不同的服务器终端程序将庞大的数据组群传输到相应的移动终端或个人计算机（PC）终端。

（3）服务器硬件及配件设备　机房中放置主服务器、磁盘阵列、光纤通道交换机、不间断电源（UPS）以及机柜。

① 内容分发网络（CDN）：CDN 配合对象存储（OSS）一起使用，将静态文件的请求地址与域名绑定后分发到全国各地的节点中，保证系统用户和 3D 选型平台用户无论身处何地都能有相对较快的下载速度。——编者注

② 云负载均衡器：指所有针对所选择的全生命周期管理系统的超文本传输协议（HTTP）的端点 endpoint，云负载均衡器负责根据请求方的 IP 地址选择就近的云服务器（ECS），并将请求转发至该 ECS 进行后续的内网转发。——编者注

全生命周期主服务器用于该系统软件集成、测试、部署，并对前置开发结果进行集成、测试、部署，还负责存放全生命周期服务器端程序。该程序根据业务逻辑需求，开发并部署在基础全生命周期主业务逻辑服务器。全生命周期基础数据库用于记录、存储机床从合同订立到机床出厂配送过程中产生的全部数据。后台数据管理界面根据用户需求，编写后台数据。光纤通道交换机用于传输可视化终端所生成的全部数据并将其传输到主服务器中。当市电断电时 UPS 能够继续提供电能，使机房内所有的设备正常运转，给管理人员提供充足的时间将所有设备正常关机，以保证机器正确断电和数据的完整性。

2. 机床配置

配置系统前，系统工作人员可根据实际情况利用 3D 选型平台帮助客户在 3D 环境中对机床进行了解并进行互动选配。3D 选型平台分为机床选型、商务信息、选配管理、工作信息提交四个模块。

机床选型模块主要是对所选机床的基本信息包括机床的整体参数、部装信息、加工范围在 3D 环境中进行一个直观的展现。同时通过对具体样件加工过程的视频展示，让用户进一步对机床的主要加工对象及切削性能进行了解。除以上展示功能外，客户可以在该模块进行配置选择，选择过程中会同步呈现配置具体描述信息、价格信息及需额外增加的交货天数。所有配置选择完毕后，平台会自动生成唯一的串码并附带选配信息，该串码会通过平台传递给销售人员以外的人，供生产、采购设计等部门反向解析机床的 3D 配置。

商务信息模块主要是补充填写合同信息，具体包括配置订单、制型及台数、客户名称、销售人员工号、区域、行业、签约日期、交货期、备注信息。填写完成后即可通过平台发送给相关商务部门人员，以进行合同审核。

选配管理模块用于查询已保存的选型配置的生成日期、串码及配置的文字说明，并可以对已保存的配置信息进行删除、编辑。

工作信息提交模块主要是维护用户需加工的样件信息。销售人员可以在该模块录入工件档案名称、客户名称、销售信息、需求备注及样件的图纸照片信息，并将这些信息通过平台发送给切削工程师等技术人员，以提供相关的切削方案及解决方案。

3D 选型平台突破了传统的销售模式，展示模块的应用使用户能更直观地了解产品的各方面指标性能，避免了由于销售人员能力不足导致的沟通不畅的问题发生，同时也给用户一个更好的视觉体验。而选配管理模块中，配置参数、价格、供货周期等信息的透明，使市场更加规范化。其中合同及加工样件信息的上传、保存环节在改善信息传递滞后的同时，也便于日后数据的整理分析，对企业分析市场需求、改进产品性能有着积极的辅助作用。总之，3D 选型平台的应用推广不仅可便于销售端的管理工作，也充分体现了时刻以客户为中心的指导思想。

3. 商务计划端

销售端完成合同上传后，商务部门人员通过账户登录即可在后台管理平台合同管理模块中查看销售端上传的合同信息，审核通过后合同信息将会由平台传递给计划排产模块。计划排产人员将会在后台管理平台计划排产模块对审核通过的合同进行排产，进入该模块时程序会自动获取并显示处于待排产合同（即为审核完毕，但尚未进行排产的合同）、排产中合同（即为合同中部分机器已经进行了排产，但尚未全部排产的合同）、排产完合同（即为该合同包含机器已全部排产）三种状态的合同信息，具体包括合同号、买方台数、产品型号、产品规格、订货日期、交货日期、特殊要求及合同图片信息。排产完的机床将会在后台管理平台的铭牌管理模块生成机床铭牌信息，生成铭牌信息的同时也会为每台机床生成一个唯一的二维码，该二维码会始终跟随机床的装配、质检、包装、物流、售后等环节，且通过扫描二维码可以反向解析出该机床及其配置的3D模型。

该环节改变了以往用文档传递合同信息的方式，平台间信息的传递使各部门之间的工作衔接更顺畅，减少了信息复制的次数，在减少工作量的同时也降低了错误信息出现的次数，更不会出现信息的漏读现象。同时系统中信息的读取逻辑使各部门人员能够更有效方便地查看到其业务需要的信息，更有利于信息的查询和保存。机床铭牌管理模块使每一台机床都有唯一的二维码标志，这也是本系统中的一大亮点，其对流程的管理、产品质量的保证起到至关重要的作用。

4. 数据信息的录入与维护

系统的正常运转必然会有大量的信息数据作为支撑，该系统信息的录入及维护工作主要在后台管理平台中进行，除上述合同管理、计划排产、铭牌管理模块外，还包括精益生产管理模块、人事编辑模块、订阅管理模块、终端权限编辑及物料管理模块等。

精益生产管理模块主要是对工艺信息及质检信息的录入与维护。PLM系统的运行工艺信息包括各装配工步的标准作业指导书、工装工具的使用及工序的调整。质检信息包括质检项目及巡检项目的检验要求信息。这部分信息的录入会通过平台间接口传递到工位可视化平台中，用来指导操作者进行标准化装配作业。

人事编辑模块是对系统中所有人员的信息进行录入与维护，通过对各产品线人员的基本信息及标签设定信息的录入、维护及保存，系统化地进行人事信息的管理。该模块还包括各产品线组织结构管理，通过录入、维护组织结构中各部门的人员信息，管理系统内不同部门的人员岗位及关系。

订阅管理模块主要功能是将装配过程中操作者上报的问题消息推送给对应的相关负责人，使问题得到快速的响应解决。

终端权限编辑模块是对系统的手机端管理平台、网页端后台管理平台、工位可视化管理平台中各模块通过增减人员标签进行权限设定，最终实现各模块只对其对应岗位人员开放，以此来维护系统的秩序及稳定性。

物料管理模块主要是对机床的成品码、总成细分物料、物料总表进行管理维护，通过手工键入或表格成批导入的方式录入机床的具体物料信息，并将机床的物料信息及一类零件信息传递、呈现到工位终端机上，实现装配过程中物料的规范化管理。

将人员、工艺、物料、合同、质量、铭牌、权限信息通过一个统一的平台进行维护管理，并将各部分产生的数据进行信息化储存、查询及管理。该平台的使用改变了传统数据传递及保存的处理方式，不仅使相关业务流程间的衔接、协调更加方便，也大幅降低了各岗位人员的工作负荷，提高了工作效率。

5. 生产装配端

在完成计划排产及数据信息准备后，生产端开始组织装配生产，生产过程主要依靠工位可视化平台，生产线的每个物理工位都设置一台工位终端机，装配人员通过扫描仪扫描人员二维码及机床铭牌的二维码即可登录工位可视化平台。工位可视化平台分为展示部分及功能部分。展示部分包括事先通过后台管理平台录入的机床信息、操作人员信息、物料信息、该工序作业标准指导书及自检巡检项目要求，除此之外还包括3D动画形式装配作业标准指导，以辅助推进标准化作业执行。而功能部分主要是针对装配过程及装配过程中用到的功能、出现的问题进行记录、上传。装配人员从第一个工步开始需扫描该工步装配中需安装的一类零件的二维码信息，终端机上工位部件状态会自动更新为当前状态下已安装的零件及该工位所有需安装的零件，同时终端机会自动记录该工步的操作用时，并记录、上传装配中的自检巡检信息，在装配时操作者可以使用平台中的工具对装配参数进行标准化计算。每完成一个工步工作，就在工位终端机上单击“完成”，则自动进入下一工步，装配过程中产线负责人也可以根据现场情况灵活调整工序。如装配过程中遇到问题，可以通过平台进行问题反馈，包括质量问题、缺欠问题、工装工具问题及其他问题，同时工位状态会显示红色发生问题标识，反馈的问题会通过后台管理平台的订阅管理模块推送给相应的负责人。问题解决后，操作者可以在此工位可视化管理平台上确认问题已解决，并更改工位状态。当整条生产线人员完成该机床作业任务及自检任务后，在终端机上一键式提交汇报，消息将推送给商检和包装人员。工位可视化管理平台如图2-48所示。

工位可视化管理平台的使用一改传统的装配作业方式，从人、机、料、法、环的角度出发，对每一台机床的相关信息及装配过程进行实时追踪管理。该环节改变了手工记录装配作业的方式，使信息的记录、传递更实时准确，方便了信息的保存。通过二维码扫描不仅可以反向解析出机床的配置信息，也可以对机床的参数信息、零件信息、质量问题信息进行查询追溯。三维动画装配作业标准指导的展示不仅使操作者可以更直观地遵循标准化作业，也方便了参观人员的交流学习。总之，该平台在提高生产效率的同时，也大量节约了管理成本。

6. 商检包装运输端

商检人员在接到产品下线通知后，通过移动端管理平台商检模块扫描产品二维码，并对应商检项目对产品进行检查，商检合格后将信息推送给包装人员。包

图 2-48　工位可视化管理平台

装人员在接到商检完毕推送通知后，在移动端管理平台中的包装管理模块，扫描产品的二维码进入包装流程，在移动端管理平台及客户管理平台查询时将显示待包装、包装中及包装完成三种状态。物流运输部门在收到包装完成指令后即可进入产品发运环节，运输人员在发运前及到达后同样通过移动端管理平台中的物流运输模块扫描机床二维码，即可在移动端管理平台及客户管理平台显示待发货、运输中及已送达三种状态。

上述过程中所有的计划排产信息、机床信息、零件信息、3D 模型信息、生产装配信息、质检信息、报错信息、更换工序情况及包装运输信息都将会通过系统中平台间的接口实时传递给移动端管理平台及客户管理平台，实现了信息的实时传递，同时可以让管理人员及客户及时了解产品的生产情况。

7. 系统查询端

（1）移动端管理平台　移动端管理平台主要是针对管理人员开放的查询管理平台。如图 2-49 所示，该平台除上述商检、包装管理、物流运输模块外，还包括生产线查询、机床全生命周期、质检、人事信息管理、生产大数据、绩效模块。其中生产线查询模块可以查询当前所有工位的状态及生产线上排产计划，并从生产线及合同两个维度对机床的合同信息、零件信息、三维模型、操作人员、生产日志、质检数据、包装物流状态进行全生命周期查询。而机床全生命周期模块是针对某个特定机床进行机床全生命周期信息查询。质检模块是对问题零件故障信息、供应商质量问题信息、各生产线反馈问题、人员反馈问题数量进行汇总，且汇总数据会以图表的形式真实生动地展现出来，以便管理人员及具体责任人查看，并对质量问题进行改进。人事信息管理模块可以查看所有产品线的部门架构、人员详细信息及生产线技能排名情况。生产大数据模块主要是汇总机床精度数据，并对机床详细精度数据以图表的形式进行整合分析。绩效模块则是针对生产线人员的绩效薪酬进行列表展示。

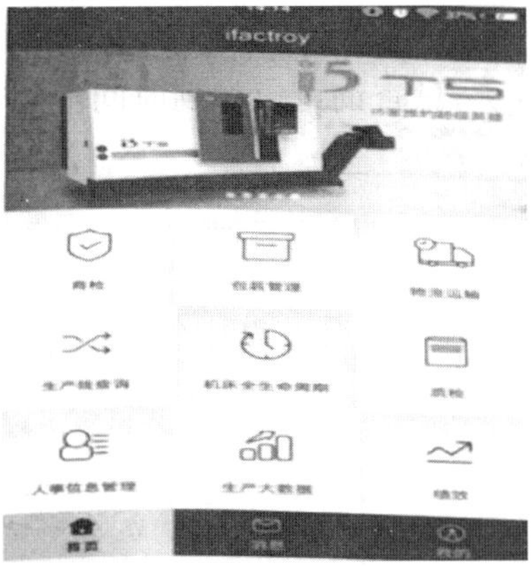

图 2-49　移动端管理平台

（2）客户管理平台　客户在客户管理平台注册成功后，即可通过系统分发的账号登录该平台。如图 2-50 所示，该平台分为当前订单、历史订单、机床查询、产品系列模块。当前订单模块可以对最新签订合同中的机床进行查询，包括机床的排产情况、生产情况、出库信息及物流信息，同时客户可以对生产过程中产生的生产日志及质检数据进行查询，上述信息均反馈自生产现场的实时数据，可让客户全方位地对机床的全生命周期信息进行及时的了解。历史订单模块则是对以往合同中产品的信息进行保存查询，客户可以对任何时间段订单中的信息进行重复查询。机床查询模块可以针对所有订单中某个特定机床来查看机床的全生命周期信息。该平台也可以根据需求向客户推送有价值的信息。

图 2-50　客户管理平台

上述平台有效解决了现有的产品生产、销售、制造、管理中遇到的信息沟通不畅、过程不透明、信息传递滞后、客户体验差等问题。通过搭建这两个平台实现了信息的实时传递和呈现，使管理者和客户可以清楚地了解到需求的信息，除去了各部门人员之间的工作交接汇报流程，也避免了客户信息单向不透明的情况，打破了传统保守的格局，且信息查询可以做到时间上的零延时，真正意义上实现信息的共享。

课堂互动：

PLM 系统可以应用于食品企业吗？为什么？

任务实施

设计一份食品企业的 PLM 系统计划书

目的：

通过任务实施训练掌握 PLM 系统设计的要点。

要求：

每 4~6 人一组，每组选出 1 名组长。组长负责本小组的工作分配，以组为单位进行研究讨论，组员之间互相配合，最终完成任务计划书。

任务内容：

参考沈阳机床股份有限公司自行设计的 PLM 系统-ifactory 在实际生产过程中的应用，设计一份食品企业的 PLM 系统计划书，详细阐述每一个项目在食品企业中的应用。

巩固与提高

一、单选题

1. 以下哪项是系统查询端（　　）。

A. 小程序和客户管理平台　　B. 小程序和网站

C. 移动端管理平台和网站　　D. 移动端管理平台和客户管理平台

2. 下列哪项不是客户在客户管理平台可以查看的信息（　　）。

A. 订单信息　　B. 机床情况

C. 质检数据　　D. 人事信息

3. 下列哪项不是移动端管理平台主要查询的内容（　　）。

A. 商检、包装管理、生产大数据

B. 物流运输、生产线查询、绩效模块

C. 机床全生命周期、质检、人事信息管理

D. 订单信息、机床情况、质检数据

4. (　　) 主要是对机床的成品码、总成细分物料、物料总表进行管理维护。

A. 人事编辑模块　　　　B. 精益生产管理模块

C. 物料管理模块　　　　D. 订阅管理模块

5. (　　) 主要功能是将装配过程中操作者上报的问题消息推送给对应的相关负责人，使问题得到快速的响应解决。

A. 人事编辑模块　　　　B. 精益生产管理模块

C. 物料管理模块　　　　D. 订阅管理模块

6. (　　) 对工艺信息及质检信息的录入与维护。

A. 人事编辑模块　　　　B. 精益生产管理模块

C. 物料管理模块　　　　D. 订阅管理模块

二、判断题

1. 产品生命周期管理（PLM）没有一个统一的概念。(　　)

2. PLM 与 ERP 集成主要应用在研发设计方面。(　　)

3. 工位可视化管理平台的建立可以节约管理成本。(　　)

4. 客户在客户管理平台可以查看订单信息，但是不可以查看生产日志。(　　)

5. 管理人员和客户可以通过移动端管理平台查询信息。(　　)

三、思考题

PLM 系统包括哪几个方面？作用是什么？

附录一　　GB/T 2828.1—2012正常检验一次抽样方案（主表）

样本量字码	样本量	接收质量限（AQL）																									
		0.010	0.015	0.025	0.040	0.065	0.10	0.15	0.25	0.40	0.65	1.0	1.5	2.5	4.0	6.5	10	15	25	40	65	100	150	250	400	650	1000
		$A_c R_e$	$A_c R_e$	$A_c R_e$	$A_c R_e$	$A_c R_e$	$A_c R_e$	$A_c R_e$	$A_c R_e$	$A_c R_e$	$A_c R_e$	$A_c R_e$	$A_c R_e$	$A_c R_e$	$A_c R_e$	$A_c R_e$	$A_c R_e$	$A_c R_e$	$A_c R_e$	$A_c R_e$	$A_c R_e$	$A_c R_e$	$A_c R_e$	$A_c R_e$	$A_c R_e$	$A_c R_e$	$A_c R_e$
A	2	↓	↓	↓	↓	↓	↓	↓	↓	↓	↓	↓	↓	↓	↓	0 1	↓	↓	1 2	2 3	3 4	5 6	7 8	10 11	14 15	21 22	30 31
B	3	↓	↓	↓	↓	↓	↓	↓	↓	↓	↓	↓	↓	↓	0 1	↑	↓	1 2	2 3	3 4	5 6	7 8	10 11	14 15	21 22	30 31	44 45
C	5	↓	↓	↓	↓	↓	↓	↓	↓	↓	↓	↓	↓	0 1	↑	↓	1 2	2 3	3 4	5 6	7 8	10 11	14 15	21 22	30 31	44 45	↑
D	8	↓	↓	↓	↓	↓	↓	↓	↓	↓	↓	↓	0 1	↑	↓	1 2	2 3	3 4	5 6	7 8	10 11	14 15	21 22	30 31	44 45	↑	↑
E	13	↓	↓	↓	↓	↓	↓	↓	↓	↓	↓	0 1	↑	↓	1 2	2 3	3 4	5 6	7 8	10 11	14 15	21 22	30 31	44 45	↑	↑	↑
F	20	↓	↓	↓	↓	↓	↓	↓	↓	↓	0 1	↑	↓	1 2	2 3	3 4	5 6	7 8	10 11	14 15	21 22	↑	↑	↑	↑	↑	↑
G	32	↓	↓	↓	↓	↓	↓	↓	↓	0 1	↑	↓	1 2	2 3	3 4	5 6	7 8	10 11	14 15	21 22	↑	↑	↑	↑	↑	↑	↑
H	50	↓	↓	↓	↓	↓	↓	↓	0 1	↑	↓	1 2	2 3	3 4	5 6	7 8	10 11	14 15	21 22	↑	↑	↑	↑	↑	↑	↑	↑
J	80	↓	↓	↓	↓	↓	↓	0 1	↑	↓	1 2	2 3	3 4	5 6	7 8	10 11	14 15	21 22	↑	↑	↑	↑	↑	↑	↑	↑	↑
K	125	↓	↓	↓	↓	↓	0 1	↑	↓	1 2	2 3	3 4	5 6	7 8	10 11	14 15	21 22	↑	↑	↑	↑	↑	↑	↑	↑	↑	↑
L	200	↓	↓	↓	↓	0 1	↑	↓	1 2	2 3	3 4	5 6	7 8	10 11	14 15	21 22	↑	↑	↑	↑	↑	↑	↑	↑	↑	↑	↑
M	315	↓	↓	↓	0 1	↑	↓	1 2	2 3	3 4	5 6	7 8	10 11	14 15	21 22	↑	↑	↑	↑	↑	↑	↑	↑	↑	↑	↑	↑
N	500	↓	↓	0 1	↑	↓	1 2	2 3	3 4	5 6	7 8	10 11	14 15	21 22	↑	↑	↑	↑	↑	↑	↑	↑	↑	↑	↑	↑	↑
P	800	↓	0 1	↑	↓	1 2	2 3	3 4	5 6	7 8	10 11	14 15	21 22	↑	↑	↑	↑	↑	↑	↑	↑	↑	↑	↑	↑	↑	↑
Q	1250	0 1	↑	↓	1 2	2 3	3 4	5 6	7 8	10 11	14 15	21 22	↑	↑	↑	↑	↑	↑	↑	↑	↑	↑	↑	↑	↑	↑	↑
R	2000	↑	↑	1 2	2 3	3 4	5 6	7 8	10 11	14 15	21 22	↑	↑	↑	↑	↑	↑	↑	↑	↑	↑	↑	↑	↑	↑	↑	↑

注：↓：使用箭头下面的第一个抽样方案。如果样本量等于或超过批量，则执行100%检验。

↑：使用箭头上面的第一个抽样方案。

A_c：接收数。

R_e：拒收数。

附录二 GB/T 2828.1—2012加严检验一次抽样方案（主表）

样本量字码	样本量	接收质量限（AQL）																									
		0.010	0.015	0.025	0.040	0.065	0.10	0.15	0.25	0.40	0.65	1.0	1.5	2.5	4.0	6.5	10	15	25	40	65	100	150	250	400	650	1000
		A_c R_e	A_c R_e	A_c R_e	A_c R_e	A_c R_e	A_c R_e	A_c R_e	A_c R_e	A_c R_e	A_c R_e	A_c R_e	A_c R_e	A_c R_e	A_c R_e	A_c R_e	A_c R_e	A_c R_e	A_c R_e	A_c R_e	A_c R_e	A_c R_e	A_c R_e	A_c R_e	A_c R_e	A_c R_e	A_c R_e
A	2	↓	↓	↓	↓	↓	↓	↓	↓	↓	↓	↓	↓	↓	↓	↓	0 1	↓	↓	1 2	2 3	3 4	5 6	8 9	12 13	18 19	27 28
B	3	↓	↓	↓	↓	↓	↓	↓	↓	↓	↓	↓	↓	↓	↓	0 1	↓	↓	1 2	2 3	3 4	5 6	8 9	12 13	18 19	27 28	41 42
C	5	↓	↓	↓	↓	↓	↓	↓	↓	↓	↓	↓	↓	↓	0 1	↓	↓	1 2	2 3	3 4	5 6	8 9	12 13	18 19	27 28	41 42	↑
D	8	↓	↓	↓	↓	↓	↓	↓	↓	↓	↓	↓	↓	0 1	↓	↓	1 2	2 3	3 4	5 6	8 9	12 13	18 19	27 28	41 42	↑	↑
E	13	↓	↓	↓	↓	↓	↓	↓	↓	↓	↓	↓	0 1	↓	↓	1 2	2 3	3 4	5 6	8 9	12 13	18 19	27 28	41 42	↑	↑	↑
F	20	↓	↓	↓	↓	↓	↓	↓	↓	↓	↓	0 1	↓	↓	1 2	2 3	3 4	5 6	8 9	12 13	18 19	↑	↑	↑	↑	↑	↑
G	32	↓	↓	↓	↓	↓	↓	↓	↓	↓	0 1	↓	↓	1 2	2 3	3 4	5 6	8 9	12 13	18 19	↑	↑	↑	↑	↑	↑	↑
H	50	↓	↓	↓	↓	↓	↓	↓	↓	0 1	↓	↓	1 2	2 3	3 4	5 6	8 9	12 13	18 19	↑	↑	↑	↑	↑	↑	↑	↑
J	80	↓	↓	↓	↓	↓	↓	↓	0 1	↓	↓	1 2	2 3	3 4	5 6	8 9	12 13	18 19	↑	↑	↑	↑	↑	↑	↑	↑	↑
K	125	↓	↓	↓	↓	↓	↓	0 1	↓	↓	1 2	2 3	3 4	5 6	8 9	12 13	18 19	↑	↑	↑	↑	↑	↑	↑	↑	↑	↑
L	200	↓	↓	↓	↓	↓	0 1	↓	↓	1 2	2 3	3 4	5 6	8 9	12 13	18 19	↑	↑	↑	↑	↑	↑	↑	↑	↑	↑	↑
M	315	↓	↓	↓	↓	0 1	↓	↓	1 2	2 3	3 4	5 6	8 9	12 13	18 19	↑	↑	↑	↑	↑	↑	↑	↑	↑	↑	↑	↑
N	500	↓	↓	↓	0 1	↓	↓	1 2	2 3	3 4	5 6	8 9	12 13	18 19	↑	↑	↑	↑	↑	↑	↑	↑	↑	↑	↑	↑	↑
P	800	↓	↓	0 1	↓	↓	1 2	2 3	3 4	5 6	8 9	12 13	18 19	↑	↑	↑	↑	↑	↑	↑	↑	↑	↑	↑	↑	↑	↑
Q	1250	↓	0 1	↓	↓	1 2	2 3	3 4	5 6	8 9	12 13	18 19	↑	↑	↑	↑	↑	↑	↑	↑	↑	↑	↑	↑	↑	↑	↑
R	2000	0 1	↑	↓	1 2	2 3	3 4	5 6	8 9	12 13	18 19	↑	↑	↑	↑	↑	↑	↑	↑	↑	↑	↑	↑	↑	↑	↑	↑
S	3150			1 2																							

注：↓：使用箭头下面的第一个抽样方案。如果样本量等于或超过批量，则执行100%检验。

↑：使用箭头上面的第一个抽样方案。

A_c：接收数。

R_e：拒收数。

附录三　GB/T 2828.1—2012放宽检验一次抽样方案（主表）

样本量字码	样本量	接收质量限（*AQL*）																									
		0.010	0.015	0.025	0.040	0.065	0.10	0.15	0.25	0.40	0.65	1.0	1.5	2.5	4.0	6.5	10	15	25	40	65	100	150	250	400	650	1000
		$A_c\ R_e$	$A_c\ R_e$	$A_c\ R_e$	$A_c\ R_e$	$A_c\ R_e$	$A_c\ R_e$	$A_c\ R_e$	$A_c\ R_e$	$A_c\ R_e$	$A_c\ R_e$	$A_c\ R_e$	$A_c\ R_e$	$A_c\ R_e$	$A_c\ R_e$	$A_c\ R_e$	$A_c\ R_e$	$A_c\ R_e$	$A_c\ R_e$	$A_c\ R_e$	$A_c\ R_e$	$A_c\ R_e$	$A_c\ R_e$	$A_c\ R_e$	$A_c\ R_e$	$A_c\ R_e$	$A_c\ R_e$
A	2	↓	↓	↓	↓	↓	↓	↓	↓	↓	↓	↓	↓	↓	↓	0 1	↓	↓	1 2	2 3	3 4	5 6	7 8	10 11	14 15	21 22	30 31
B	2	↓	↓	↓	↓	↓	↓	↓	↓	↓	↓	↓	↓	↓	0 1	↑	↓	↓	1 2	2 3	3 4	5 6	7 8	10 11	14 15	21 22	30 31
C	2	↓	↓	↓	↓	↓	↓	↓	↓	↓	↓	↓	↓	0 1	↑	↓	↓	1 2	2 3	3 4	5 6	6 7	8 9	10 11	14 15	21 22	↑
D	3	↓	↓	↓	↓	↓	↓	↓	↓	↓	↓	↓	0 1	↑	↓	↓	1 2	2 3	3 4	5 6	6 7	8 9	10 11	14 15	21 22	↑	↑
E	5	↓	↓	↓	↓	↓	↓	↓	↓	↓	↓	0 1	↑	↓	↓	1 2	2 3	3 4	5 6	6 7	8 9	10 11	14 15	21 22	↑	↑	↑
F	8	↓	↓	↓	↓	↓	↓	↓	↓	↓	0 1	↑	↓	↓	1 2	2 3	3 4	5 6	6 7	8 9	10 11	↑	↑	↑	↑	↑	↑
G	13	↓	↓	↓	↓	↓	↓	↓	↓	0 1	↑	↓	↓	1 2	2 3	3 4	5 6	6 7	8 9	10 11	↑	↑	↑	↑	↑	↑	↑
H	20	↓	↓	↓	↓	↓	↓	↓	0 1	↑	↓	↓	1 2	2 3	3 4	5 6	6 7	8 9	10 11	↑	↑	↑	↑	↑	↑	↑	↑
J	32	↓	↓	↓	↓	↓	↓	0 1	↑	↓	↓	1 2	2 3	3 4	5 6	6 7	8 9	10 11	↑	↑	↑	↑	↑	↑	↑	↑	↑
K	50	↓	↓	↓	↓	↓	0 1	↑	↓	↓	1 2	2 3	3 4	5 6	6 7	8 9	10 11	↑	↑	↑	↑	↑	↑	↑	↑	↑	↑
L	80	↓	↓	↓	↓	0 1	↑	↓	↓	1 2	2 3	3 4	5 6	6 7	8 9	10 11	↑	↑	↑	↑	↑	↑	↑	↑	↑	↑	↑
M	125	↓	↓	↓	0 1	↑	↓	↓	1 2	2 3	3 4	5 6	6 7	8 9	10 11	↑	↑	↑	↑	↑	↑	↑	↑	↑	↑	↑	↑
N	200	↓	↓	0 1	↑	↓	↓	1 2	2 3	3 4	5 6	6 7	8 9	10 11	↑	↑	↑	↑	↑	↑	↑	↑	↑	↑	↑	↑	↑
P	315	↓	0 1	↑	↓	↓	1 2	2 3	3 4	5 6	6 7	8 9	10 11	↑	↑	↑	↑	↑	↑	↑	↑	↑	↑	↑	↑	↑	↑
Q	500	0 1	↑	↑	↓	1 2	2 3	3 4	5 6	6 7	8 9	10 11	↑	↑	↑	↑	↑	↑	↑	↑	↑	↑	↑	↑	↑	↑	↑
R	800	↑	↑	↑	1 2	2 3	3 4	5 6	6 7	8 9	10 11	↑	↑	↑	↑	↑	↑	↑	↑	↑	↑	↑	↑	↑	↑	↑	↑

注：↓：使用箭头下面的第一个抽样方案。如果样本量等于或超过批量，则执行100%检验。

↑：使用箭头上面的第一个抽样方案。

A_c：接收数。

R_e：拒收数。

参考文献

［1］曹斌．食品质量管理［M］．2 版．北京：中国环境出版社，2012.

［2］陈宗道，刘金福，陈绍军．食品质量管理［M］．北京：中国农业大学出版社，2003.

［3］成潮．2008 ISO 9000 质量管理体系内部审核员培训教程［M］．北京：中国华侨出版社，2009.

［4］方正军，易冰．化学化工类课程思政精选案例［M］．北京：化学工业出版社，2021.

［5］付承桂，杨琼．智能工厂数字化规划方法与应用［M］．北京：机械工业出版社，2020.

［6］敬思群，康健．质量管理基础［M］．北京：科学出版社，2005.

［7］李冬霞，李莹．食品标准与法规［M］．北京：化学工业出版社，2020.

［8］李若良．基于快速检测的食品安全在线智能化检测技术研究［J］．食品科技，2022，34（12）：144-147.

［9］李晓春，曾瑶．质量管理学［M］．2 版．北京：北京邮电大学出版社，2006.

［10］林海，杨玉红．食品卫生及其实训［M］．北京：中国轻工业出版社，2014.

［11］凌强．食品营养与卫生安全导论［M］．2 版．北京：中国旅游出版社，2009.

［12］马长路．食品质量安全管理［M］．北京：中国农业科学技术出版社，2014.

［13］倪国良．ISO 9000 族质量管理体系标准题解集［M］．北京：中国标准出版社，2003.

［14］曲径．食品安全控制学［M］．北京：化学工业出版社，2011.

［15］任庆国．智能制造技术概论［M］．大连：大连理工大学出版社，2020.

［16］汤高奇．食品安全与质量控制［M］．北京：中国农业大学出版社，2014.

［17］吴建伟．ISO 9000：2000 认证通用教程［M］．2 版．北京：机械工业出版社，2004.

［18］杨国伟，夏红．食品质量管理［M］．北京：化学工业出版社，2008.

［19］杨玉红．食品标准与法规［M］．北京：中国轻工业出版社，2014.

［20］姚卫蓉．食品安全与质量控制［M］．北京：中国轻工业出版社，2021.

［21］叶勇，邹冰倩，佟莹，等．高职院校智能制造类专业课程思政案例精析及教学实施［M］．重庆：西南交通大学出版社，2020.

［22］尤建新．质量管理理论与方法［M］．大连：东北财经大学版社，2009.

［23］张根生．危害分析与关键控制点在现代食品加工企业中的应用［M］．北京：中国计量出版社，2004.

［24］张洁，吕佑龙，王俊亮，等．智能车间的大数据应用［M］．北京：清华大学出版社，2020.

［25］张甦．食品质量管理［M］．北京：中央广播电视大学出版社，2016.

［26］张晓燕．食品安全与质量管理［M］．2 版．北京：化学工业出版社，2010.

［27］张妍，张甦．食品安全管理体系内审员培训教程［M］．北京：化学工业出版社，2008.